高等职业教育精品工程系列教材

自动化生产线图解项目教程
（西门子 S7-200 与 S7-200 SMART）

主编 郑长山

电子工业出版社
Publishing House of Electronics Industry
北京·BEIJING

内 容 简 介

本书以亚龙 YL-335B 型自动生产线实训考核装备（西门子 S7-200 PLC 系统）为样机，从工程应用的角度出发，以项目为载体，突出实践性。

全书共 12 个项目，多数按照项目要求、学习目标、相关知识、项目解决步骤、巩固练习的结构来编写。各项目分别为项目 1 认识自动化生产线、项目 2 供料站的安装与调试、项目 3 加工站的安装与调试、项目 4 装配站的安装与调试、项目 5 MCGS 触摸屏监控及两地控制、项目 6 电动机多段速 PLC 控制及 MCGS 监控、项目 7 S7-200 PLC 与变频器 MM420 之间的 USS 通信、项目 8 分拣站的安装与调试、项目 9 输送站的安装与调试、项目 10 两台 S7-200 PLC 之间的 PPI 通信、项目 11 多台 S7-200 PLC 之间的 PPI 通信、项目 12 自动化生产线的整体联机控制。

本书的相关知识包括 PLC 技术、传感技术、气压传动技术、变频器技术、伺服技术、触摸屏技术、通信技术等。

本书项目解决步骤详细、图文并茂、标注清晰、深入浅出、注重动手实践、可操作性强。本书配有电子课件和微视频讲解（可扫描书中的二维码观看），书中介绍的颜色变化效果可在上述电子资源中查看。

本书可作为高等职业技术学院、各类职业技术学校和应用本科院校的自动化、机电一体化、工业机器人及机电维修等相关专业的教材，也可作为成人教育及企业培训的教材，还可作为工程技术人员的参考用书。

未经许可，不得以任何方式复制或抄袭本书之部分或全部内容。
版权所有，侵权必究。

图书在版编目（CIP）数据

自动化生产线图解项目教程：西门子 S7-200 与 S7-200 SMART / 郑长山主编. —北京：电子工业出版社，2024.8
ISBN 978-7-121-47322-7

Ⅰ．①自…　Ⅱ．①郑…　Ⅲ．①自动生产线—教材　Ⅳ．①TP278

中国国家版本馆 CIP 数据核字（2024）第 039583 号

责任编辑：郭乃明　　特约编辑：田学清
印　　刷：天津画中画印刷有限公司
装　　订：天津画中画印刷有限公司
出版发行：电子工业出版社
　　　　　北京市海淀区万寿路 173 信箱　邮编：100036
开　　本：787×1 092　1/16　印张：14.75　字数：377 千字
版　　次：2024 年 8 月第 1 版
印　　次：2024 年 8 月第 1 次印刷
定　　价：49.00 元

凡所购买电子工业出版社图书有缺损问题，请向购买书店调换。若书店售缺，请与本社发行部联系，联系及邮购电话：（010）88254888，88258888。
质量投诉请发邮件至 zlts@phei.com.cn，盗版侵权举报请发邮件至 dbqq@phei.com.cn。
本书咨询联系方式：（010）88254561，guonm@phei.com.cn。

前　言

在我国现代工业应用中，自动化生产线的应用范围越来越广泛。

本书以亚龙 YL-335B 型自动生产线实训考核装备（西门子 S7-200 PLC 系统）为样机，从工程应用的角度出发，以项目为载体，突出实践性。本书以项目化方式讲解自动化生产线应用技术，课堂学习目标达成度高，技术有针对性，随学随用，效果甚佳。鉴于此，编者决定选取典型项目，以图解标注的方式编写本书。本书共 12 个项目：项目 1 认识自动化生产线、项目 2 供料站的安装与调试、项目 3 加工站的安装与调试、项目 4 装配站的安装与调试、项目 5 MCGS 触摸屏监控及两地控制、项目 6 电动机多段速 PLC 控制及 MCGS 监控、项目 7 S7-200 PLC 与变频器 MM420 之间的 USS 通信、项目 8 分拣站的安装与调试、项目 9 输送站的安装与调试、项目 10 两台 S7-200 PLC 之间的 PPI 通信、项目 11 多台 S7-200 PLC 之间的 PPI 通信、项目 12 自动化生产线的整体联机控制。

本书从应用能力要求和实际工作需求出发，在结构和组织方面大胆突破，根据项目提取学习目标，通过设计不同的项目，巧妙地将知识点和技能训练融入各个项目中。各个项目按照知识点与技能要求循序渐进，由简单到复杂进行编排，多数项目均通过项目要求、学习目标、相关知识、项目解决步骤、巩固练习等环节详解项目知识点和操作步骤。相关知识与技能学习贯穿于整个项目之中，真正实现了"知能合一"的学习效果。

本书具有以下特点。

（1）选取典型项目，进行项目化讲解，强调技术应用。

（2）采用图片讲解项目解决步骤，标注详细，直观易学。

本书强调动手实践，读者可以通过学习书中的项目，按照项目解决步骤分步操作，从而完成学习目标。步骤讲解以图片解说形式呈现，在图片上还给出了文字标注，使枯燥地学变为有趣地学。

（3）项目由简单到复杂，符合认知规律。

编者在编排本书项目时，注重循序渐进，从简单的项目 1 到复杂的项目 12，难度从易到难，符合认知规律。

（4）知识与技能有机结合。

本书遵循"在学中做，在做中学"的讲解思路，按照项目解决步骤详解整个实践操作过程。

（5）本书配有大量微视频讲解，读者扫描书中的二维码即可观看微视频进行学习，学习起来更轻松。

本书可作为高等职业技术学院和各类职业技术学校和应用型本科院校的自动化、机电一体化、工业机器人及机电维修等相关专业的教材，也可作为成人教育及企业培训的教材，还可作为工程技术人员的参考用书。

  本书在编写过程中得到了江苏新亚高电压测试设备有限公司领导和工程技术人员的支持和帮助。在该公司以雷电冲击发生器和磨合测试台设备为例，把工程技术人员讲解设备过程拍成视频，可以通过扫本书中二维码观看，使观看者了解到 PLC 在企业实际中应用。为此对该公司领导和工程技术人员表示衷心的感谢。

  在本书的编写过程中，编者参考了部分文献，在此对文献作者表示衷心的感谢！

  由于编者水平有限，书中难免有疏漏之处，敬请广大读者批评指正。对本书的意见或建议请发电子邮件至 zhengchangs@126.com。

编者

2023 年 9 月

目　　录

项目1　认识自动化生产线 ·· 1
  1.1　自动化生产线简介 ··· 1
    1.1.1　自动化生产线的定义 ·· 1
    1.1.2　自动化生产线的分类 ·· 1
    1.1.3　自动化生产线的特点 ·· 1
    1.1.4　自动化生产线的发展 ·· 2
  1.2　亚龙YL-335B型自动生产线实训考核装备的基本组成及基本功能 ··············· 3
    1.2.1　基本组成 ··· 3
    1.2.2　基本功能 ··· 4
  1.3　亚龙YL-335B型自动生产线实训考核装备的控制结构 ····························· 6
    1.3.1　PLC通信及配置 ·· 6
    1.3.2　人机界面 ·· 7
    1.3.3　按钮和指示灯模块 ··· 7
    1.3.4　工作站装置侧和PLC侧的接线端口 ···································· 7
    1.3.5　供电电源 ·· 8
    1.3.6　气源处理的必要性 ··· 9
    1.3.7　气源处理组件 ··· 9
  1.4　巩固练习 ·· 10

项目2　供料站的安装与调试 ·· 11
  2.1　项目要求（供料站的结构与动作过程）·· 11
    2.1.1　供料站的结构 ·· 11
    2.1.2　供料站的动作过程 ··· 11
  2.2　学习目标 ·· 12
  2.3　相关知识1 ·· 13
    2.3.1　供料站的气动元件 ··· 13
    2.3.2　磁感应接近开关、电感式接近开关、光电接近开关 ················ 15
  2.4　相关知识2 ·· 20
    2.4.1　PLC的定义与分类 ··· 20
    2.4.2　STEP 7-Micro/WIN软件的安装 ······································· 21
    2.4.3　将STEP 7-Micro/WIN软件的英文界面转换为中文界面············ 22
  2.5　相关知识3 ·· 24
    2.5.1　常开触点 ·· 24
    2.5.2　常闭触点 ·· 24

		2.5.3 输出线圈	24
		2.5.4 置位与复位指令	28
		2.5.5 触发器	28
		2.5.6 跳变沿指令	29
	2.6	相关知识 4	30
	2.7	项目解决步骤	33
	2.8	巩固练习	40
项目 3	加工站的安装与调试		41
	3.1	项目要求（加工站的结构与动作过程）	41
		3.1.1 加工站的结构	41
		3.1.2 加工站的动作过程	42
	3.2	学习目标	43
	3.3	相关知识	43
		3.3.1 了解直线导轨	43
		3.3.2 加工站的气动元件	43
	3.4	项目解决步骤	44
	3.5	知识拓展 1（西门子 S7-200 SMART 硬件）	52
		3.5.1 S7-200 SMART CPU SR40 的结构	52
		3.5.2 S7-200 SMART CPU	53
		3.5.3 S7-200 SMART PLC 硬件系统的组成	54
	3.6	知识拓展 2（西门子 S7-200 SMART 软件）	55
		3.6.1 S7-200 SMART PLC 软件窗口	55
		3.6.2 S7-200 SMART PLC 硬件组态	56
		3.6.3 计算机与 PLC 的连接及通信设置	57
		3.6.4 S7-200 SMART PLC 下载	58
	3.7	巩固练习	59
项目 4	装配站的安装与调试		60
	4.1	项目要求（装配站的结构与动作过程）	60
		4.1.1 装配站的结构	60
		4.1.2 装配站的动作过程	62
	4.2	学习目标	63
	4.3	相关知识	63
		4.3.1 装配站的气动元件	63
		4.3.2 认知光纤传感器	64
	4.4	项目解决步骤	66
	4.5	巩固练习	76
项目 5	MCGS 触摸屏监控及两地控制		78
	5.1	项目要求	78
	5.2	学习目标	78

	5.3	相关知识（MCGS 触摸屏） ·· 79
		5.3.1　MCGS 触摸屏的硬件连接 ·· 79
		5.3.2　MCGS 触摸屏的设备组态 ·· 81
		5.3.3　MCGS 触摸屏下载 ·· 82
	5.4	项目解决步骤 ·· 84
	5.5	巩固练习 ·· 97
项目 6	**电动机多段速 PLC 控制及 MCGS 监控** ·· 99
	6.1	项目要求 ·· 99
	6.2	学习目标 ·· 99
	6.3	相关知识（变频器） ·· 99
		6.3.1　MM420 变频器的安装和拆卸 ·· 99
		6.3.2　MM420 变频器的接线 ·· 100
		6.3.3　MM420 变频器的操作面板 ·· 101
		6.3.4　MM420 变频器的参数 ·· 102
		6.3.5　MM420 变频器的多段速控制 ·· 103
	6.4	项目解决步骤 ·· 104
	6.5	巩固练习 ·· 122
项目 7	**S7-200 PLC 与变频器 MM420 之间的 USS 通信** ··· 123
	7.1	项目要求 ·· 123
	7.2	学习目标 ·· 123
	7.3	相关知识 ·· 123
		7.3.1　初始化指令 USS_INIT ·· 124
		7.3.2　控制指令 USS_CTRL ·· 124
	7.4	项目解决步骤 ·· 126
	7.5	巩固练习 ·· 130
项目 8	**分拣站的安装与调试** ·· 131
	8.1	项目要求（分拣站的结构与动作过程） ·· 131
		8.1.1　分拣站的结构 ·· 131
		8.1.2　分拣站的动作过程 ·· 132
	8.2	学习目标 ·· 133
	8.3	相关知识（旋转编码器） ·· 133
	8.4	项目解决步骤 ·· 134
	8.5	巩固练习 ·· 148
项目 9	**输送站的安装与调试** ·· 150
	9.1	项目要求（输送站的结构与动作过程） ·· 150
		9.1.1　输送站的结构 ·· 150
		9.1.2　输送站的动作过程 ·· 152
	9.2	学习目标 ·· 153
	9.3	相关知识（伺服技术） ·· 154

	9.3.1	伺服电机与伺服驱动器	154
	9.3.2	MAP 指令库安装及指令应用	158
	9.3.3	MAP 指令库使用注意事项	162
9.4	项目解决步骤		163
9.5	巩固练习		171

项目 10　两台 S7-200 PLC 之间的 PPI 通信 … 172

- 10.1　项目要求 … 172
- 10.2　学习目标 … 172
- 10.3　相关知识 … 172
  - 10.3.1　通信基本知识 … 172
  - 10.3.2　PROFIBUS 电缆、DP 头、终端和偏置电阻 … 175
  - 10.3.3　通信类型与连接方式 … 176
  - 10.3.4　PPI 协议 … 176
  - 10.3.5　通信端口 … 177
- 10.4　项目解决步骤 … 177
- 10.5　知识拓展（两台 S7-200 SMART PLC 之间的以太网通信）… 187
  - 10.5.1　场景设计 … 187
  - 10.5.2　知识简介（工业以太网简介、通信介质、双绞线连接）… 187
  - 10.5.3　实施步骤 … 188
- 10.6　巩固练习 … 197

项目 11　多台 S7-200 PLC 之间的 PPI 通信 … 198

- 11.1　项目要求 … 198
- 11.2　学习目标 … 198
- 11.3　项目解决步骤 … 198
- 11.4　巩固练习 … 208

项目 12　自动化生产线的整体联机控制 … 209

- 12.1　项目要求 … 209
- 12.2　学习目标 … 212
- 12.3　项目解决步骤 … 213
- 12.4　巩固练习 … 225

参考文献 … 226

项目 1　认识自动化生产线

1.1　自动化生产线简介

1.1.1　自动化生产线的定义

自动化生产线在没有人直接参与的情况下，利用各种技术手段，通过自动检测、信息处理、分析判断、操纵控制，使机器、设备等按照预定的规律自动运行，实现预期的目标，或者使生产过程、管理过程、设计过程等按照人的要求高效、自动地完成。

自动化生产线是在流水线的基础上逐渐发展起来的。它不仅要求流水线上的各种机械加工装置能自动完成预定的各道工序及工艺过程，使产品成为合格的制品，还要求装卸工件、定位夹紧、工件在工序间的输送、工件的分拣及包装等流程都能自动进行，使其按照规定的程序自动工作。

自动化生产线综合应用机械技术、PLC 控制技术、传感技术、驱动技术、网络技术、人机接口技术等，通过一些辅助装置按工艺顺序将各种机械加工装置连成一体，并控制液压、气压和电气系统，将各个部分的动作联系起来，完成预定的生产加工任务。

1.1.2　自动化生产线的分类

自动化制造系统包括刚性制造和柔性制造。"刚性"的表现为生产产品的单一性。刚性制造包括组合机床、专用机床、刚性自动化生产线等。

什么是柔性生产线？柔性生产线是指将微电子学、计算机和系统工程等技术有机结合起来，是一种技术复杂、高度自动化的系统。"柔性"是指生产组织形式、生产产品及产品工艺的多样性和可变性，可具体表现为机床的柔性、产品的柔性、加工的柔性、批量的柔性等。

柔性生产线是保证企业生产适应市场变化的有效手段，可以根据需要调整设备组合，使其适应多种加工工艺，这种生产线能使多品种、小批量的产品的生产速度与单一品种、大批量的产品的生产速度相近，使劳动生产率大幅提高，降低生产成本，使产品质量更有保障，因此能够增强企业的市场适应能力。

1.1.3　自动化生产线的特点

自动化生产线的特点主要体现在它的综合性和系统性上。在这里，综合性指的是将机械技术、电工电子技术、PLC 控制技术、传感技术、接口技术、驱动技术、网络通信技术、触摸屏组态编程技术等多种技术有机结合，并综合应用到生产设备中。系统性指的是生产线的传感、检测控制、传输与处理、执行与驱动等机构在 PLC 的控制下协调有序地工作并有机结合在一起。

1.1.4 自动化生产线的发展

自动化生产线所涉及的技术领域很广泛，它的发展、完善是与各种相关技术的进步及相互渗透紧密相连的。因此自动化生产线的发展概况必须与整个支持自动化生产线的有关技术联系起来。自动化技术应用的发展如下。

1. 可编程控制器应用技术

可编程控制器不仅能完成逻辑判断、定时、计数、记忆和算术运算等功能，还能大规模地控制开关量和模拟量，克服了工业控制计算机用于开关控制系统所存在的编程复杂、非标准外部接口的配套复杂、由未能充分利用机器资源而导致的功能过剩、造价高昂、对工程现场环境适应性差等缺点。由于可编程控制器具有一系列优点，因此替代了许多传统的顺序控制器，并被广泛应用于自动化生产线的控制中。

2. 应用机械手、机器人技术

机械手、机器人技术飞速发展，机械手在自动化生产线的装卸工件、定位夹紧、工件在工序间的输送、加工余料的排除、加工操作和包装中得到广泛使用。现在正在研制的智能机器人不但具有运动操作技能，而且有视觉、听觉等感觉辨别能力，具有判断、决策能力，能掌握自然语言的自动装置也逐渐被应用到自动化生产线中。这种机器人的成功研制将把自动化生产带入一个全新的领域。

3. 应用传感技术

随着材料科学的发展和固体物理效应的不断出现，形成并建立了一套完整的独立科学体系——传感技术。在应用上出现了带微处理器的"智能传感器"，它在自动化生产线的生产过程中监视着各种复杂的自动控制程序，起着极重要的作用。

4. 应用液压和气压传动技术

液压和气压传动技术，特别是气压传动技术，由于以取之不尽的空气作为介质，具有传动反应快、动作迅速、气动元件制作容易、成本低、便于集中供应和长距离输送等优点，因此引起人们的普遍重视。气压传动技术已经发展为一个独立的技术领域。在各行业，特别是在自动化生产线中得到迅速发展和广泛应用。

5. 应用网络技术的飞速发展

网络技术飞速发展，现场总线和工业以太网络使得自动化生产线各个控制单元协调工作。

总之，所有这些支持自动化生产线的技术的进一步发展，使得自动化生产线的功能更加齐全、完善、先进，从而能完成技术性更加复杂的操作并生产出对生产线装配工艺要求更高的产品。

1.2 亚龙 YL-335B 型自动生产线实训考核装备的基本组成及基本功能

1.2.1 基本组成

亚龙 YL-335B 型自动生产线实训考核装备由安装在铝合金导轨式实训台上的供料站、加工站、装配站、输送站和分拣站 5 个站组成。生产线实训考核装备俯视图如图 1-1 所示。

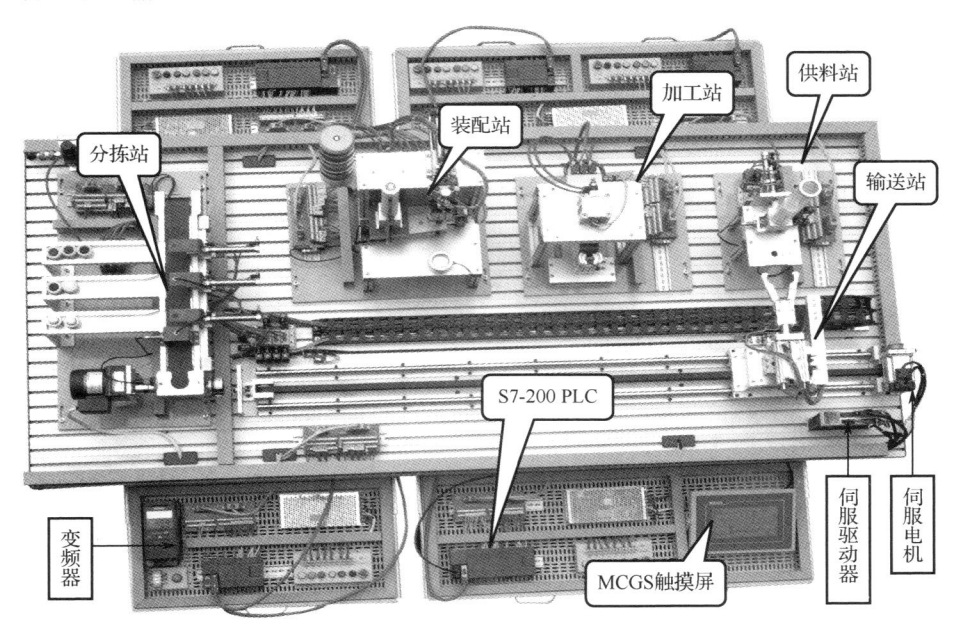

图 1-1 亚龙 YL-335B 型自动生产线实训考核装备俯视图

位置控制和变频器技术：每一个工作站都可以自成一个独立的系统，同时是机电一体化的系统。各个工作站的执行机构基本上以气动执行机构为主，但输送站的机械手装置的整体运动采取伺服电机驱动、精密定位的位置控制，该驱动系统具有长行程、多定位点等特点，是一个典型的一维位置控制系统。分拣站的传送带采用通用变频器驱动三相异步电动机的传动装置，是现代工业企业应用最为广泛的电气控制技术。

传感器：在设备上应用了多种类型的传感器，分别用于判断物体的运动位置、物体通过的状态、物体的颜色及材质等。传感技术是机电一体化技术中的关键技术之一，是现代工业实现高度自动化的前提之一。

PLC 网络通信：在控制方面，采用了 PPI 网络通信的 PLC 网络控制方案，即每一个工作站由一台 PLC 承担其控制任务。用户可根据需要选择不同厂家的 PLC 及其所支持的通信，组建成一个小型 PLC 网络。小型 PLC 网络以其结构简单、价格低廉的特点在小型自动化生产线被广泛应用，在现代工业网络通信中仍占据一定的份额。掌握 PPI 网络技术将为进一步学习现场总线技术、工业以太网技术等打下良好的基础。

1.2.2 基本功能

1. 供料站的基本功能

供料站是自动化生产线的开始站，在整个系统中，起着向系统中的其他站提供原料的作用，其具体功能：将放置在料仓中的待加工工件自动推到物料台上，以便输送站的机械手将其抓取，输送到其他站上。图 1-2 所示为供料站实物的全貌。

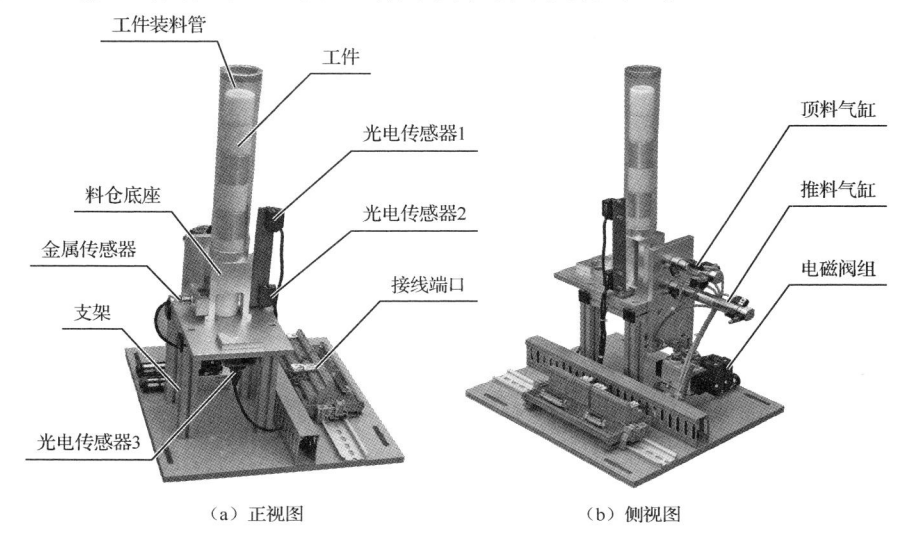

（a）正视图　　（b）侧视图

图 1-2　供料站实物的全貌

2. 加工站的基本功能

加工站的基本功能为先把加工站物料台上的工件（工件由输送站的抓取机械手送来）拉到冲压机构下面，完成一次冲压加工动作，再将工件推到物料台上，待输送站的抓取机械手取走。图 1-3 所示为加工站实物的全貌。

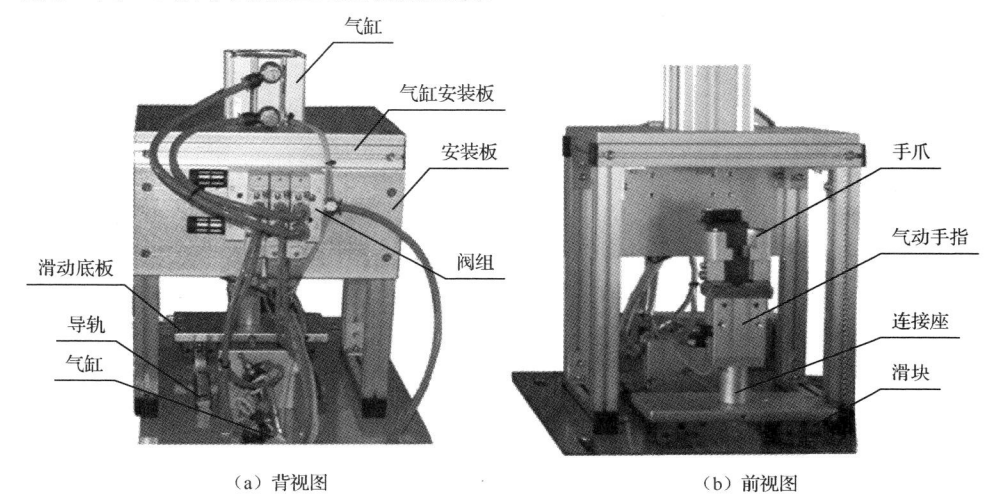

（a）背视图　　（b）前视图

图 1-3　加工站实物的全貌

项目 1　认识自动化生产线

3．装配站的基本功能

装配站的基本功能为完成将该站料仓内的黑色或白色小圆柱工件嵌入已加工工件中的装配过程。装配站实物的全貌如图 1-4 所示。

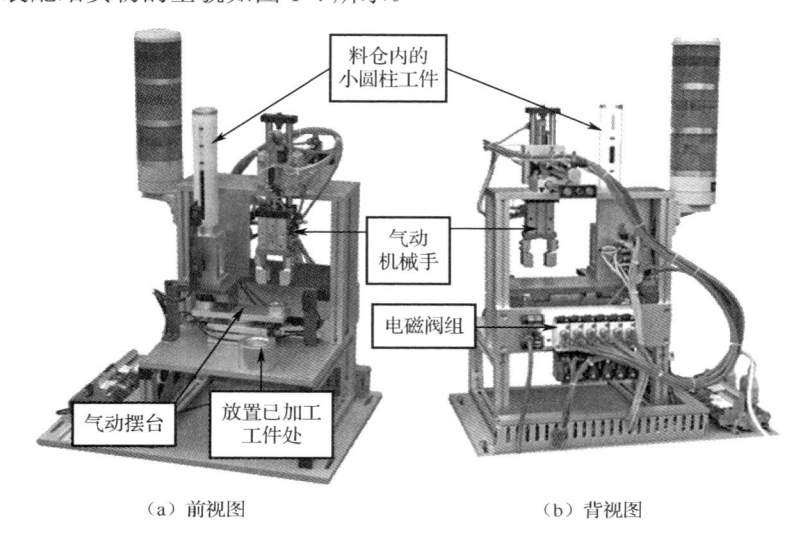

（a）前视图　　　（b）背视图

图 1-4　装配站实物的全貌

4．分拣站的基本功能

分拣站的基本功能为对已加工、装配的工件进行分拣，并进行区分。图 1-5 所示为分拣站实物的全貌。

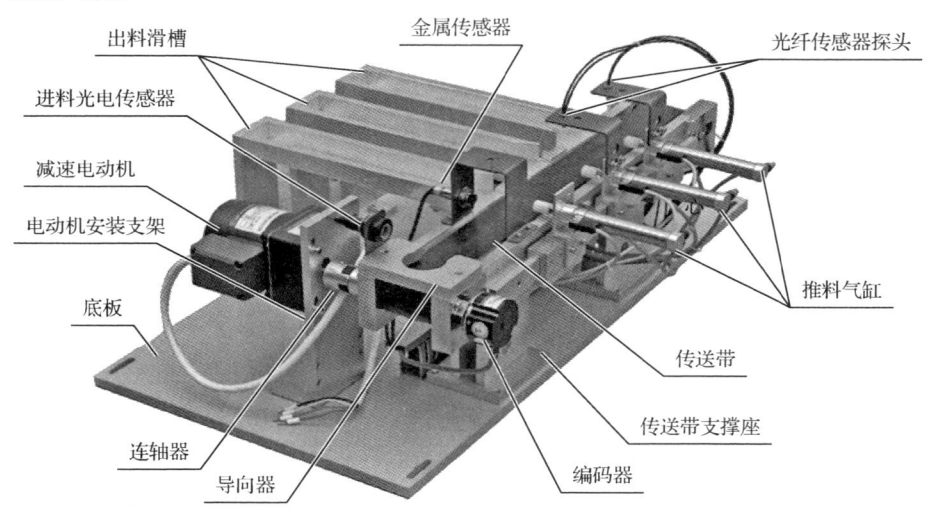

图 1-5　分拣站实物的全貌

5．输送站的基本功能

输送站通过直线运动传动机构驱动抓取机械手装置到指定站的物料台上，并进行精确定位，在该物料台上抓取工件，把抓取到的工件输送到指定地方放下，实现搬运工件的功能。输送站实物的全貌如图 1-6 所示。

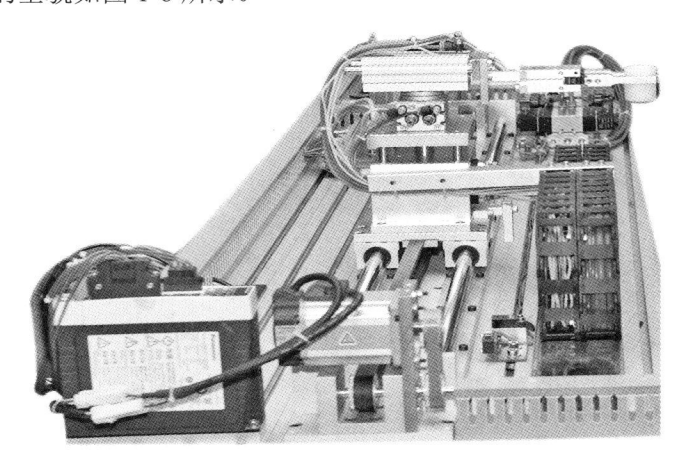

图 1-6 输送站实物的全貌

输送站的驱动器可视情况采用伺服电机或步进电动机,该设备的标准配置为伺服电机。

1.3 亚龙 YL-335B 型自动生产线实训考核装备的控制结构

1.3.1 PLC 通信及配置

各工作站通过网络互联构成控制系统,采用西门子 S7-200 系列 PLC 及 PPI 通信方式,PPI 通信如图 1-7 所示。

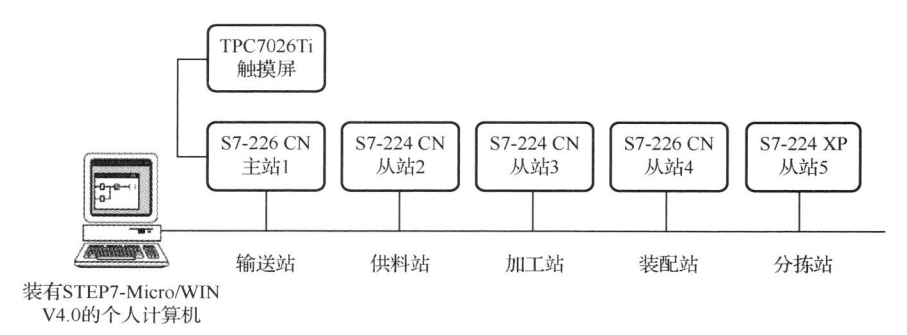

图 1-7 PPI 通信

各工作站 PLC 的配置如下。

(1) 输送站:S7-226 CN 主站 1,24 点输入和 16 点晶体管输出。
(2) 供料站:S7-224 CN 从站 2,14 点输入和 10 点继电器输出。
(3) 加工站:S7-224 CN 从站 3,14 点输入和 10 点继电器输出。
(4) 装配站:S7-226 CN 从站 4,24 点输入和 16 点继电器输出。
(5) 分拣站:S7-224 XP 从站 5,14 点输入和 10 点继电器输出。

1.3.2 人机界面

系统运行的主令信号（复位、启动、停止等）通过触摸屏人机界面给出。同时，人机界面上会显示系统运行的各种状态信息。

人机界面是操作人员和机器设备之间进行沟通的界面。使用人机界面能够指示并告知操作人员机器设备目前的状况，使操作更简单，并且可以减少操作失误，即使是新手，也可以很轻松地操作整个机器设备。使用人机界面还可以使机器的配线标准化、简单化，同时能减少 PLC 控制器所需的 I/O 点数，降低生产成本。面板控制的小型化及高性能相对提高了整套设备的附加价值。本书中的生产线采用昆仑通态 MCGS 触摸屏作为人机界面。

1.3.3 按钮和指示灯模块

每个工作站都可以自成一个独立系统，同时可以通过网络互联构成一个分布式的控制系统。

当工作站自成一个独立系统时，其设备运行的主令信号及运行过程中的状态显示信号来源于该工作站的按钮和指示灯模块。按钮和指示灯模块如图 1-8 所示，将模块上的指示灯和按钮的端子全部引到端子排上。

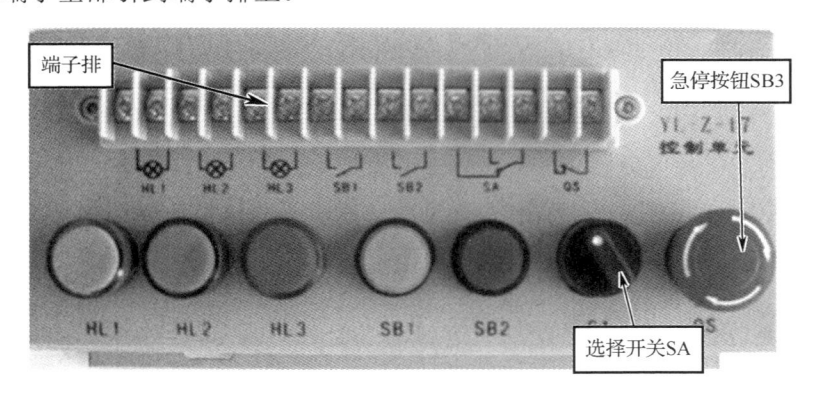

图 1-8 按钮和指示灯模块

按钮和指示灯模块上的器件如下。

（1）指示灯（24VDC）：黄色（HL1）、绿色（HL2）、红色（HL3）指示灯各一只。

（2）主令器件：绿色常开按钮 SB1（常开触点）、红色常开按钮 SB2（常开触点）、选择开关 SA、急停按钮 SB3（常闭触点）。

1.3.4 工作站装置侧和 PLC 侧的接线端口

设备中的各工作站的结构特点是机械装置部分和电气控制部分相对分离。每个工作站的机械装置整体安装在整个设备的底板上，而控制工作站的 PLC 安装在工作台两侧的抽屉板上，可以抽出来，也可以推进去。

工作站的机械装置与 PLC 之间进行信息交换采用的方法：将工作站的机械装置上的各电磁阀和传感器的引线均连接到装置侧的接线端口上。将 PLC 的 I/O 引出线连接到 PLC 侧的接线端口上。两个接线端口间通过多芯信号电缆互连。图1-9和图1-10所示分别为工作站装置侧接线端口和PLC侧接线端口。

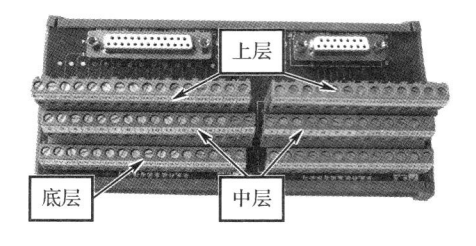

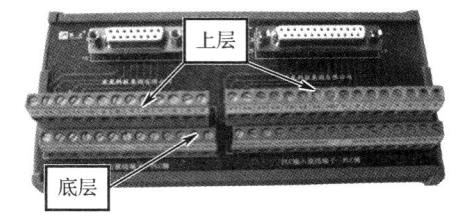

图1-9　工作站装置侧接线端口

图1-10　PLC侧接线端口

工作站装置侧接线端口和PLC侧接线端口之间通过专用电缆连接。其中，25针接头电缆连接PLC的输入信号，15针接头电缆连接PLC的输出信号。

PLC侧接线端口的接线端子采用两层端子结构，上层端子用于连接各信号线，其端子号与装置侧接线端口的接线端子相对应。底层端子用于连接DC24V电源的+24V端和0V端。

1.3.5　供电电源

YL-335B外部供电电源为三相五线制AC 380V/220V，图1-11所示为供电电源模块原理图。总电源开关选用DZ47LE-32/C32型三相四线漏电开关。系统各主要负载通过断路器单独供电。其中，变频器电源通过DZ47C16/3P三相断路器供电；各工作站PLC均采用DZ47C5/1P单相断路器供电。此外，系统配置4台DC24V6A开关稳压电源，分别用作供料站、加工站、装配站、分拣站及输送站的直流电源。

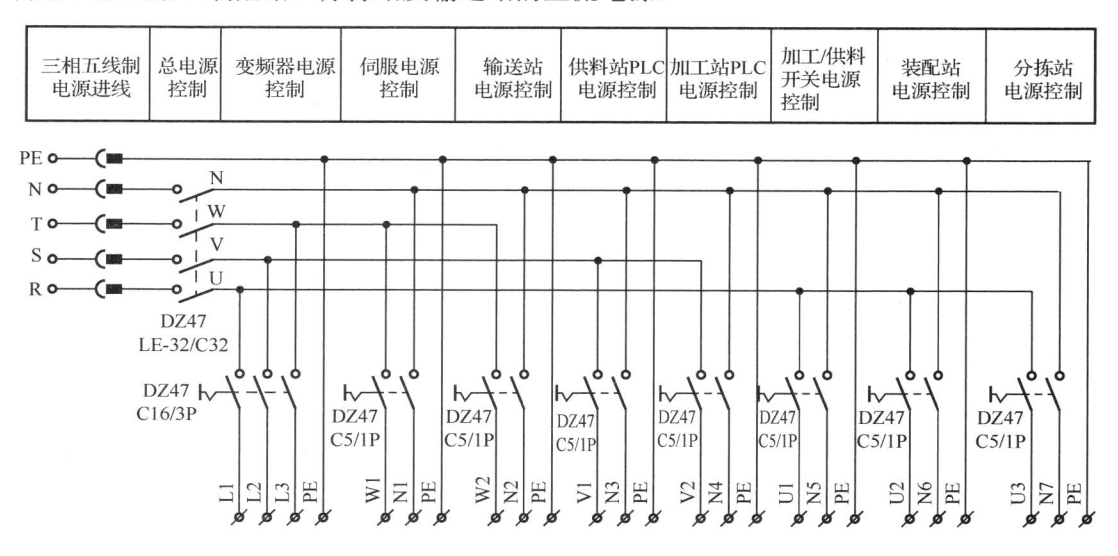

图1-11　供电电源模块原理图

图1-12所示为配电箱设备安装图。

项目 1　认识自动化生产线

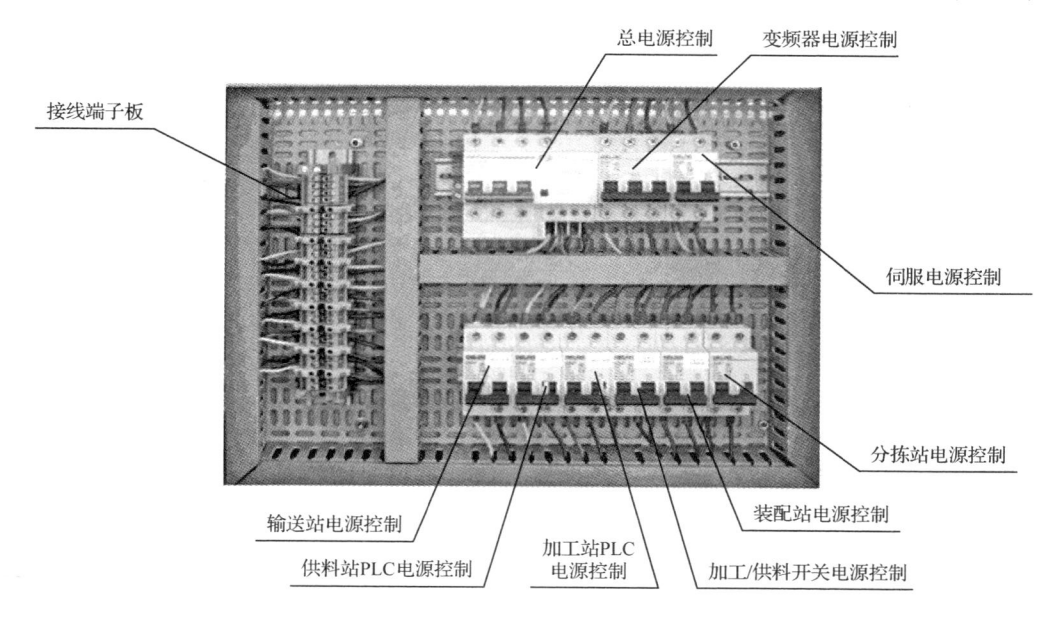

图 1-12　配电箱设备安装图

1.3.6　气源处理的必要性

质量不良的压缩空气是气动系统出现故障的主要因素，它使气动系统的可靠性大大降低、使用寿命大大缩短。气源处理组件是气动控制系统中的基本组成器件，它的作用是除去压缩空气中所含的水、油及粉尘等杂质，使其达到气动系统所需要的净化程度。

为确保系统压力的稳定性，减小因气源气压突变对阀门或执行器件等硬件造成的损伤，进行过滤后，应调节气压，并保持降压后的压力在固定的区间内。其实现方法是使用减压阀。

应对气压系统的运动部件进行润滑。对不方便加润滑油的部件，可采用油雾器润滑，它是一种注油装置，其作用是把润滑油雾化后，经压缩空气携带进入系统各个需要润滑的部位，满足润滑需要。

工业上的气动系统常使用气动三联件作为气源处理装置。气动三联件是指空气过滤器、减压阀和油雾器。

有些品牌的电磁阀和气缸能够实现无油润滑，即靠润滑脂实现润滑功能，不需要使用油雾器。这时空气过滤器和减压阀组合在一起，可以称为气动二联件。

1.3.7　气源处理组件

气源处理组件及气动原理图如图 1-13 所示。气源处理组件的输入气源来自空气压缩机，所提供的压力为 0.6～1.0MPa，输出压力为 0～0.8MPa，可调。

在使用中进行手动排水时，应注意经常检查过滤器中凝结水的水位，在水位超过最高标线以前，必须进行排放，以免重新吸入。气源处理组件的气路入口处安装了一个快速开关，用于启/闭气源，当把快速开关向左拔出时，气路接通气源；当把气路开关向右推入时，气路关闭。

（a）气源处理组件　　　　　　（b）气动原理图

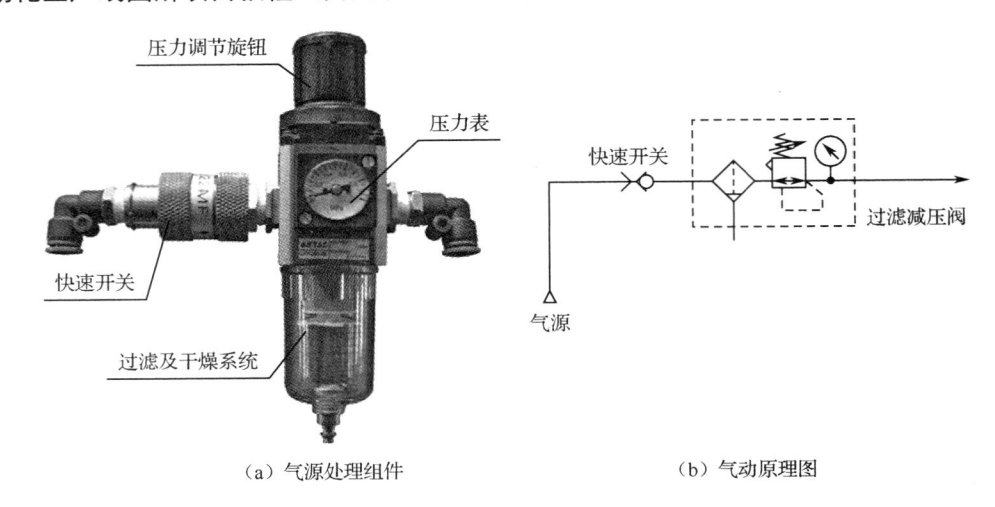

图 1-13　气源处理组件及气动原理图

进行压力调节时，在转动压力调节旋钮前，请先将其拔起再旋转，调到合适的压力后，压下压力调节旋钮定位。顺时针旋转压力调节旋钮为调高出口压力，逆时针旋转压力调节旋钮为调低出口压力，调压时要均匀调到所需值，不要一下调到位。

1.4　巩固练习

1. 简述自动化生产线的定义。
2. 简述本课程自动化生产线的基本组成及基本功能。
3. 简述本课程自动化生产线的分类、特点及发展。
4. 简述亚龙 YL-335B 型自动化生产线实训考核装备的 PLC 通信。
5. 简述亚龙 YL-335B 型自动化生产线实训考核装备的供电电源。
6. 简述亚龙 YL-335B 型自动化生产线实训考核装备的气源处理组件。

项目 2 供料站的安装与调试

2.1 项目要求(供料站的结构与动作过程)

2.1.1 供料站的结构

供料站由管形料仓、推料气缸、顶料气缸、磁感应接近开关、光电接近开关、工件装料管、工件推出装置、支撑架、电磁阀组、端子排组件、PLC、按钮、走线槽及底板等结构组成。

供料站装置侧主要结构如图 2-1 所示。

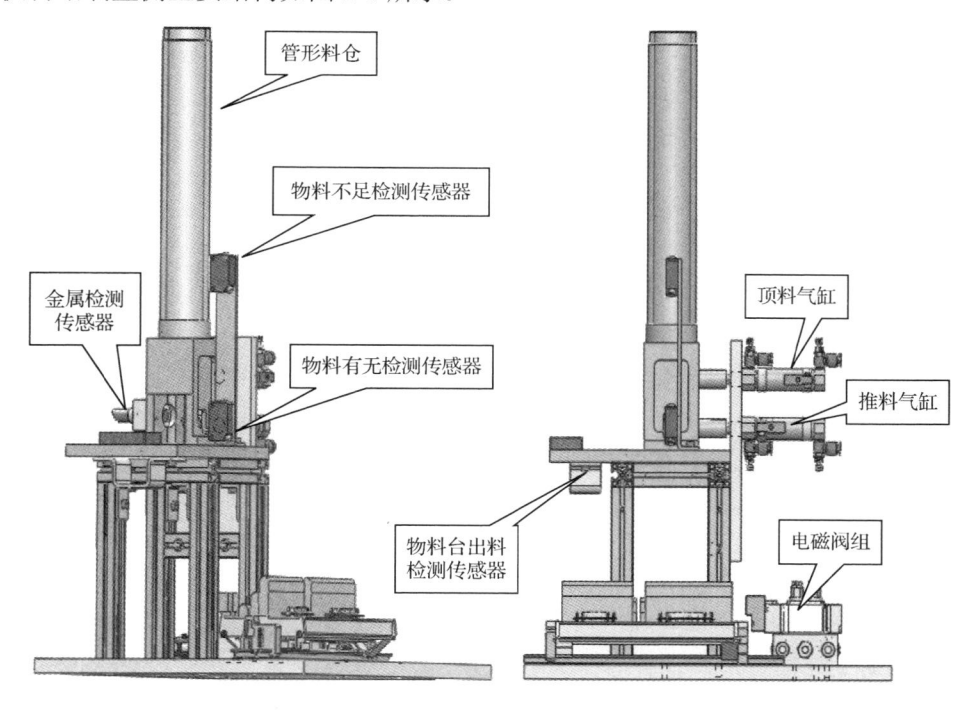

图 2-1 供料站装置侧主要结构

其中,管形料仓用于储存工件原料,推料气缸在需要时将管形料仓中最下层的工件推出到出料台上。

2.1.2 供料站的动作过程

供料站示意图如图 2-2 所示。物料垂直叠放在管形料仓中,推料气缸处于料仓的底层,并且其活塞杆可以从管形料仓的底部通过,当活塞杆在退回位置时,它与最下层工件处于同一水平位置，而顶料气缸与倒数第 2 个工件处于同一水平位置。

在需要将工件推出到出料台上时，首先使顶料气缸的活塞杆推出，顶住倒数第 2 个工件。然后将推料气缸活塞杆推出，把最下层工件推到出料台上。最后推料气缸活塞杆从料仓底部缩回，顶料气缸活塞杆缩回，松开倒数第 2 个工件，使其在重力的作用下自动下落，为下一次推出工件做好准备。

在管形料仓倒数第 4 个工件位置安装漫射式光电接近开关 1，其功能是检测管形料仓中的储料是否足够。在料仓底座安装漫射式光电接近开关 2，其功能是检测管形料仓有无工件。若料仓内没有工件，则处于倒数第 1 个和倒数第 4 个工件位置的两个漫射式光电接近开关的触点均处于常开状态；若底层仅有 3 个工件，则漫射式光电接近开关 2 处于闭合状态，而漫射式光电接近开关 1 的触点处于常开状态，表明工件已经不足。这样，料仓中有无储料和储料是否足够就可以用这两个漫射式光电接近开关的信号状态反映出来。

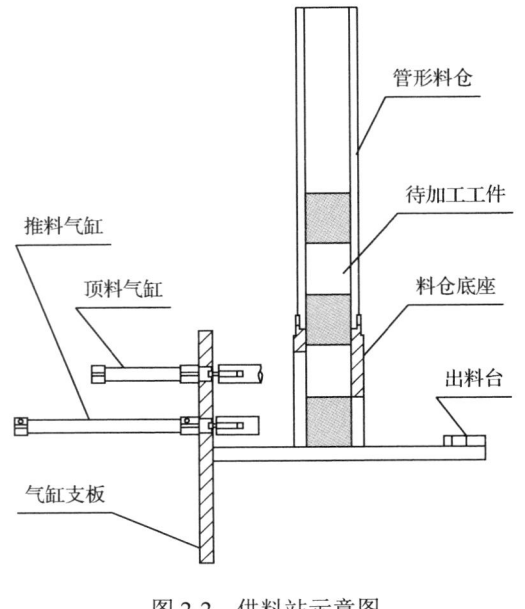

图 2-2 供料站示意图

推料气缸把工件推出到出料台上。出料台面开有小孔，出料台下面设有一个圆柱形漫射式光电接近开关，工作时向上发出光线，从而透过小孔检测是否有工件存在，以便向系统提供本站出料台有无工件的信号。在输送站的控制程序中，可以利用该信号状态来判断是否需要驱动机械手装置来抓取此工件。

本项目只考虑供料站作为独立设备运行时的情况，主令信号和工作状态显示信号来自 PLC 旁边的按钮和指示灯模块，并且按照按钮和指示灯模块上的工作方式，将开关 SA 置于单站方式位置，供料站动作过程如下。

（1）设备上电和气源接通后，若供料站的两个气缸均处于缩回状态，且料仓内有足够的待加工工件，则表示设备已准备好。

（2）若设备已准备好，则按下启动按钮，供料站启动。启动后，若出料台上没有工件，则把工件推到出料台上。出料台上的工件被人工取出后，若没有停止信号，则进行下一次推出工件操作。

（3）若在运行中按下停止按钮，则在完成本工作周期的任务后，供料站停止工作。

（4）若在运行中料仓内的工件不足，则供料站继续工作，供料站在完成本周期的任务后停止工作。除非料仓内补充足够的工件，否则供料站不能再启动。

2.2 学习目标

1. 了解供料站的结构，了解供料站的动作过程，并且能够叙述其安装与调试过程。
2. 掌握电磁阀、气缸、气泵的工作原理，并且能够完成电气回路的连接与调试。

3．掌握磁感应接近开关、光电接近开关、电感式接近开关等传感器的电气特性，并且能够在供料站中应用传感器。

4．能够进行供料站的机械、气动、电气安装，并且能够编写和下载程序，能够进行联机调试。

2.3 相关知识1

2.3.1 供料站的气动元件

供料站的主要执行机构是气缸，因此会使用大量的气动元件。

1．标准双作用直线气缸

标准气缸是指气缸的功能和规格是普遍使用的、结构是容易制造的、通常作为通用产品供应市场的气缸。

双作用气缸是指活塞的往复运动均由压缩空气来推动。图 2-3 所示为标准双作用直线气缸的半剖面图。气缸的两个端盖上都设有气口，从无杆侧端盖气口进气时，推动活塞向前运动；反之，从有杆侧端盖气口进气时，推动活塞向后运动。

双作用气缸具有结构简单、输出力稳定、行程可根据需要选择等优点，但由于双作用气缸是利用压缩空气交替作用于活塞上来实现伸缩运动的，回缩时压缩空气的有效作用面积较小，因此其产生的力要小于伸出时产生的推力。

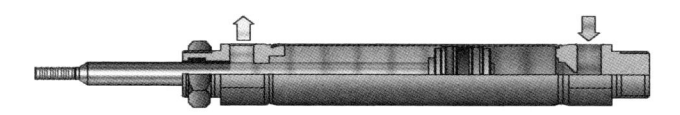

图 2-3 标准双作用直线气缸的半剖面图

为了使气缸的动作平稳可靠，应对气缸的运动速度加以控制，常用的方法是使用单向节流阀。

单向节流阀是由单向阀和节流阀并联而成的流量控制阀，常用于控制气缸的运动速度，因此也称为速度控制阀。

图 2-4 所示为节流阀的连接和调整原理示意图，这种连接方式称为排气节流方式。当压缩空气从 A 端进、B 端排时，节流阀 A 的单向阀开启，向气缸无杆腔快速充气；由于节流阀 B 的单向阀关闭，有杆腔的气体只能经节流阀排出，调节节流阀 B 的开度，便可改变气缸伸出时的运动速度。反之，调节节流阀 A 的开度可改变气缸缩回时的运动速度。在这种控制方式下，活塞运行稳定，因此，这种方式是最常用的方式。

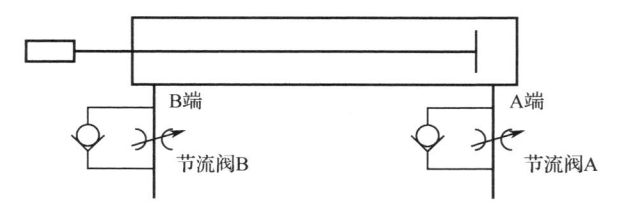

图 2-4 节流阀的连接和调整原理示意图

节流阀上带有接气管的快速接头，只要将外径合适的接气管往快速接头上一插，就将接气管连接好了，使用十分方便。图 2-5 所示为安装上节流阀的气缸外观。

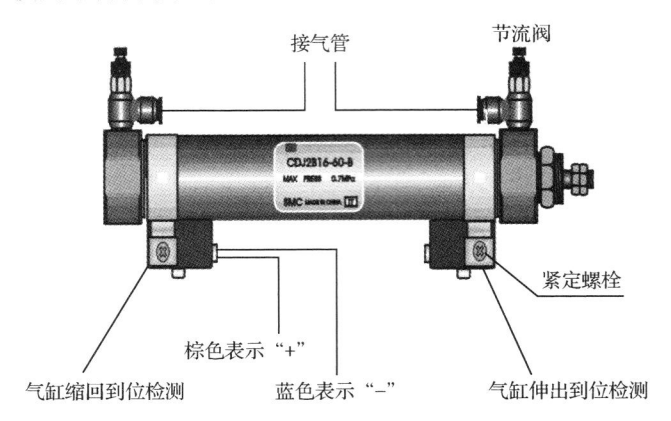

图 2-5 安装上节流阀的气缸外观

2．单电控电磁阀、电磁阀组

如前面所述，顶料气缸或推料气缸的活塞的运动是依靠向气缸一端进气，并从另一端排气实现的。气体流动方向的改变由改变气体流动方向或通断的控制阀（方向控制阀）加以控制。在自动控制中，方向控制阀常采用电磁控制方式实现方向控制，称为电磁阀。

电磁阀是利用其电磁线圈通电时，静铁芯对动铁芯产生电磁吸力使阀芯切换，来达到改变气流方向的目的的。图 2-6 所示为单电控二位三通电磁阀的工作原理示意图。

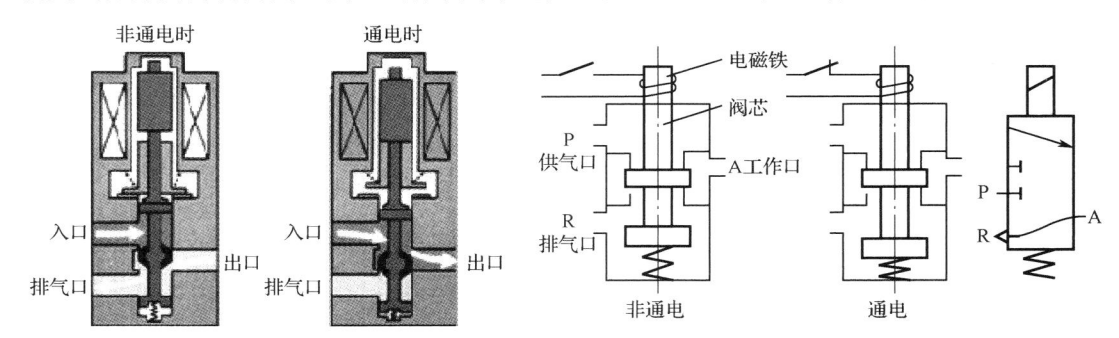

图 2-6 单电控二位三通电磁阀的工作原理示意图

所谓"位"，指的是为了改变气体方向，阀芯相对于阀体所具有的不同的工作位置。"通"指的是阀与系统相连的通口，有几个通口就是几通。图 2-6 中所示的电磁阀有两个工作位置及 P 供气口、A 工作口和 R 排气口，因此为二位三通电磁阀。

下面分别给出二位三通、二位四通和二位五通单电控电磁阀的图形符号，其中有几个方格就是几位，方格中的"┬"和"⊥"符号表示各接口互不相通。部分单电控电磁阀的图形符号如图 2-7 所示。

项目 2　供料站的安装与调试

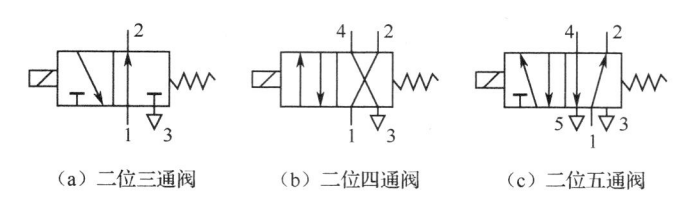

（a）二位三通阀　　（b）二位四通阀　　（c）二位五通阀

图 2-7　部分单电控电磁阀的图形符号

本书所述自动化生产线所有工作站的执行气缸都是双作用气缸，控制它们工作的电磁阀需要有两个工作口、两个排气口及一个供气口，因此使用的电磁阀均为二位五通电磁阀。

供料站用了两个二位五通单电控电磁阀，阀组结构如图 2-8 所示，这两个电磁阀带有手动换向和加锁钮，有锁定（LOCK）和开启（PUSH）2 个位置。用小螺丝刀把手动换向和加锁钮旋至 LOCK 位置，使手控开关向下凹进去，就不能进行手控操作了，只有将手动换向和加锁钮旋至 PUSH 位置时，才可用工具向下按，此时信号为"1"，等同于该侧的电磁信号为"1"；不按时，信号为"0"，等同于该侧的电磁信号为"0"。在进行设备调试时，可以使用手控开关对电磁阀进行控制，从而实现对相应气路的控制，以改变气缸等执行机构的控制，达到调试的目的。

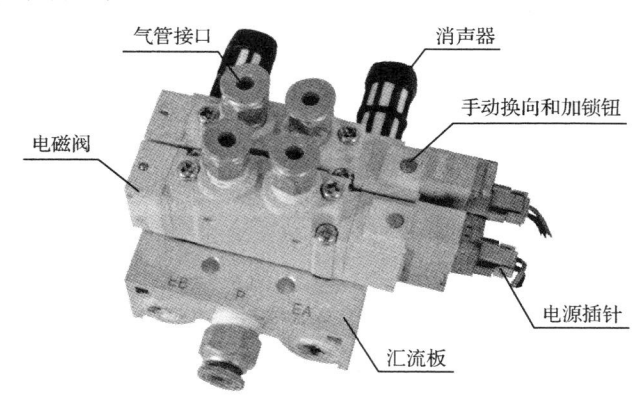

图 2-8　阀组结构

两个电磁阀是集中安装在汇流板上的。汇流板中的两个排气口末端均连接了消声器，消声器的作用是减少向大气排放压缩空气时的噪声。这种将多个电磁阀与消声器、汇流板等集中在一起构成的一组电磁阀称为阀组，其中每个电磁阀的功能是彼此独立的。

2.3.2　磁感应接近开关、电感式接近开关、光电接近开关

接近传感器利用传感器对所接近的物体具有的敏感特性来识别物体的接近，并输出相应开关信号，因此，接近传感器通常也称为接近开关。

接近开关有多种检测方式，包括利用电磁感应引起涡电流的方式、捕捉检测对象的接近并引起电容量变化的方式、利用磁石和引导开关的方式、利用光电效应和光电转换器件作为检测元件的方式等。YL-335B 所使用的是磁感应接近开关、电感式接近开关、光电接近开关和光纤型光电传感器等。这里只介绍磁感应接近开关、电感式接近开关和光电接近开关。

1. 磁感应接近开关

自动化生产线所使用的气缸是带磁感应接近开关的气缸。这些气缸的缸筒采用导磁性弱、隔磁性强的材料，如硬铝、不锈钢等。在非磁性体的活塞上安装一个带有永久磁铁的磁环，这样就能提供一个反映气缸活塞位置的磁场。安装在气缸外侧的磁感应接近开关是用来检测气缸活塞位置（活塞的运动行程）的。

触点式的磁感应接近开关用舌簧开关作为磁场检测元件。舌簧开关位于合成树脂块内，一般动作指示灯、过电压保护电路也塑封在内。图2-9所示为带磁感应接近开关的气缸的工作原理图。当气缸中随活塞移动的磁环靠近开关时，舌簧开关的两个簧片因被磁化而相互吸引，触点闭合；当磁环远离开关后，簧片失磁，触点断开。触点闭合或断开时发出电控信号，在PLC的自动控制中，可以利用该信号判断推料气缸及顶料气缸的运动状态或所处的位置，以确定工件是否被推出。

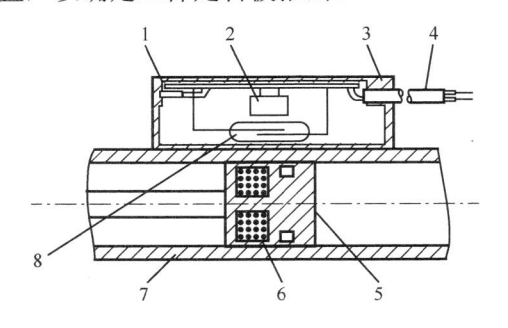

1、动作指示灯　2、保护电路
3、开关外壳　　4、导线
5、活塞　　　　6、磁环（永久磁铁）
7、缸筒　　　　8、舌簧开关

图2-9　带磁感应接近开关的气缸的工作原理图

在磁感应接近开关上设置的动作指示灯（LED）用于显示其信号状态，供调试时使用。磁感应接近开关动作时，输出信号"1"，LED亮；磁感应接近开关不动作时，输出信号"0"，LED不亮。

磁感应接近开关的安装位置可以调整，调整方法是松开它的紧定螺栓，让磁感应接近开关顺着气缸滑动，到达指定位置后，再旋紧紧定螺栓。

磁感应接近开关有蓝色和棕色2根引出线，使用时蓝色引出线应连接到电源端，棕色引出线应连接到PLC的信号接线端。磁感应接近开关内部电路如图2-10所示。

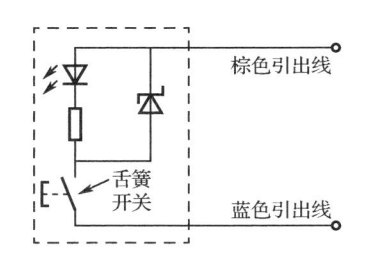

图2-10　磁感应接近开关内部电路

2. 电感式接近开关

电感式接近开关是利用电涡流效应制造的传感器。电涡流效应：当金属物体处于一个交变磁场中时，在金属内部会产生交变的电涡流，该电涡流会反作用于产生它的磁场。若这个交变磁场是由一个电感线圈产生的，则这个电感线圈中的电流就会发生变化，用于平衡电涡流产生的磁场。

利用这一原理，以高频振荡器（LC振荡器）中的电感线圈作为检测元件，当被测金属物体接近电感线圈时，会产生电涡流效应，引起振荡器的振幅或频率发生变化，由传感器的信号电路（包括检波、放大、整形、输出等电路）将该变化转换成开关量输出，从而达到检测目的。电感式接近开关的工作原理框图如图 2-11 所示。

在供料站中,为了检测待加工工件是否为金属材料,在供料管底座侧面安装了一个电感式接近开关,如图 2-12 所示。

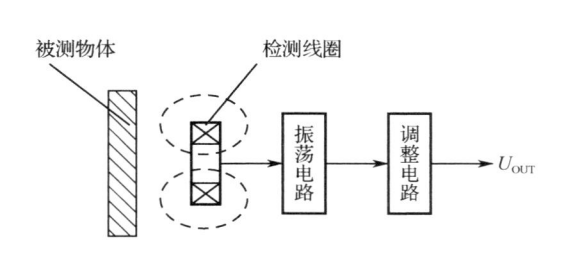

图 2-11 电感式接近开关的工作原理框图　　图 2-12 供料管底座侧面的电感式接近开关

在接近开关的选用和安装过程中,必须认真考虑检测距离、设定距离,保证生产线上的传感器动作可靠。安装距离说明如图 2-13 所示。

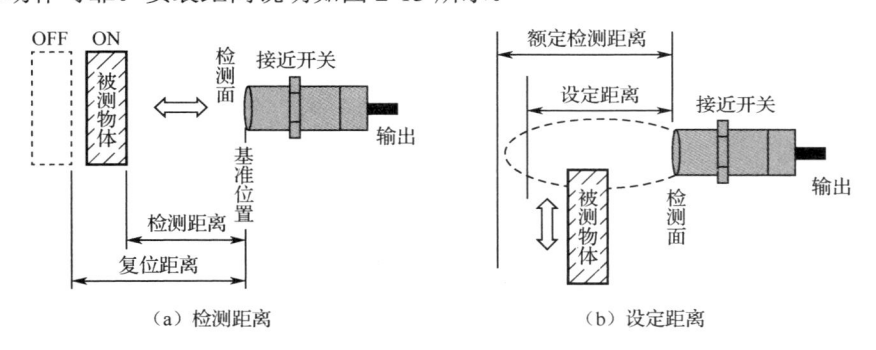

(a) 检测距离　　(b) 设定距离

图 2-13 安装距离说明

3. 光电接近开关

光电接近开关是利用光的各种性质,检测物体的有无和表面状态的变化等的传感器。其中,输出形式为开关量的传感器为光电接近开关。

光电接近开关主要由光发射器和光接收器构成。如果光发射器发射的光线因被测物体的通过而被遮掩或反射,那么到达光接收器的光将会发生变化。光接收器的敏感元件将检测出这种变化,并将其转换为电气信号,进行输出。光电接近开光大多使用可视光(主要为红色,也可用绿色、蓝色)和红外光进行检测。

按照光接收器接收光的方式的不同,光电接近开关可分为对射式、漫射式、反射式 3 种,如图 2-14 所示。

(1) 对射式光电接近开关的投光部和受光部分别处于相对位置上,根据光线是否被遮挡判断是否有被测物体通过。此开关用于检测不透明的物体。

(2) 漫射式光电接近开关的投光部和受光部为一体化结构,利用光照射到被测物体上反射回来的光线工作,由于物体反射的光线为漫射光,因此称为漫射式光电接近开关。在工作时,投光部始终发射检测光,若接近开关前方的一定距离内没有物体,则没有光被反射到受光部,接近开关处于常开状态而不动作;反之,若接近开关前方的一定距离内出现物体，只要反射回来的光的强度足够强，则受光部接收到足够的漫射光就会使接近开关动作而改变输出状态。

（3）反射式光电接近开关的投光部和受光部为一体化结构。在其相对位置上安装一个反光镜，以投光部发出的光是否被反光镜反射并被受光部接收来判断有无物体通过。

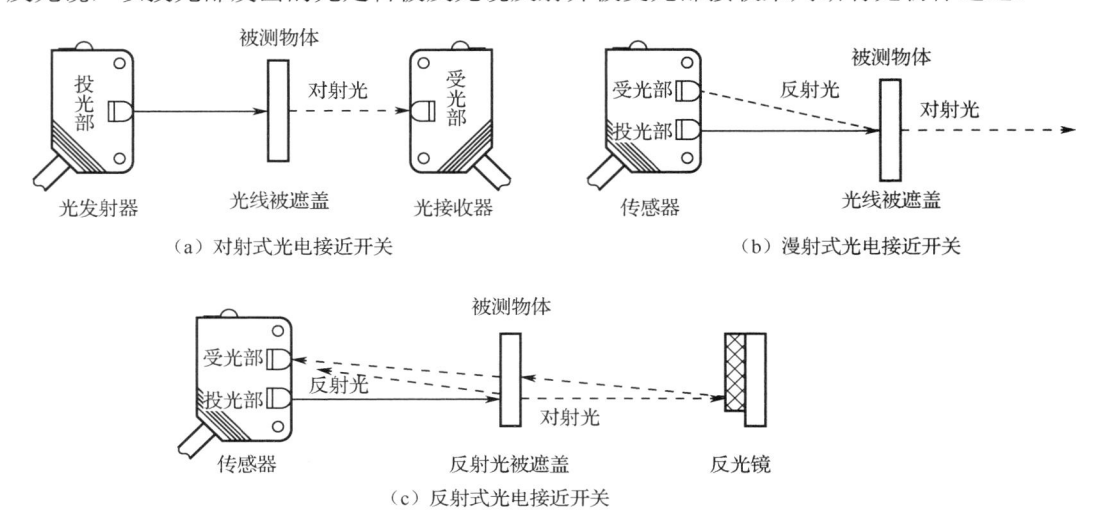

图 2-14　光电接近开关

在供料站中，用来检测工件不足或工件有无的漫射式光电接近开关选用 OMRON 公司 CX-441（E3Z-L61）放大器内置型光电接近开关（细小光束型，NPN 型晶体管集电极开路输出，以下简称 E3Z-L61）。

① 漫射式光电接近开关的调试。

E3Z-L61 的外形、调节旋钮和显示灯如图 2-15 所示，图中，动作转换开关的功能是选择受光动作（Light）或遮光动作（Drag）模式。当此开关按顺时针方向充分旋转时（到 L 侧），进入检测 ON 模式；当此开关按逆时针方向充分旋转时（到 D 侧），进入检测 OFF 模式。

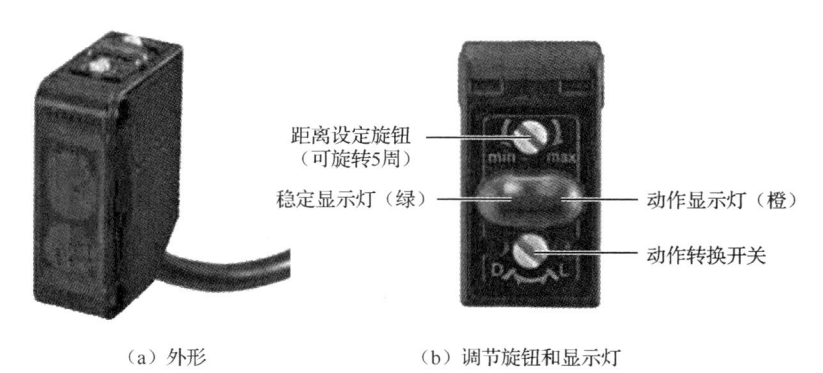

图 2-15　E3Z-L61 的外形、调节旋钮和显示灯

距离设定旋钮是 5 回转调节器，调整距离时应注意逐步轻微旋转，若过度旋转距离

设定旋钮,则会空转。调整的方法是,首先按逆时针方向将距离设定旋钮充分旋转到最小检测距离(约 20mm),然后根据要求的距离放置被测物体,按顺时针方向逐步旋转距离设定旋钮,找到传感器进入检测条件的点;最后拉开被测物体的距离,按顺时针方向进一步旋转距离设定旋钮,找到传感器,进入检测状态,一旦进入,向后旋转距离设定旋钮,直到传感器回到非检测状态的点为止。两点之间的中点为稳定检测的最佳位置。

② 漫射式光电接近开关的接线。

E3Z-L61 内部电路原理图如图 2-16 所示。该光电接近开关是 NPN 型三线制传感器,输出为三根线:棕色线、蓝色线、黑色线,棕色线接 24V 电源正极,蓝色线接 24V 电源负极,黑色线是信号输出线,接电源端,PLC 的信号接线端接 24V 电源正极。

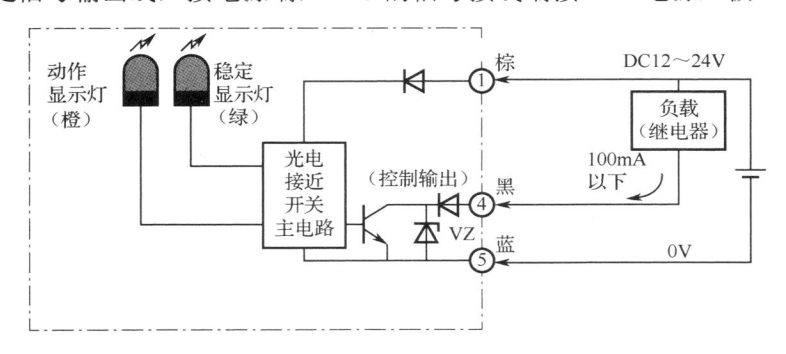

图 2-16　E3Z-L61 内部电路原理图

③ 圆柱形漫射式光电接近开关。

用来检测物料台上有无物料的光电接近开关是圆柱形漫射式光电接近开关,工作时向上发出光线,从而透过小孔检测是否有工件存在,该光电接近开关选用 SICK 公司的 MHT15-N2317 型产品,MHT15-N2317 光电接近开关外形如图 2-17 所示。

图 2-17　MHT15-N2317 光电接近开关外形

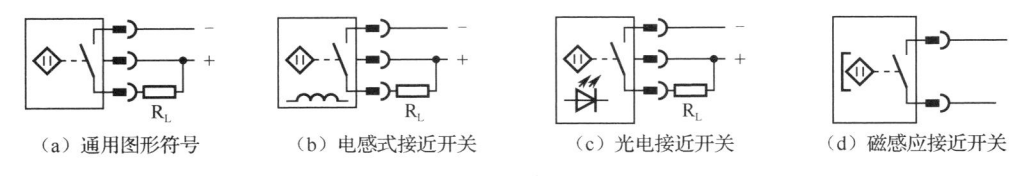

4. 接近开关的图形符号

接近开关的图形符号如图 2-18 所示。图 2-18(a)、图 2-18(b)、图 2-18(c)三种情况均使用 NPN 型三极管集电极开路输出。如果使用 PNP 型三极管,那么正负极性应反过来。

(a) 通用图形符号　　(b) 电感式接近开关　　(c) 光电接近开关　　(d) 磁感应接近开关

图 2-18　接近开关的图形符号

2.4 相关知识 2

2.4.1 PLC 的定义与分类

1．PLC 的定义

PLC 是可编程控制器，英文名称为 Programmable Controller，简称 PC。但由于 PC 容易和个人计算机（Personal Computer，PC）混淆，因此人们习惯用 PLC 作为可编程控制器的英文简称。PLC 是英文 Programmable Logic Controller 的缩写。PLC 是一种数字运算操作的电子系统，专为在工业环境下应用而设计。

2．根据结构形式分类

（1）整体式 PLC。

一般的微型机和小型机多为整体式结构。这种结构的 PLC 的电源、CPU、I/O 部件都集中配置在一个箱体中，有的甚至全部装在一块印制电路板上。图 2-19 所示为 S7-224 XP CPU 整体式 PLC 面板结构图。

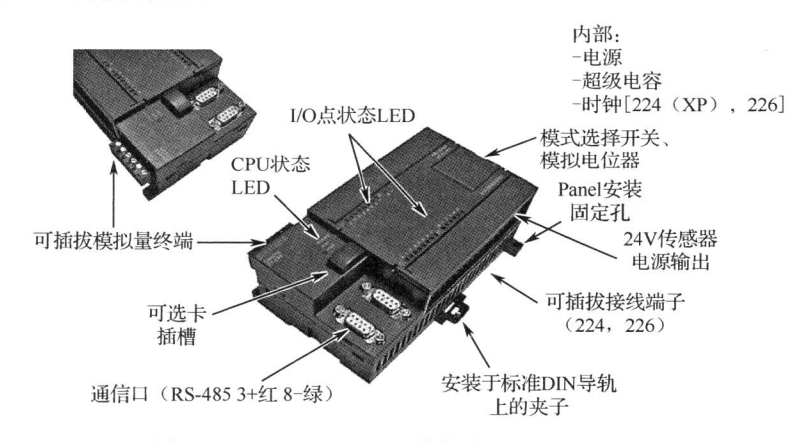

图 2-19　S7-224 XP CPU 整体式 PLC 面板结构图

整体式 PLC 的优点：结构紧凑、体积小、成本低、重量轻、容易装配在工业控制设备内部，比较适合设备单站控制。整体式 PLC 的缺点：I/O 点数是固定的，使用不够灵活，维修较麻烦。

（2）模块式 PLC。

模块式 PLC 的各部分以单独的模块分开设置，如电源模块、CPU 模块、输入模块、输出模块及其他智能模块等。S7-300 PLC 的种类有很多，S7-300 PLC 示例外形如图 2-20 所示。

模块式 PLC 的优点：配置灵活、装备方便、维修简单、易于扩展。模块式 PLC 的缺点：价格贵、体积比较大。

3．根据生产厂家分类

（1）德国西门子（SIEMENS）股份公司的 S5 系列、S7 系列。

（2）日本欧姆龙（OMRON）集团的 C 系列。

（3）日本三菱（Mitsubishi）的 FX 系列。
（4）日本松下（Panasonic）的 FP 系列。
（5）法国施耐德（Schneider）的 Twido 系列。
（6）美国通用电气公司（GE）的 GE-FANUC 系列。
（7）美国 AB 公司的 PLC-5 系列。

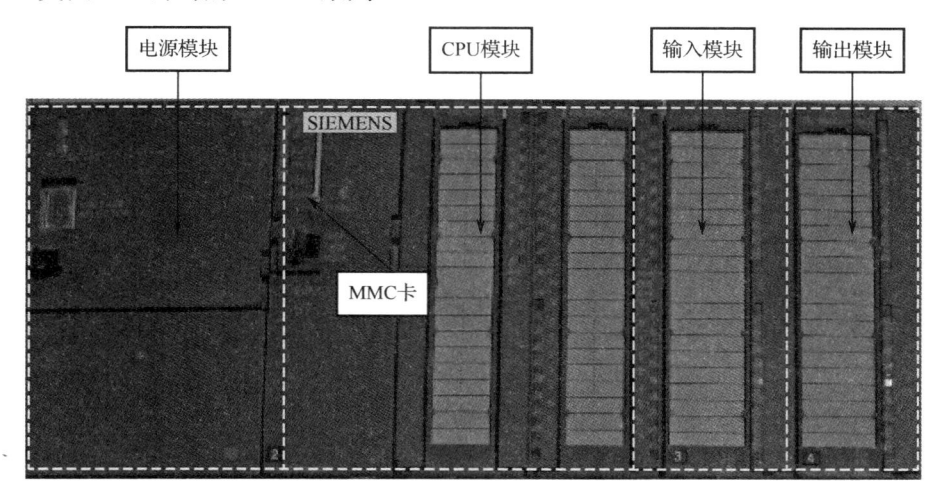

图 2-20 S7-300 PLC 示例外形

2.4.2 STEP 7-Micro/WIN 软件的安装

第一步：双击安装软件 SETUP.EXE，选择安装语言，如图 2-21 所示，单击"确定"按钮。

第二步：显示安装向导，如图 2-22 所示，单击"Next"按钮。

第三步：接受许可证协议，单击"Yes"按钮，如图 2-23 所示。

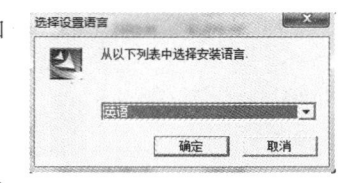

图 2-21 选择安装语言

图 2-22 安装向导

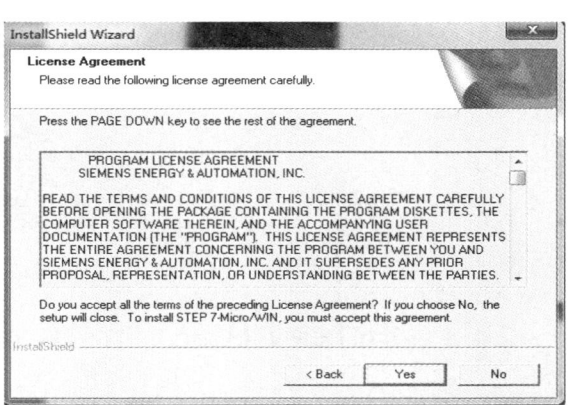

图 2-23 接受许可证协议

第四步：选择安装路径（可以更改），如图 2-24 所示。

第五步：等待安装完成，如图 2-25 所示。

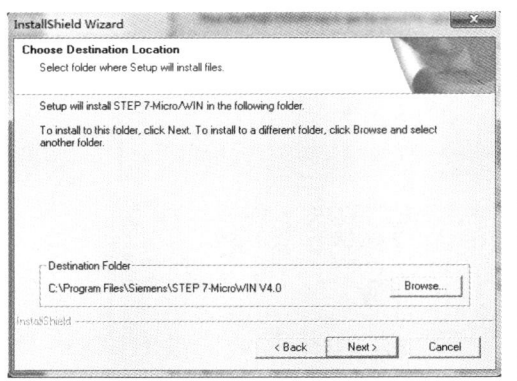

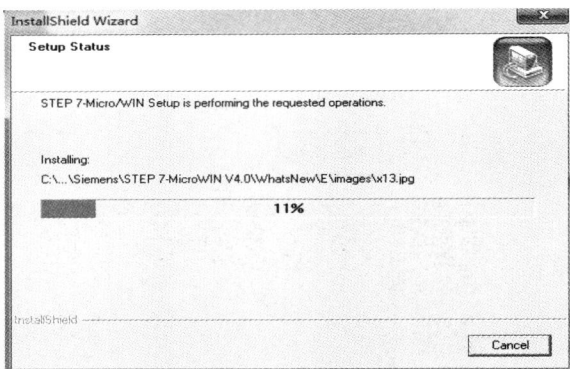

图 2-24　选择安装路径　　　　　　　图 2-25　等待安装完成

第六步：安装完成，单击"Yes,I want to restart my computer now."单选按钮，单击"Finish"按钮，如图 2-26 所示。

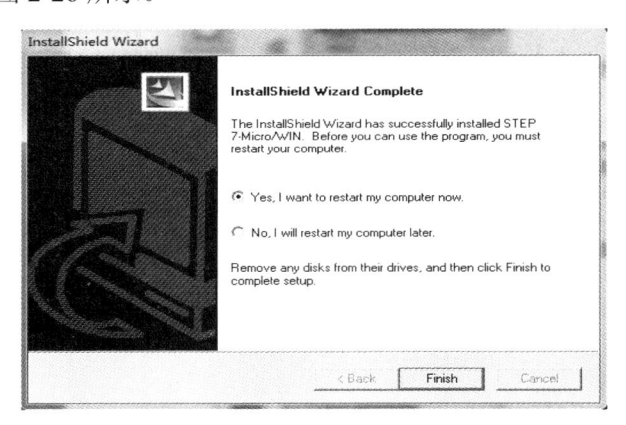

图 2-26　安装完成

安装完成后桌面会出现 STEP 7-MicroWIN 图标，如图 2-27 所示。

图 2-27　STEP 7-MicroWIN 图标

2.4.3　将 STEP 7-Micro/WIN 软件的英文界面转换为中文界面

双击桌面图标，出现 STEP 7-Micro/WIN 界面，如图 2-28 所示。

第一步：选择"Tools"选项卡，选择"Options..."选项，如图 2-29 所示。

项目 2　供料站的安装与调试

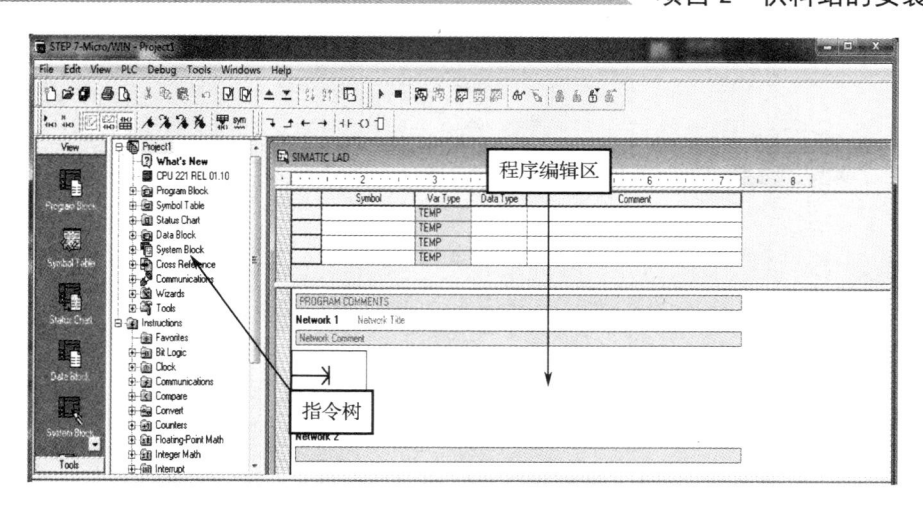

图 2-28　STEP 7-Micro/WIN 界面

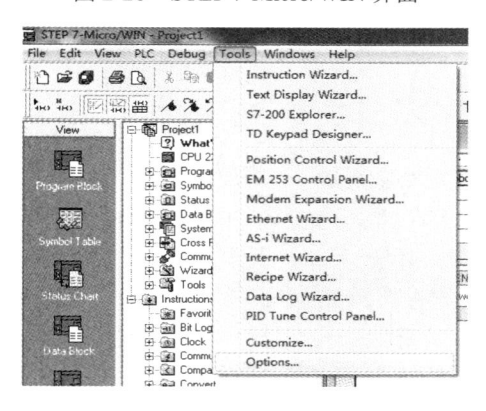

图 2-29　将 STEP 7-Micro/WIN 软件英文界面转换为中文界面 1

第二步：单击"General"选项卡，选择"Chinese"选项，单击"OK"按钮。打开 STEP 7-Micro/WIN 软件就能看到中文界面了，如图 2-30 所示。

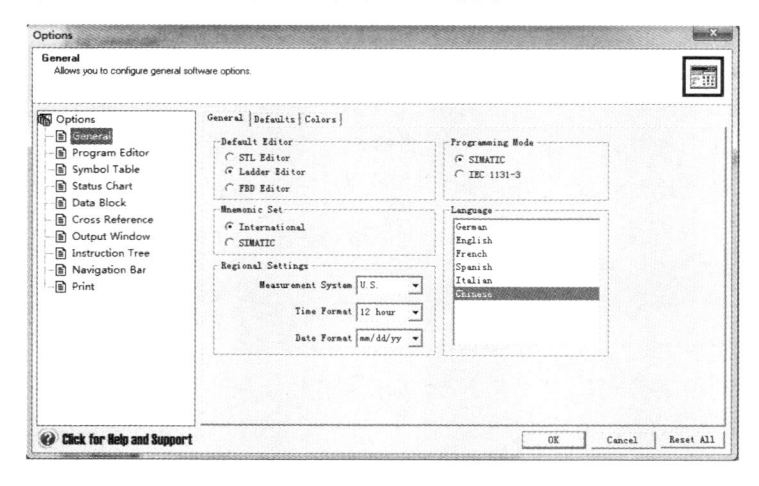

图 2-30　将 STEP 7-Micro/WIN 软件英文界面转换为中文界面 2

2.5 相关知识 3

2.5.1 常开触点

常开触点 ─| ??.? |─，又称动合触点，其中，??.?表示未知的位地址，下同。

当常开触点对应位地址的存储单元位是"1"状态时，常开触点取对应位地址存储单元位"1"的状态，该常开触点闭合。

当常开触点对应位地址的存储单元位是"0"状态时，常开触点取对应位地址存储单元位"0"的状态，该常开触点断开。

触点指令放在线圈的左边，是布尔型，只有两种状态。

位地址的存储单元可以是 I（输入继电器）、Q（输出继电器）、M（位存储器）等。

注意：对于梯形图程序，常开触点的个数是无限的。

2.5.2 常闭触点

常闭触点 ─| / ??.? |─，又称动断触点。

当常闭触点对应位地址的存储单元位是"1"状态时，常闭触点取对应位地址存储单元位"1"的反状态，该常闭触点断开。

当常闭触点对应位地址的存储单元位是"0"状态时，常闭触点取对应位地址存储单元位"0"的反状态，该常闭触点闭合。

触点指令放在线圈的左边，是布尔型，只有两种状态。

位地址的存储单元可以是 I、Q、M 等。

注意：对于梯形图程序，常闭触点的个数是无限的。

2.5.3 输出线圈

输出线圈 ─(??.?)─，又称输出指令（逻辑串输出指令）。

当程序中驱动输出线圈的触点接通时，线圈得电接通，这个"电"是"概念电流"或"能流"，而不是真正的物理电流。输出线圈得电，该位地址存储单元位是"1"；输出线圈失电，该位地址存储单元位是"0"。输出线圈属于布尔型，只有两种状态。输出线圈应放在梯形图的最右边。

位地址的存储单元可以是 Q、M 等。

注意：应避免双线圈输出。所谓双线圈输出，就是指在程序中，同一个地址的输出线圈出现 2 次或 2 次以上。另外，程序中不能出现 I 线圈。

下面通过电动机启停控制学习常开触点、常闭触点和输出线圈的指令使用方法。

例题 1：电动机启停 PLC 控制。

当按下启动按钮 SB1 时，电动机接触器 KM 线圈得电，电动机接触器主触点闭合，使得电动机 M 启动运行，当按下停止按钮 SB2 时，电动机接触器 KM 线圈失电，电动机接触器主触点断开，电动机 M 停止运行。

仔细读例题，找出输入信号器件和输出信号器件，输入信号器件一般是各种控制按钮、行程开关、传感器、保护器件等。

输出信号器件一般是各种信号灯、指示灯、接触器、电磁阀和继电器等。

第一步：输入信号器件和输出信号器件分析。

输入：启动按钮 SB1、停止按钮 SB2。

输出：电动机接触器 KM 线圈。

第二步：输入信号器件和输出信号器件地址分配。

输入信号器件和输出信号器件地址分配表如表 2-1 所示。

表 2-1 输入信号器件和输出信号器件地址分配表

序号	输入信号器件名称	编程元件地址	序号	输出信号器件名称	编程元件地址
1	启动按钮 SB1（常开触点）	I0.0	1	电动机接触器 KM 线圈	Q0.0
2	停止按钮 SB2（常开触点）	I0.1			

第三步：双击打开 STEP 7-Micro/WIN 软件，选 CPU 类型，建立符号表，如图 2-31 所示。

图 2-31 建立符号表

第四步：单击程序块，输入程序，保存、编译和下载，电动机启停 PLC 程序如图 2-32 所示。

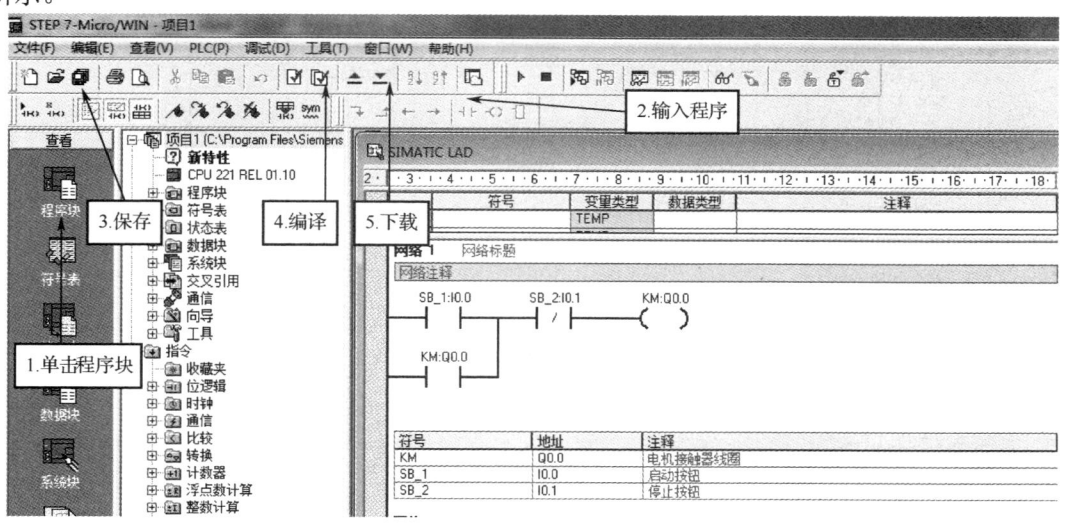

图 2-32 电动机启停 PLC 程序

讲解程序：

当按下启动按钮 SB1 后，SB1 常开触点闭合→形成回路→对应的输入继电器的线圈 I0.0 得电→输入继电器存储单元位是"1"→梯形图常开触点 I0.0 闭合→输出继电器线圈 Q0.0 得电→Q0.0 自锁触点闭合→输出电源和电动机接触器 KM 线圈形成闭合回路→电动机接触器 KM 线圈得电→电动机主触点闭合→电动机启动，如图 2-33 所示。

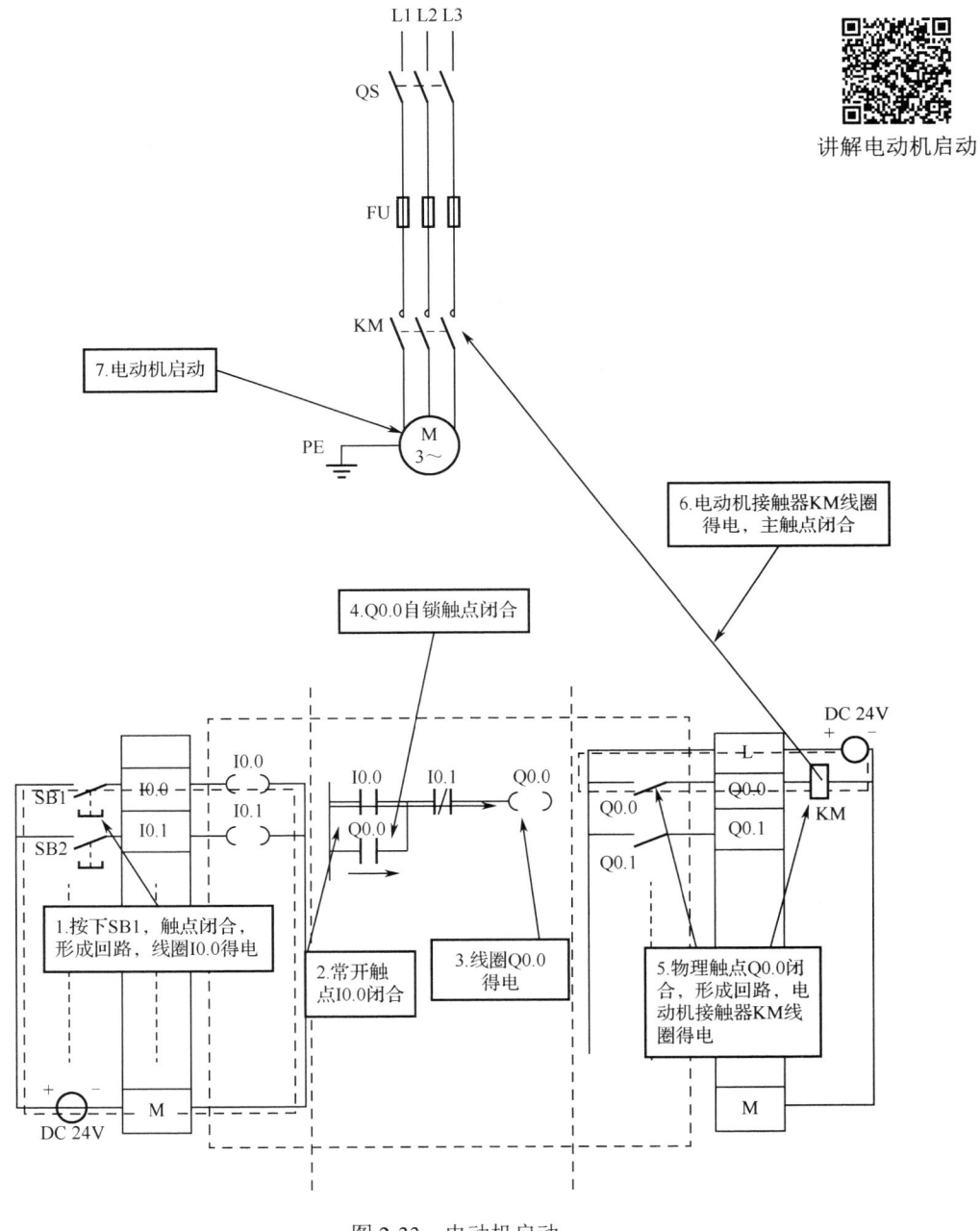

讲解电动机启动

图 2-33 电动机启动

项目2　供料站的安装与调试

当按下停止按钮 SB2 后，SB2 常开触点闭合→形成回路→对应输入继电器的线圈 I0.1 得电→输入继电器存储单元位是"1"→梯形图常开触点 I0.1 断开→输出继电器线圈 Q0.0 失电→Q0.0 常开物理触点断开→断开了输出电源和电动机接触器 KM 线圈形成的回路→电动机接触器 KM 线圈失电→电动机主触点断开→电动机停止，如图 2-34 所示。

讲解电动机停止

图 2-34　电动机停止

第五步：联机调试。

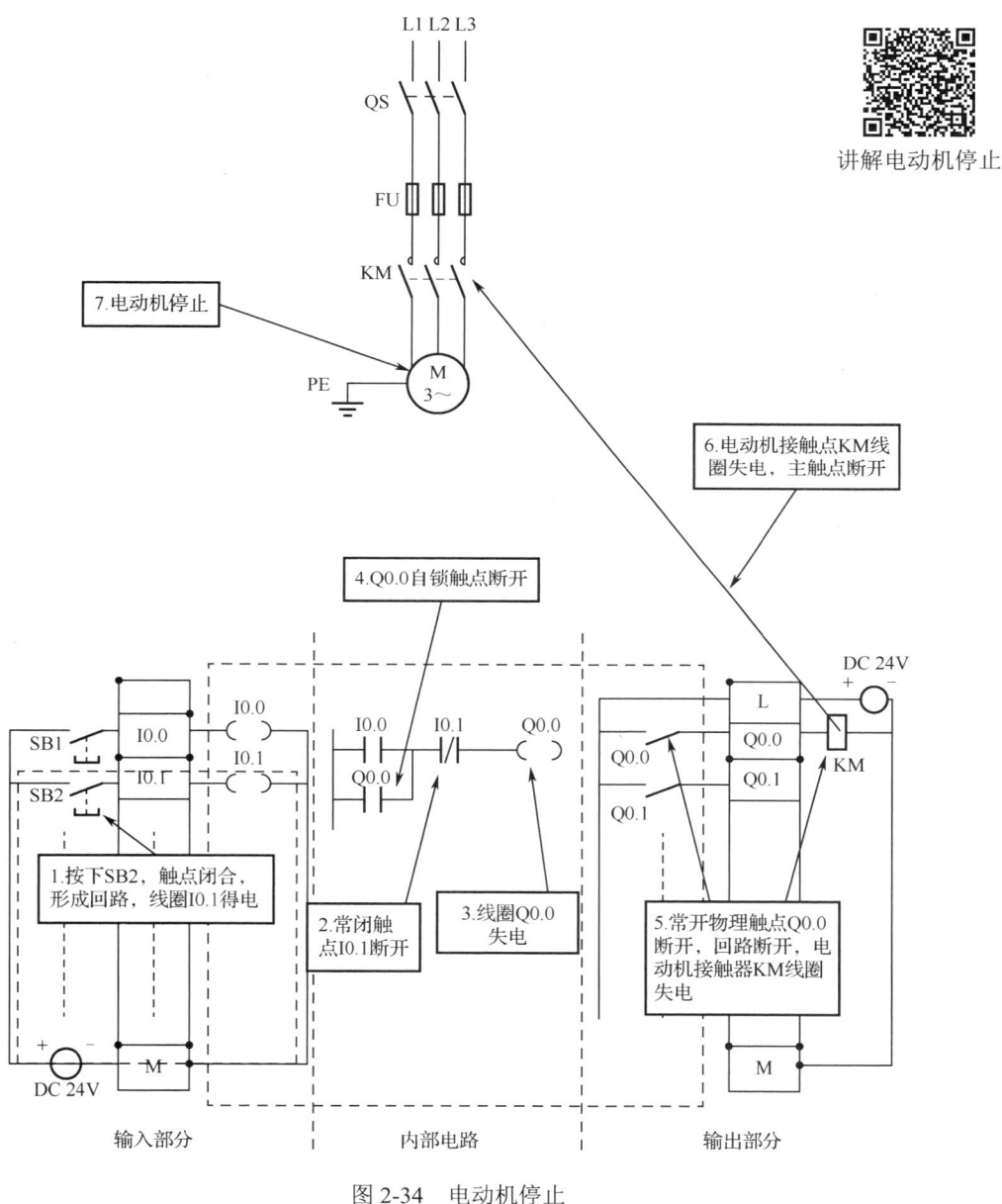

在断电情况下，把电源线接到 PLC 电源端子上，输入信号器件接线，输出信号器件暂时不接线，确保在连线正确的情况下进行送电、程序下载等操作。

如果按下启动按钮 SB1，Q0.0 端子指示灯亮，表示电动机启动运行；如果按下停止按钮 SB2，Q0.0 端子指示灯灭，表示电动机停止。若满足要求，则表示调试成功。若不能满足要求，则检查原因，修改程序，重新调试，直到满足要求为止。

在断电情况下，将接触器线圈接线，将输出外部设备电源接线，将主电路接线。确保在连线正确的情况下送电。

如果按下启动按钮 SB1，电动机启动运行，按下停止按钮 SB2，电动机停止，那么在联机调试情况下，程序满足要求，联机调试成功。若不能满足要求，则检查原因，修改程序，重新调试，直到满足要求为止。

2.5.4 置位与复位指令

在电动机启停控制程序中，如果梯形图中没有自锁常开触点 Q0.0，就要一直按着启动按钮，不能松开，这显然太麻烦，而下面要学习的指令可以解决这个问题。

置位指令 $-(\overset{bit}{S})\atop N$：一种情况是当置位指令左边的逻辑运算结果为"1"时，置位指令执行，使指定位地址的内容为"1"。此时即使置位指令左边的逻辑运算结果变为"0"，位地址的内容也是"1"。例如，自锁功能不需要另外的自锁触点就可以保持位地址的内容为"1"，只有执行复位指令后，位地址的内容才为"0"。

另一种情况是当置位指令左边的逻辑运算结果为"0"时，置位指令没执行，指定位地址的内容状态保持不变。

位地址可使用存储区 I、Q、V、M 等。置位指令中的 N 为从指定位地址开始的 N 位，可以为 1~255。

复位指令 $-(\overset{bit}{R})\atop N$：一种情况是当复位指令左边的逻辑运算结果为"1"时，复位指令使指定位地址的内容为"0"。此时即使复位指令左边的逻辑运算结果变为"0"，位地址的内容也为"0"。

另一种情况是当复位指令左边的逻辑运算结果为"0"时，指令没执行，指定位地址的内容状态保持不变。

该指令可以对定时器或计数器进行复位并清零定时器或计数器的当前值。位地址可使用存储区 I、Q、V、M、T、C 等。复位指令中的 N 为从指定位地址开始的 N 位，可以为 1~255。

注意：当置位指令和复位指令同时出现时，若复位指令在置位指令后，则按照扫描结果，最终执行的是复位指令；若置位指令在复位指令后，则最终执行的是置位指令。用置位指令和复位指令编写的电动机启停控制程序如图 2-35 所示。

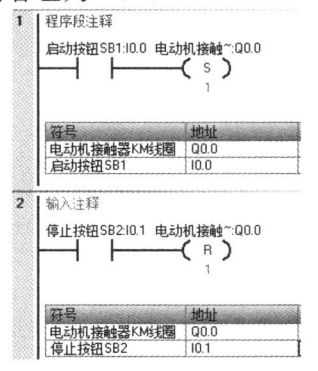

图 2-35 用置位指令和复位指令编写的电动机启停控制程序

2.5.5 触发器

复位优先型 RS 触发器如图 2-36 所示。

当两个输入端 S 和 R1 都为"1",即都接通时,复位输入最终有效,即执行复位功能,复位端有优先权,此时 bit 为"0",输出端 OUT 为"0"。

当 S 端输入为"1"、R1 端输入为"0"时,bit 为"1",输出端 OUT 为"1"。

当 S 端输入为"0"、R1 端输入为"1"时,bit 为"0",输出端 OUT 为"0"。

当 S 端输入为"0"、R1 端输入为"0"时,bit 为之前的状态,输出端 OUT 为之前的状态。

bit 和输出端 OUT 对应的存储单元状态一致,存储区可使用 I、Q、V、M 等。

在电动机启停控制程序中,复位优先型 RS 触发器编程如图 2-37 所示,当按下启动按钮 SB1 时,常开触点 I0.0 接通,Q0.0 为"1",电动机启动;当按下停止按钮 SB2 时,常开触点 I0.1 接通,Q0.0 为"0",电动机停止。

置位优先型 SR 触发器如图 2-38 所示。

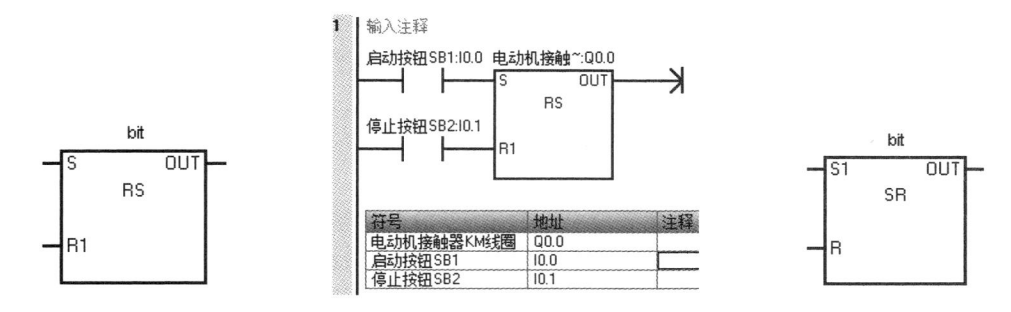

图 2-36 复位优先型 RS 触发器　　图 2-37 复位优先型 RS 触发器编程　　图 2-38 置位优先型 SR 触发器

当两个输入端 S1 和 R 都为"1",即都接通时,置位输入最终有效,即执行置位功能,置位端有优先权,此时 bit 为"1",输出端 OUT 为"1"。

当 S1 端输入为"1"、R 端输入为"0"时,bit 为"1",输出端 OUT 为"1"。

当 S1 端输入为"0"、R 端输入为"1"时,bit 为"0",输出端 OUT 为"0"。

当 S1 端输入为"0"、R 端输入为"0"时,bit 为之前的状态,输出端 OUT 为之前的状态。

bit 和输出端 OUT 对应的存储单元状态一致,存储区可使用 I、Q、V、M 等。

2.5.6 跳变沿指令

当信号状态由"0"变化到"1"时,会产生正跳沿(上升沿、前沿);若信号状态由"1"变化到"0",则会产生负跳沿(下降沿、后沿)。

正跳沿指令:─┤ P ├─。当正跳沿指令左边的程序逻辑运算结果由 0 变为 1,即左边能流由断开变为接通时,该指令检测到一次正跳沿,能流只在该扫描周期内流过检测元件,右边的元件仅在当前扫描周期内通电,因为只有一个扫描周期,所以时间很短。

负跳沿指令:─┤ N ├─。当负跳沿指令左边的程序逻辑运算结果由 1 变为 0,即左边能流由接通变为断开时,该指令检测到一次负跳沿,能流只在该扫描周期内流过检测元件,右边的元件仅在当前扫描周期内通电,因为只有一个扫描周期,所以时间很短。

用跳变沿编写的启停控制程序如图 2-39 所示。

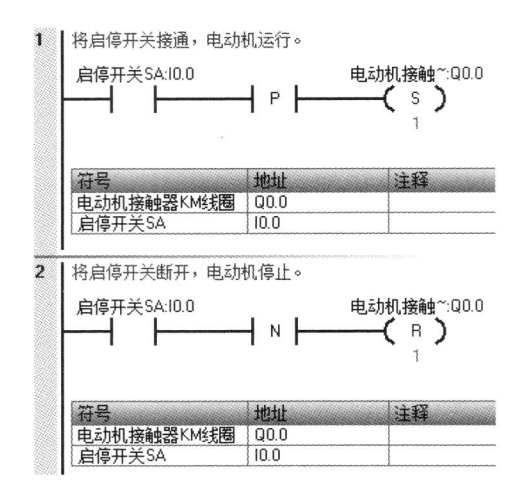

图 2-39 用跳变沿编写的启停控制程序

2.6 相关知识 4

本项目的接线可以选择 S7-200 PLC 下载线（USB/PPI 编程电缆），如图 2-40 所示。

将下载线的 USB 口插到计算机的 USB 端口，将下载线的 COM 口插到 PLC 的 PORT 0 口，旋紧螺钉。双击"设置 PG/PC 接口"项，选择"PC/PPI cable.PPI.1"项，单击"OK"按钮，如图 2-41 所示。

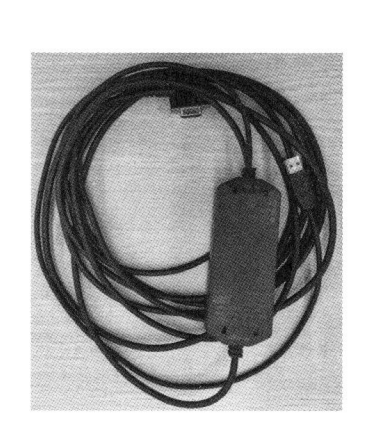

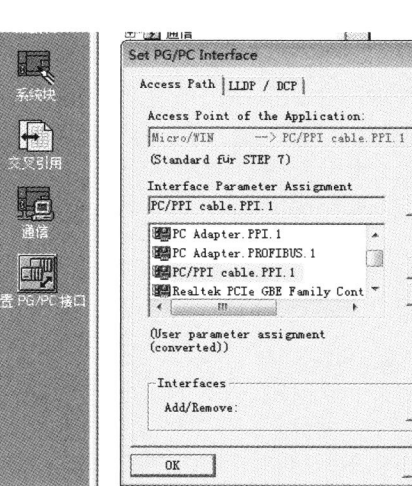

图 2-40 USB/PPI 编程电缆 　　图 2-41 选择"PC/PPI cable.PPI.1"

单击编译按钮，显示"总错误数目：0"，如图 2-42 所示。

单击"系统块"，因为下载线插在 PLC 的端口 0（PORT 0），所以在软件中选择通信端口的"端口 0"，将 PLC 地址设置为"2"，单击"确认"按钮，下载成功，PLC 地址变为"2"，如图 2-43 所示。

单击"通信"按钮，双击"双击刷新"按钮，刷新，如图 2-44 所示。

项目 2　供料站的安装与调试

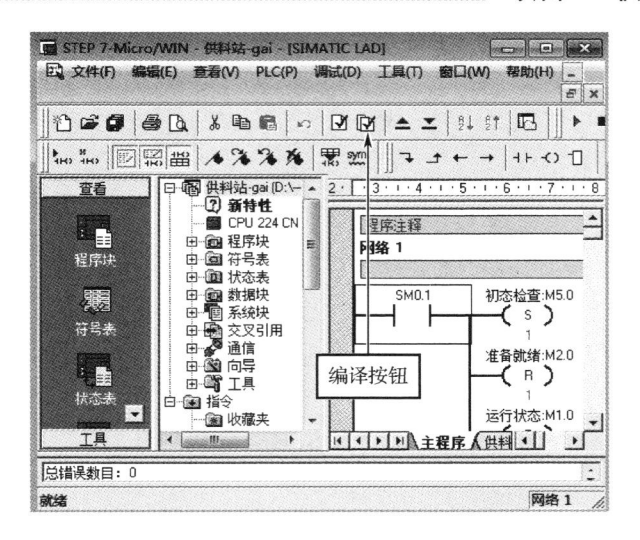

图 2-42　编译

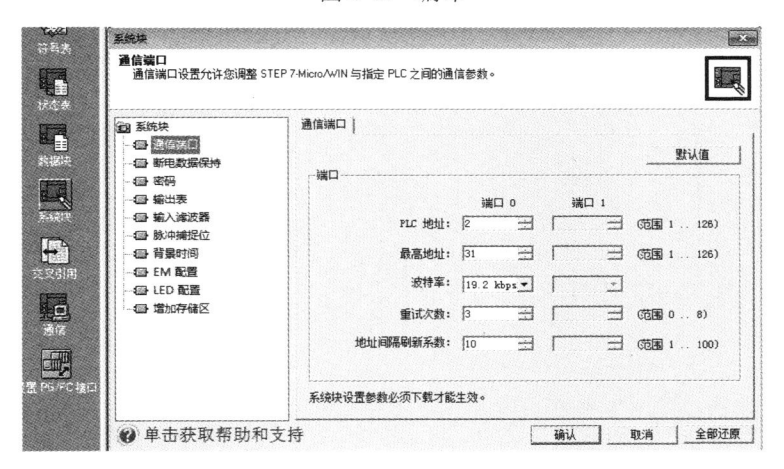

图 2-43　系统块

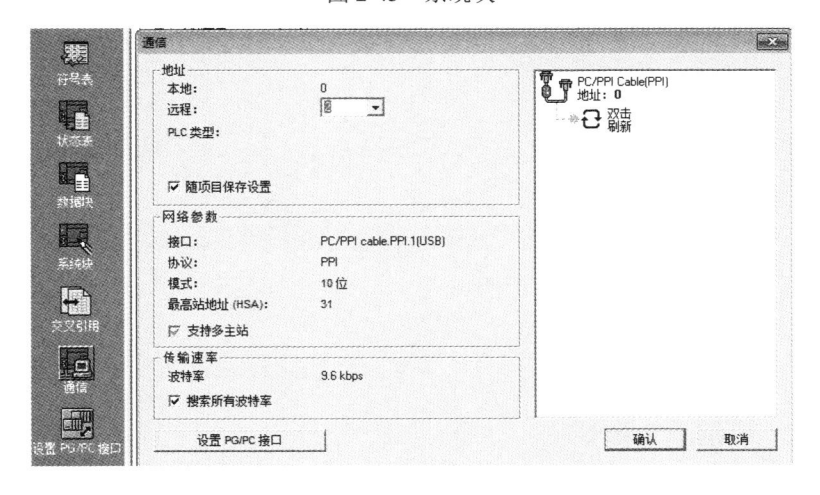

图 2-44　刷新

搜索下载线所连接的 PLC，如图 2-45 所示。

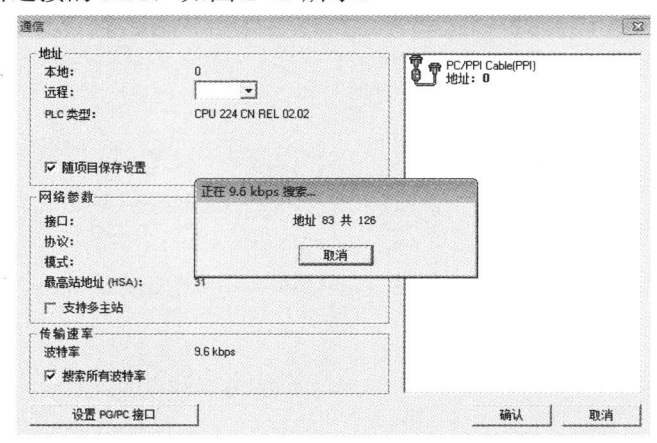

图 2-45　搜索下载线所连接的 PLC

搜索所连接的 PLC、地址及速率，单击"确认"按钮，如图 2-46 所示。

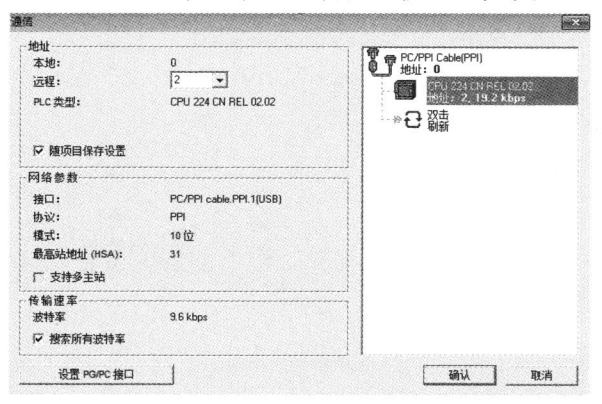

图 2-46　搜索所连接的 PLC、地址及速率

单击下载箭头按钮，出现下载界面，单击下载方框按钮，下载，如图 2-47 所示。

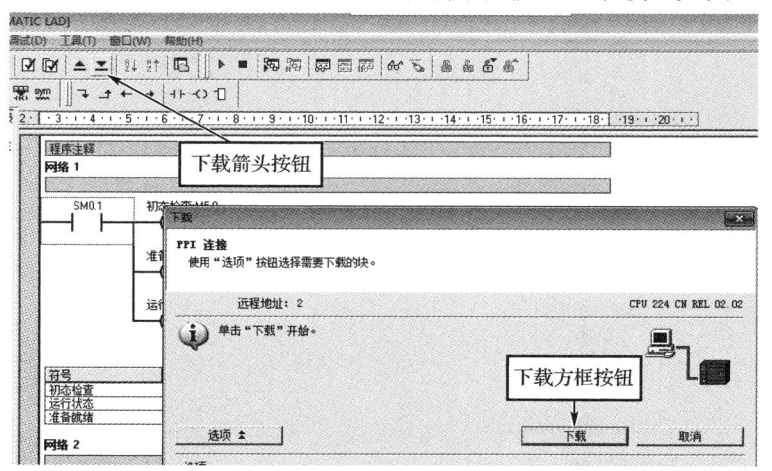

图 2-47　下载

项目 2 供料站的安装与调试

在"您希望设置 PLC 为 STOP 模式吗？"下单击"确定"按钮，如图 2-48 所示。

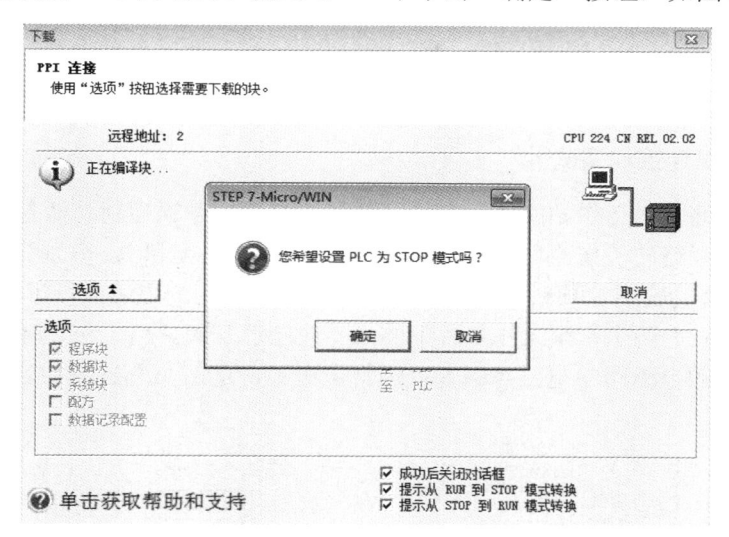

图 2-48 单击"确定"按钮

2.7 项目解决步骤

步骤 1. 机械安装

先把供料站各部分组合成整体安装时的组件，再对组件进行组装。供料站组件包括铝合金型材支撑架、物料台及料仓底座、推料机构，如图 2-49 所示。

图 2-49 供料站组件

装配好各组件后，先用螺栓把它们连接为整体，再用橡皮锤把装料管敲入料仓底座。将连接好的供料站机械部分、电磁阀组、PLC 和接线端子排固定在底板上，固定底板到工作台上，完成供料站的安装。

在安装过程中应注意以下几点。

（1）装配铝合金型材支撑架时，应注意调整好各条边的平行度及垂直度，锁紧螺栓。

（2）气缸安装板和铝合金型材支撑架的连接，靠的是预先在特定位置的铝型材"T"形槽中放置的与之相配的螺母，因此在对该部分的铝合金型材支撑架进行连接时，一定要在相应的位置放置相应的螺母。如果没有放置螺母或放置的螺母不够,将导致无法安装或安装不可靠。

(3) 将机械机构固定在底板上时,需要将底板移动到操作台边缘,将螺栓从底板的反面拧入,将底板和机械机构部分的支撑铝合金型材连接起来。

步骤 2. 气路连接和调试

气动控制回路是本工作站的执行机构,该执行机构的逻辑控制功能是由 PLC 实现的。供料站气动控制回路的工作原理图如图 2-50 所示。图中,1A 和 2A 分别为顶料气缸和推料气缸。1B1 和 1B2 为安装在顶料气缸的两个极限工作位置上的磁感应接近开关,2B1 和 2B2 为安装在推料气缸的两个极限工作位置上的磁感应接近开关。1Y1 和 2Y1 分别为控制顶料气缸和推料气缸的电磁阀的电磁控制端。通常情况下,这两个气缸的初始位置均设定在缩回状态。

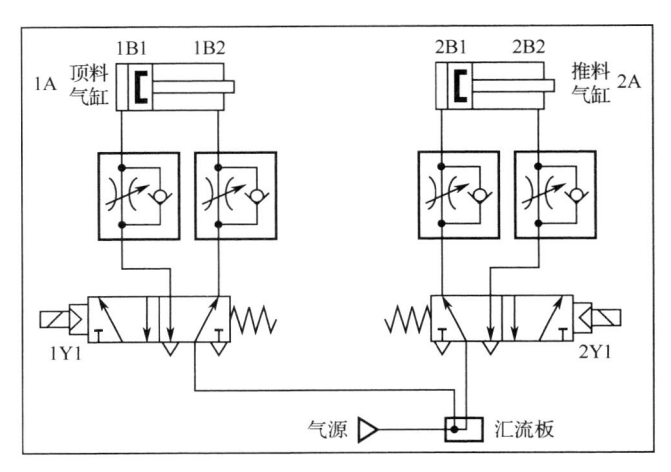

图 2-50 供料站气动控制回路的工作原理图

连接步骤:从汇流板开始,按照供料站气动控制回路的工作原理图连接电磁阀、气缸。连接时注意:气管走向应按序排布,均匀美观,不能交叉、打折;气管要在快速接头中插紧,不能有漏气现象。

气路调试包括:① 用电磁阀上的手动换向和加锁钮验证顶料气缸和推料气缸的初始位置和动作位置是否正确。② 调整气缸节流阀,以控制活塞杆的往复运动速度,伸出速度以不推倒工件为准。

步骤 3. 输入信号器件和输出信号器件分析

根据项目要求,得出输入信号器件和输出信号器件。

输入信号器件:启动按钮 SB1(常开触点)。

停止按钮 SB2(常开触点)。

顶料伸出到位检测开关 1B1(常开触点)。

顶料缩回到位检测开关 1B2(常开触点)。

推料伸出到位检测开关 2B1(常开触点)。

　　　　　推料缩回到位检测开关 2B2（常开触点）。
　　　　　物料台物料检测传感器 SC1（常开触点）。
　　　　　物料不足检测传感器 SC2（常开触点）。
　　　　　物料有无检测传感器 SC3（常开触点）。
　　输出信号器件：顶料电磁阀 YV1 线圈。
　　　　　推料电磁阀 YV2 线圈。

步骤 4．控制系统硬件和软件配置

根据控制系统输入信号器件和输出信号器件数进行硬件 PLC 配置，配置为 S7-200-224 CN AC/DC/RLY。

步骤 5．输入信号器件和输出信号器件地址分配

输入信号器件地址分配如下：

启动按钮 SB1（常开触点）：I1.3。
停止按钮 SB2（常开触点）：I1.2。
顶料伸出到位检测开关 1B1（常开触点）：I0.0。
顶料缩回到位检测开关 1B2（常开触点）：I0.1。
推料伸出到位检测开关 2B1（常开触点）：I0.2。
推料缩回到位检测开关 2B2（常开触点）：I0.3。
物料台物料检测传感器 SC1（常开触点）：I0.4。
物料不足检测传感器 SC2（常开触点）：I0.5。
物料有无检测传感器 SC3（常开触点）：I0.6。

输出信号器件地址分配如下：

顶料电磁阀 YV1 线圈：Q0.0。
推料电磁阀 YV2 线圈：Q0.1。

步骤 6．绘制接线图

讲解供料站接线图

电气接线包括：在工作站装置侧完成各传感器、电磁阀、电源端子等引线到装置侧接线端口之间的接线，在 PLC 侧进行电源连接、I/O 点接线等。

接线时应注意，在装置侧接线端口中，输入信号端子的上层端子（+24V）只能作为传感器的正电源端，切勿用于电磁阀等执行元件的负载。完成装置侧接线后，应用扎带绑扎，力求整齐美观。

电气接线的工艺应符合国家职业标准的规定。例如，导线连接到端子时，采用压紧端子压接方法；连接线应有符合规定的标号；每个端子连接的导线不得超过 2 根等。供料站接线图如图 2-51 所示。

步骤 7．建立符号表

供料站符号表如图 2-52 所示。

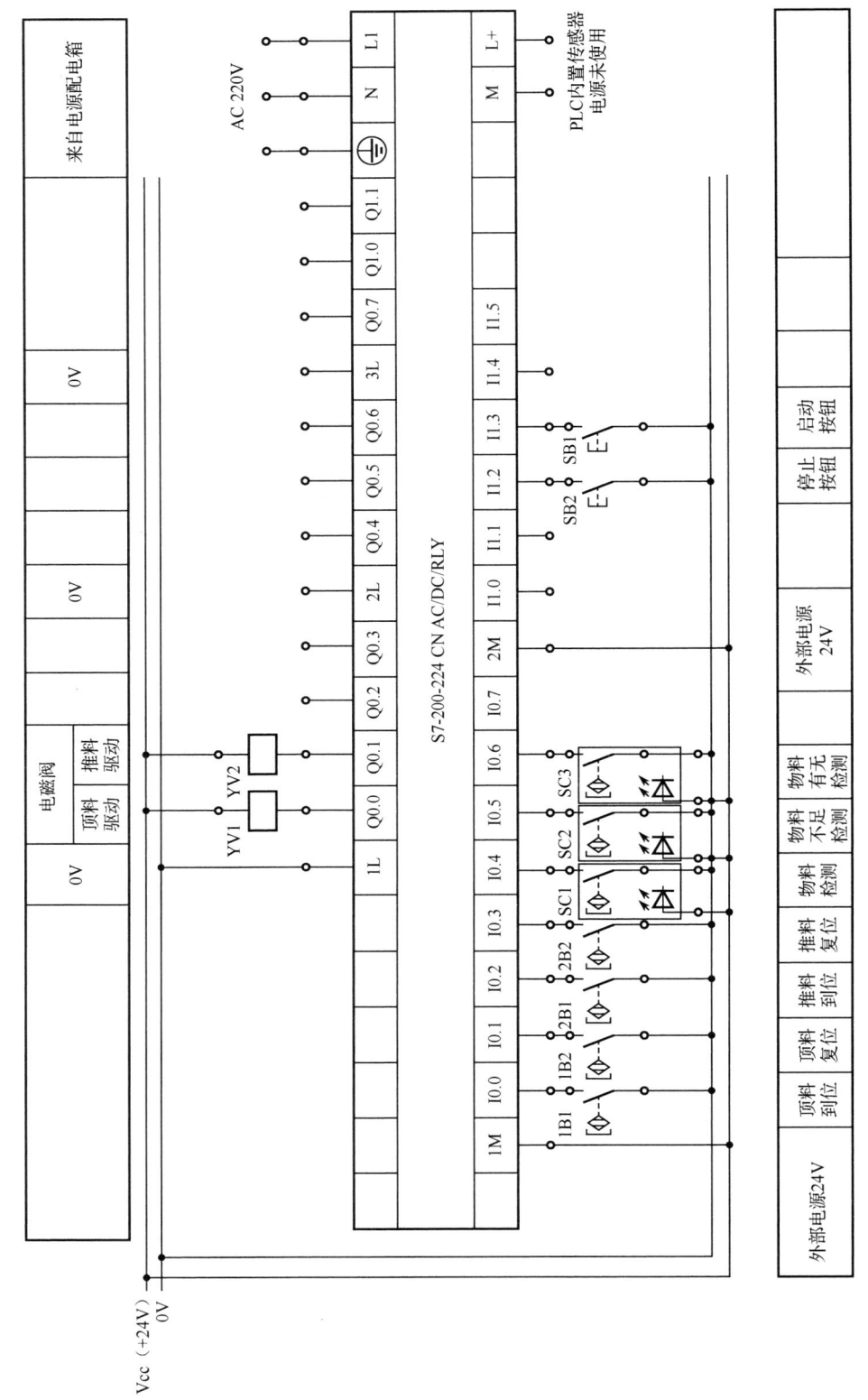

图 2-51 供料站接线图

项目 2 供料站的安装与调试

			符号	地址
1			顶料驱动	Q0.0
2			推料驱动	Q0.1
3			顶料到位	I0.0
4			顶料复位	I0.1
5			推料到位	I0.2
6			推料复位	I0.3
7			出料检测	I0.4
8			物料不足检测	I0.5
9			物料有无检测	I0.6
10			停止按钮	I1.2
11			启动按钮	I1.3

图 2-52 供料站符号表

步骤 8. 编写控制程序

根据供料站的项目要求，以及输入信号器件和输出信号器件地址分配表编写供料站主站程序。供料站主程序如图 2-53 所示。

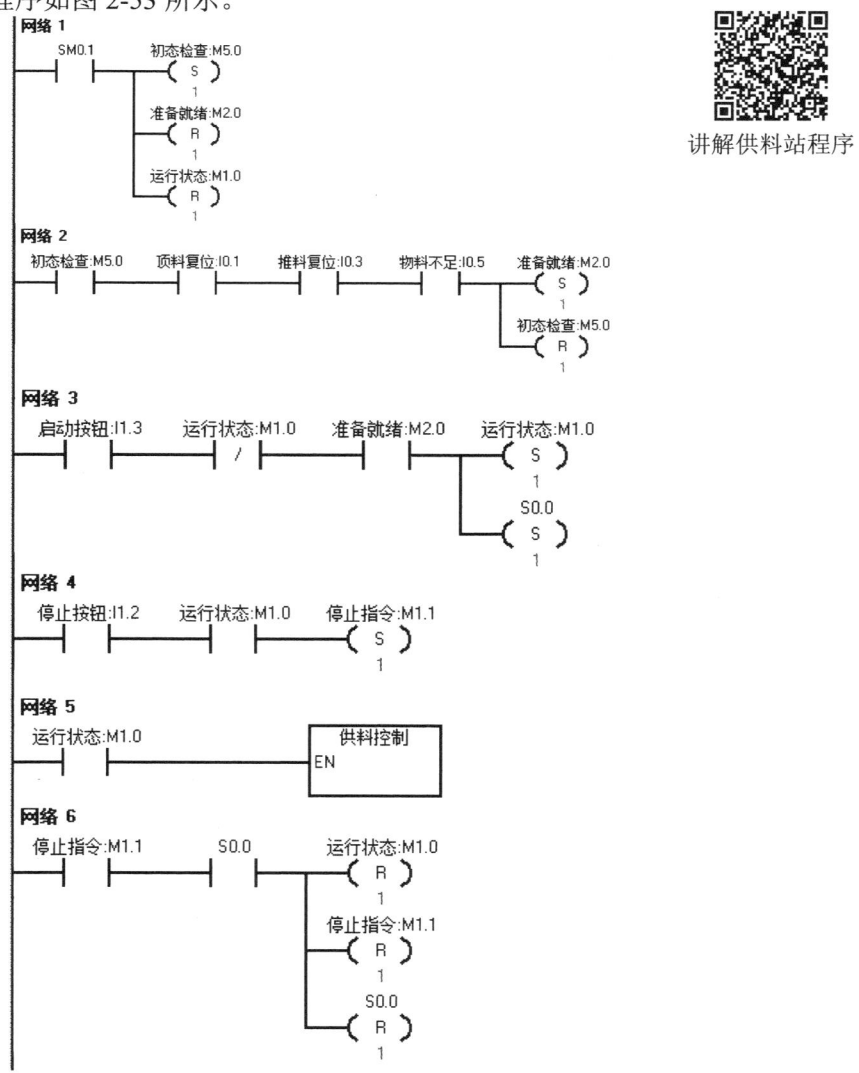

图 2-53 供料站主程序

根据供料站的项目要求，以及输入信号器件和输出信号器件地址分配表编写供料站子程序，如图 2-54 所示。

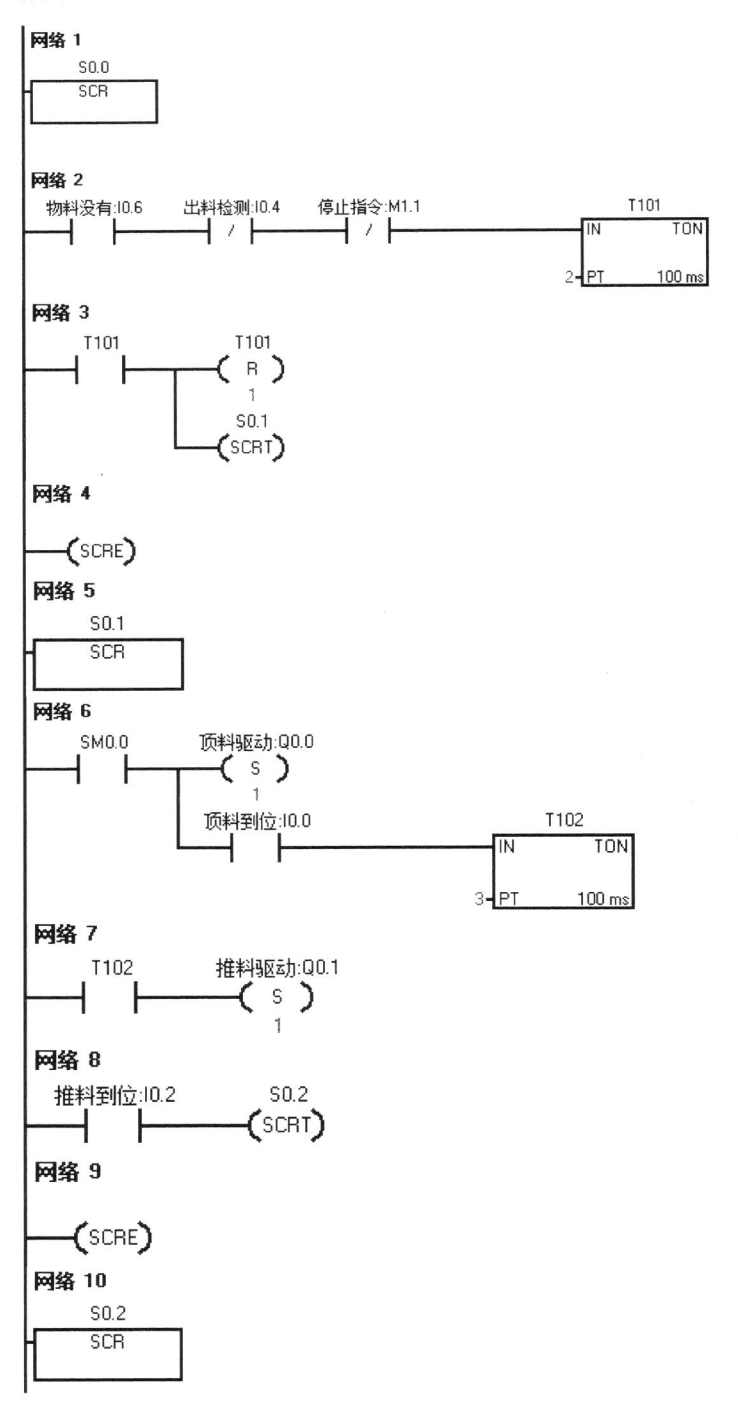

```
网络 1
    S0.0
    SCR

网络 2
    物料没有:I0.6   出料检测:I0.4   停止指令:M1.1              T101
    ──┤├──────────┤/├──────────┤/├──────────────────────IN    TON
                                                      2─PT    100 ms

网络 3
    T101       T101
    ──┤├────────( R )
                 1
               S0.1
              (SCRT)

网络 4
    ──(SCRE)

网络 5
    S0.1
    SCR

网络 6
    SM0.0    顶料驱动:Q0.0
    ──┤├────────( S )
                 1
             顶料到位:I0.0                              T102
             ──┤├───────────────────────────────────IN    TON
                                                   3─PT    100 ms

网络 7
    T102    推料驱动:Q0.1
    ──┤├────────( S )
                 1

网络 8
    推料到位:I0.2    S0.2
    ──┤├──────────(SCRT)

网络 9
    ──(SCRE)

网络 10
    S0.2
    SCR
```

图 2-54　供料站子程序

项目 2　供料站的安装与调试

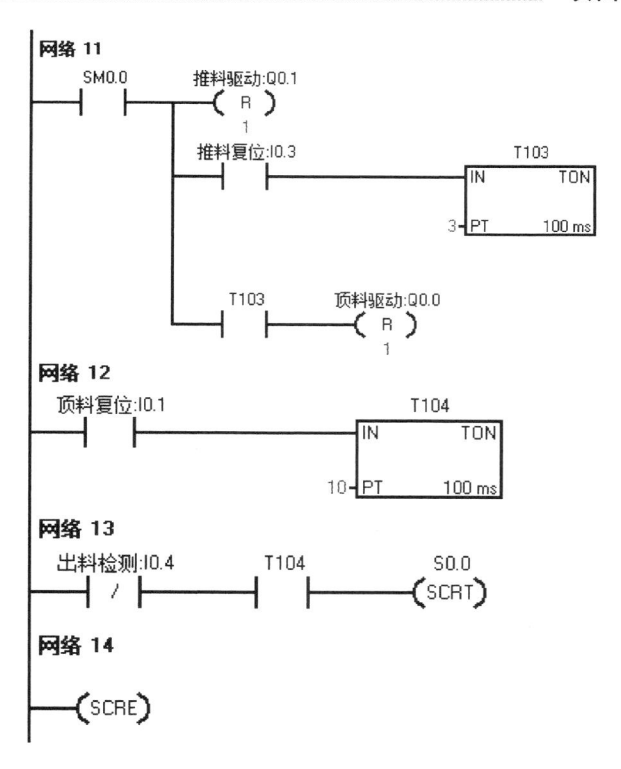

```
网络 11
    SM0.0        推料驱动:Q0.1
    ─┤├────┬──────( R )
           │        1
           │     推料复位:I0.3                  T103
           └──────┤├────────────────────────┤IN    TON├
                                            │         │
                                         3─┤PT   100ms│

                    T103        顶料驱动:Q0.0
                  ──┤├──────────────( R )
                                        1

网络 12
    顶料复位:I0.1                    T104
    ──┤├──────────────────────────┤IN    TON├
                                  │         │
                              10─┤PT   100ms│

网络 13
    出料检测:I0.4     T104           S0.0
    ──┤/├──────────┤├──────────────(SCRT)

网络 14
    ──(SCRE)
```

图 2-54　供料站子程序（续）

步骤 9．联机调试

（1）第一步：指示灯联机调试。

在断电情况下，连接电源线，输入信号器件接线，输出信号器件暂时不接线，确保在接线正确的情况下进行送电、程序下载等操作。

首先按下启动按钮，供料站启动，启动后，若物料台上没有工件，此时 PLC 的 Q0.0 指示灯亮，则表示顶料气缸伸出，顶住倒数第二层工件。然后 PLC 的 Q0.1 指示灯亮，表示推料气缸伸出，推出底层工件到物料台上。然后该指示灯灭，表示推料气缸缩回。接下来 PLC 的 Q0.0 指示灯灭，表示顶料气缸缩回，工件落下。物料台上的工件被人工取出后，若没有停止信号，则进行下一次顶料和推出工件操作。

若在运行中按下停止按钮，则在完成本工作周期任务后，各工作单元停止工作。

若在运行中料仓内工件不足，则供料站继续工作，并在完成本工作周期的任务后停止工作。除非料仓内补充足够的工件，否则供料站不能再启动。

若满足要求，则表示调试成功。若不能满足要求，则检查原因，修改程序，重新调试，直到满足要求为止。

（2）第二步：供料站联机调试。

在断电情况下，全部接线，确保在接线正确的情况下送电。

首先按下启动按钮，供料站启动，启动后，若物料台上没有工件，则顶料气缸伸出，顶住倒数第二层工件，推料气缸伸出，推出底层工件到物料台上，推料气缸缩回。然后顶料气缸缩回，工件落下。物料台上的工件被人工取出后，若没有停止信号，则进行下一次顶料和推出工件操作。

若在运行中按下停止按钮，则在完成本工作周期的任务后，各工作单元停止工作。

若在运行中料仓内工件不足，则供料站继续工作，并在完成本工作周期的任务后停止工作。除非料仓内补充足够的工件，否则供料站不能再启动。

若满足要求，则表示调试成功。如果不能满足要求，则检查原因，修改程序，重新调试，直到满足要求为止。

2.8 巩固练习

1．简述供料站的动作过程。
2．简述在供料站中怎样调节节流阀。
3．完成供料站的控制任务，具体要求如下。

（1）在设备上电和气源接通后，若工作单元的两个气缸均处于缩回位置，且料仓内有足够的待加工工件，则"正常工作"指示灯 HL1 常亮，表示设备已准备好。否则，该指示灯以 1Hz 的频率闪烁。

（2）若设备准备好，则按下启动按钮，工作单元启动，"设备运行"指示灯 HL2 常亮。启动后，若出料台上没有工件，则应把工件推到出料台上。出料台上的工件被人工取出后，若没有停止信号，则进行下一次推出工件操作。

（3）若在运行中按下停止按钮，则在完成本工作周期的任务后，各工作单元停止工作，HL2 指示灯熄灭。

若在运行中料仓内的工件不足，则工作单元继续工作，但"正常工作"指示灯 HL1 以 1Hz 的频率闪烁，"设备运行"指示灯 HL2 保持常亮。若料仓内没有工件，则 HL1 指示灯和 HL2 指示灯均以 2Hz 的频率闪烁。供料站在完成本工作周期的任务后停止工作。除非向料仓补充足够的工件，否则供料站不能再启动。

项目 3 加工站的安装与调试

3.1 项目要求（加工站的结构与动作过程）

3.1.1 加工站的结构

加工站由加工台、滑动机构、加工（冲压）机构、电磁阀组、接线端口、底板等结构组成。加工站装置侧主要结构如图 3-1 所示。

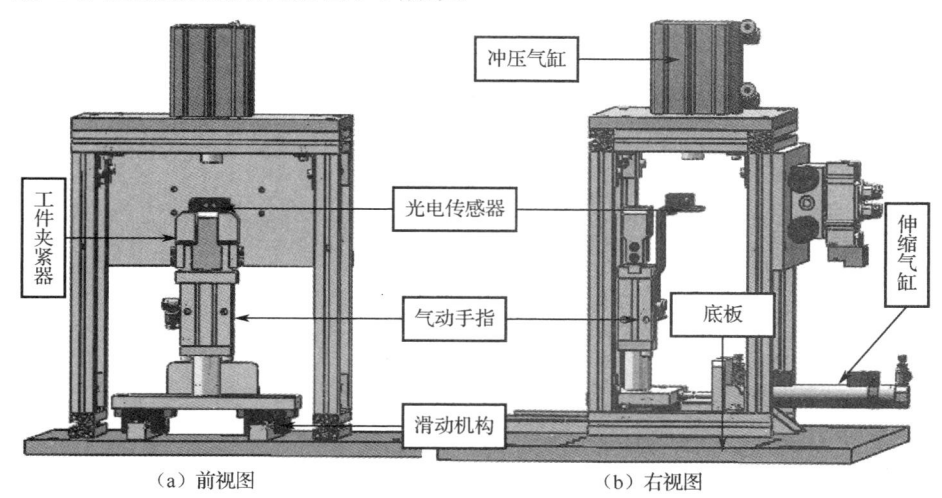

图 3-1 加工站装置侧主要结构

加工站的功能是把待加工工件从物料台伸出位置移到加工区域，即冲压气缸的正下方，完成对工件的冲压加工，把加工好的工件重新送回物料台。

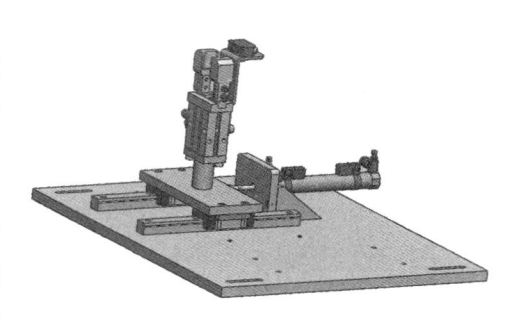

（1）加工台及滑动机构。

加工台及滑动机构如图 3-2 所示。加工台用于固定工件，并把工件移到加工（冲压）机构正下方进行冲压加工。它主要由气动手爪、加工台伸缩气缸、线性导轨及滑块、磁感应接近开关、漫射式光电接近开关组成。

加工台在系统正常工作后的初始状态为伸缩气缸伸出、加工台气动手爪张开，当输送站机械手把物料送到物料台上，物料检测传感器检测到工件后，PLC 控制程序驱动气动手爪将工件夹紧→加工台回到加工区域冲压气缸下方→冲压气缸

图 3-2 加工台及滑动机构

活塞杆向下伸出冲压工件→完成冲压动作后向上缩回→加工台重新伸出→伸出到位后气动手爪松开，完成工件加工工序，并向系统发出加工完成信号，为下一次加工工件做准备。

在加工台上安装一个漫射式光电接近开关。若加工台上没有工件，则漫射式光电接近开关处于常开状态，若加工台上有工件，则漫射式光电接近开关闭合，表明加工台上已有工件。将该光电传感器的输出信号送到加工站 PLC 的输入端，用以判别加工台上是否有工件需要加工，加工过程结束后，加工台伸出到初始位置，同时，PLC 通过通信网络把加工完成信号回馈给系统，以协调控制。

加工台上安装的漫射式光电接近开关仍选用 E3Z-L61（细小光束型），该光电接近开关的原理、结构及调试方法在前面已经介绍过了。

调整物料台伸出和缩回的位置是通过调整伸缩气缸上的两个磁感应接近开关的位置实现的。要求缩回位置位于加工冲压头正下方，伸出位置应与输送站的抓取机械手装置配合，确保输送站的抓取机械手能顺利地把待加工工件放到物料台上。

（2）冲压台。

加工（冲压）机构如图 3-3 所示。加工机构用于对工件进行冲压加工。它主要由冲压气缸、冲压头、安装板等组成。

当工件到达冲压位置时，伸缩气缸活塞杆缩回到位，冲压气缸伸出，对工件进行加工，完成加工动作后，冲压气缸缩回，为下一次冲压做准备。

冲压头根据工件的要求对工件进行冲压加工，冲压头安装在冲压气缸头部。安装板用于安装冲压气缸，对冲压气缸进行固定。

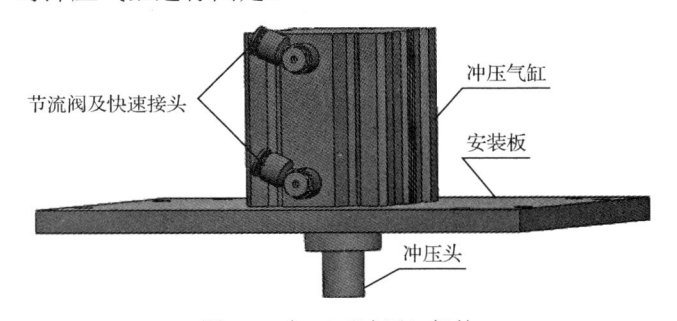

图 3-3 加工（冲压）机构

3.1.2 加工站的动作过程

若只考虑加工站作为独立设备运行的情况，则具体控制要求如下。

（1）初始状态：设备上电和气源接通后，加工台伸缩气缸处于伸出位置，加工台气动手爪处于松开状态，冲压气缸处于缩回状态，急停按钮没有按下。

（2）若设备准备好，按下启动按钮，启动设备。当将待加工工件送到加工台上并被检测到之后，加工台气动手爪将工件夹紧，送往加工区域冲压，完成冲压动作后返回待料位置，如果没有停止信号输入，当再有待加工工件被送到加工台上时，加工站开始进行下一周期的工作。

（3）在工作过程中，若按下停止按钮，则加工站在完成本周期动作后停止工作。当急停按钮被按下时，本站所有机构立即停止运行。急停解除后，加工站从急停前的断电状态开始继续运行。

3.2 学习目标

1. 了解加工站的结构，理解加工站的动作过程，并且能够叙述其安装与调试过程。
2. 掌握磁感应接近开关、光电传感器的电气特性，并能够进行传感器的安装与调试。
3. 了解直线导轨、气动手爪、薄型气缸等部件的工作原理及其应用，并能够进行连接调试。
4. 能够完成加工站的机械元件、气动元件、电气元件的安装，并且能够编写程序、下载程序，能够进行联机调试。

3.3 相关知识

3.3.1 了解直线导轨

直线导轨是一种滚动导引，由滚珠在滑块与导轨之间滚动循环，使得负载平台能沿着导轨以高精度进行线性运动，其摩擦系数可降至传统滑动导引的 1/50，使之达到很高的定位精度。

直线导轨和滑块组成直线导轨副，通常按照滚珠在导轨和滑块之间的接触类型进行分类，主要有两列式和四列式两种。YL-335B 设备上均选用普通级精度的两列式直线导轨副，其接触角在运动中能保持不变，刚性也比较稳定。图 3-4（a）所示为直线导轨副截面图，图 3-4（b）所示为装配好的直线导轨副。

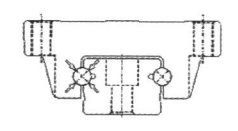

（a）直线导轨副截面图　　（b）装配好的直线导轨副

图 3-4　两列式直线导轨副

安装直线导轨副时应注意以下几点。
（1）要轻拿轻放，避免磕碰，以免影响直线导轨副的直线精度。
（2）不要将滑块拆离导轨或超过行程又推回去。
（3）加工站移动料台滑动机构由两个直线导轨副构成，安装滑动机构时要注意调整两个直线导轨副的平行度。

3.3.2 加工站的气动元件

加工站所使用的气动元件包括标准直线气缸、薄型气缸和气动手爪（气爪），下面只介绍前面尚未提及的薄型气缸和气动手爪。

1. 薄型气缸

薄型气缸属于节省空间类气缸，即气缸的轴向或径向尺寸比标准气缸显著减小的气缸，具有结构紧凑、重量轻、占用空间小等优点。图 3-5 所示为薄型气缸的实例图和剖视图。

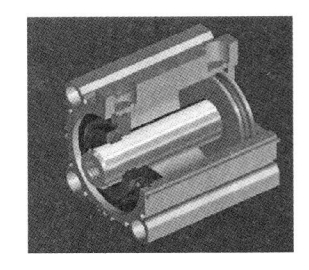

(a)实例图　　　　　　　　(b)剖视图

图 3-5　薄型气缸的实例图和剖视图

薄型气缸的特点：缸筒与无杆侧端盖压铸成一体，杆盖用弹性挡圈固定，缸体为方形。在 YL-335B 加工站中，薄型气缸用于冲压，这是因为该气缸具有行程短的特点。

2．气动手爪

气动手爪用于抓取、夹紧工件。气动手爪通常有滑动导轨型、支点开闭型和回转驱动型等工作方式。YL-335B 生产线的加工站使用的是滑动导轨型气动手爪，气动手爪实物如图 3-6（a）所示，气动手爪松开状态如图 3-6（b）所示，气动手爪夹紧状态如图 3-6（c）所示。

(a)气动手爪实物　　　(b)气动手爪松开状态　　　(c)气动手爪夹紧状态

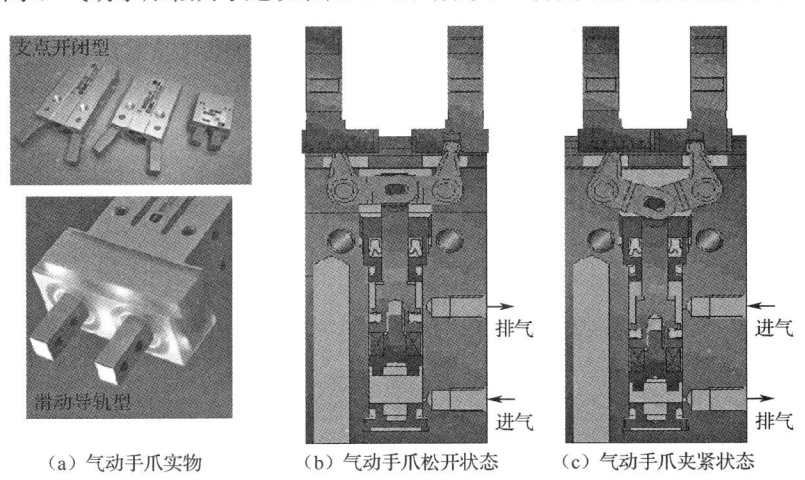

图 3-6　气动手爪实物和工作原理

3.4　项目解决步骤

步骤 1．机械安装

气路和电路连接注意事项在供料站项目中已经叙述过，这里着重讨论加工站机械部分的安装与调试方法。

加工站的装配过程包括两部分，一是加工机构组件装配，二是滑动加工台机械组件装配。图 3-7 所示为加工机构组件装配图，图 3-8 所示为滑动加工台机械组件装配图，图 3-9 所示为加工站组装图。

项目3 加工站的安装与调试

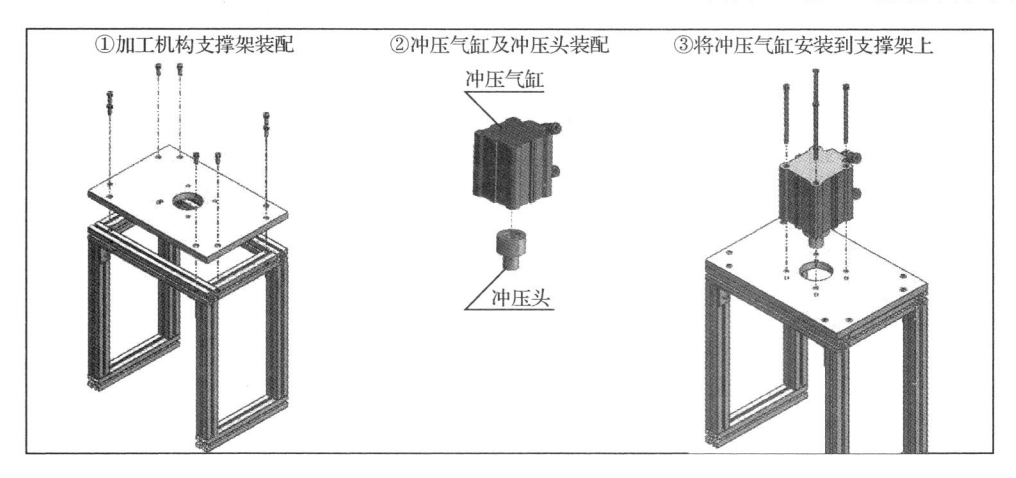

图 3-7 加工机构组件装配图

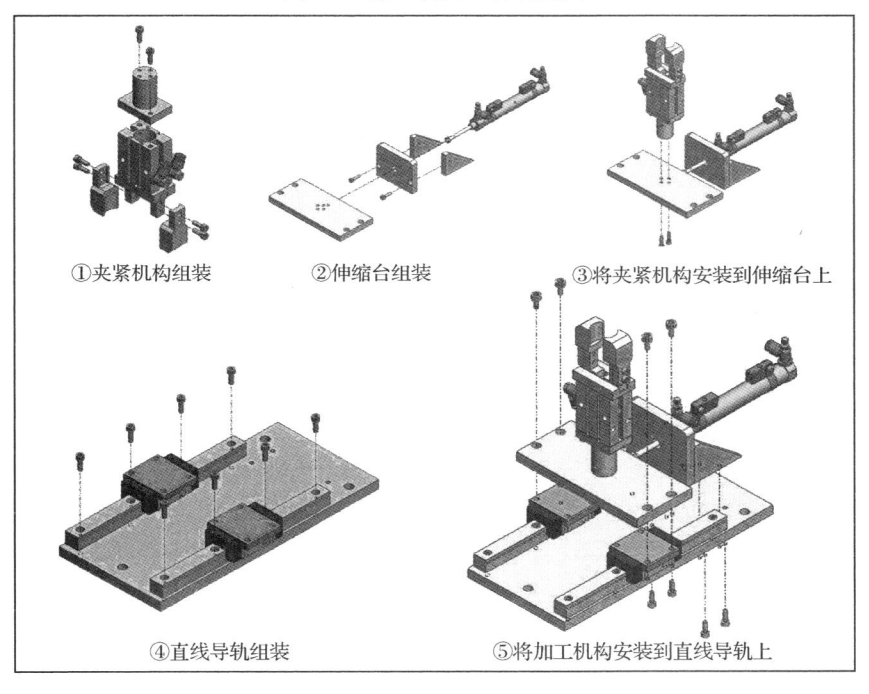

图 3-8 滑动加工台机械组件装配图

在完成以上各组件的装配后,首先将物料夹紧,其次将运动送料部分和整个安装底板连接固定,再次将铝合金支撑架安装在大底板上,最后将加工组件部分固定在铝合金支撑架上,完成加工站的装配。

安装时的注意事项如下。

(1)在调整两条直线导轨使其平行的过程中,要一边移动安装在两条导轨上的安装板,一边拧紧固定导轨的螺栓。

(2)如果加工机构组件部分的冲压头和加工台上的工件中心没有对正,可以通过调整推料气缸旋入两条导轨连接板的深度来进行对正。

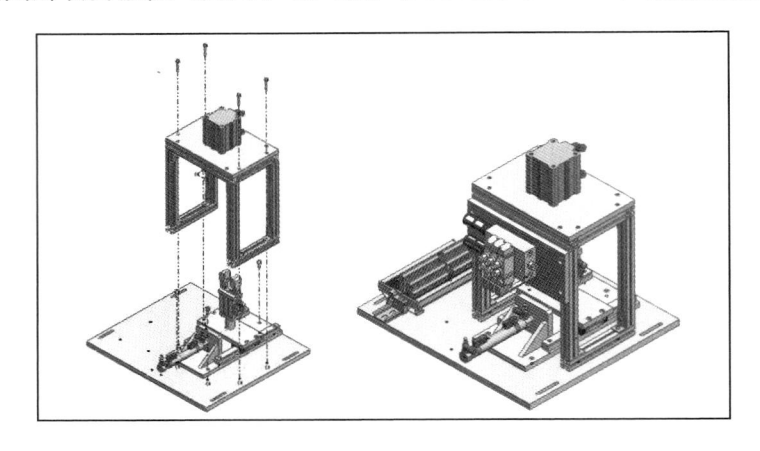

图 3-9 加工站组装图

步骤 2. 气路连接和调试（参见项目 2 气路连接和调试）

加工站的气动控制元件均采用二位五通单电控电磁阀，各电磁阀均带有手动换向和加锁钮，它们被集中安装成阀组并固定在冲压支撑架后面。

加工站气动控制回路的工作原理图如图 3-10 所示。其中，1B1 和 1B2 为安装在冲压气缸的两个极限工作位置的磁感应接近开关，2B1 和 2B2 为安装在加工台伸缩气缸的两个极限工作位置的磁感应接近开关，3B1 和 3B2 为安装在气爪气缸工作位置的磁感应接近开关。1Y1、2Y1 和 3Y1 分别为控制冲压气缸、加工台伸缩气缸和气爪气缸的电磁阀控制端。

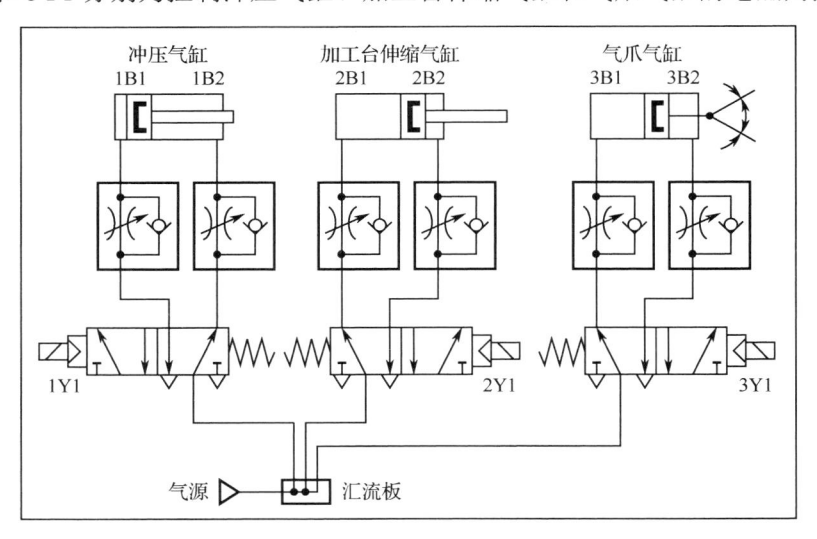

图 3-10 加工站气动控制回路的工作原理图

步骤 3. 输入和输出信号器件分析

（1）输入信号器件分析如下：

加工台工件检测开关 SC1（常开触点）。

夹紧检测开关 1B（常开触点）。

伸出到位检测开关 2B1（常开触点）。

缩回到位检测开关 2B2（常开触点）。
冲压上限检测开关 3B1（常开触点）。
冲压下限检测开关 3B2（常开触点）。
启动按钮 SB1（常开触点）。
停止按钮 SB2（常开触点）。
急停按钮 SB3（常闭触点）。
（2）输出信号器件分析如下：
夹紧电磁阀 YV1 线圈。
伸缩电磁阀 YV2 线圈。
冲压电磁阀 YV3 线圈。

步骤 4．硬件 PLC 配置

根据控制系统输入和输出信号器件的个数进行硬件 PLC 配置，配置为 S7-200-224 CN AC/DC/RLY。

步骤 5．输入和输出信号器件地址分配

（1）输入信号器件地址分配如下：
加工台工件检测开关 SC1（常开触点）：I0.0。
夹紧检测开关 1B（常开触点）：I0.1。
伸出到位检测开关 2B1（常开触点）：I0.2。
缩回到位检测开关 2B2（常开触点）：I0.3。
冲压上限检测开关 3B1（常开触点）：I0.4。
冲压下限检测开关 3B2（常开触点）：I0.5。
启动按钮 SB1（常开触点）：I1.3。
停止按钮 SB2（常开触点）：I1.2。
急停按钮 SB3（常闭触点）：I1.4。
（2）输出信号器件地址分配如下：
夹紧电磁阀 YV1 线圈：Q0.0。
伸缩电磁阀 YV2 线圈：Q0.2。
冲压电磁阀 YV3 线圈：Q0.3。

步骤 6．绘制接线图

讲解加工站接线图

电气接线包括：在工作站装置侧完成各传感器、电磁阀、电源端子等的引线与装置侧接线端口之间的接线，在 PLC 侧进行电源连接、I/O 点接线等。

接线时应注意，在装置侧接线端口中，输入信号端子的上层端子（+24V）只能作为传感器的正电源端，切勿用于电磁阀等执行元件的负载。完成装置侧接线后，应用扎带绑扎，力求整齐美观。

电气接线的工艺应符合国家职业标准的规定。例如，导线连接到端子时，采用压紧端子压接方法；连接线应有符合规定的标号；每个端子连接的导线不得超过 2 根等。

加工站接线图如图 3-11 所示。

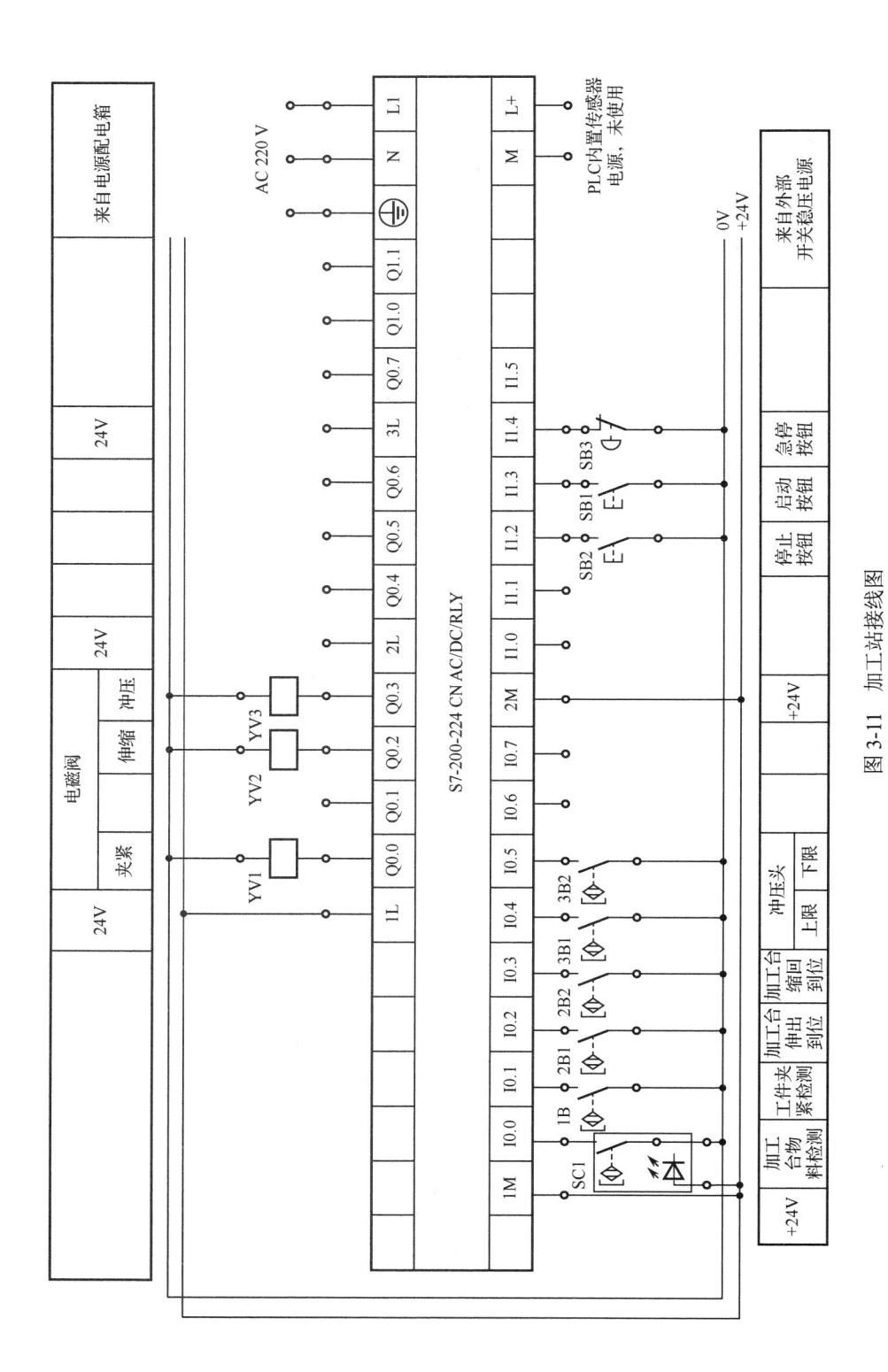

图 3-11 加工站接线图

项目 3　加工站的安装与调试

步骤 7．符号表

加工站符号表如图 3-12 所示。

			符号	地址
1			加工台工件	I0.0
2			夹紧检测	I0.1
3			伸出到位	I0.2
4			缩回到位	I0.3
5			冲压上限	I0.4
6			冲压下限	I0.5
7			停止按钮	I1.2
8			启动按钮	I1.3
9			急停按钮	I1.4
10			夹紧电磁阀	Q0.0
11			伸缩电磁阀	Q0.2
12			冲压电磁阀	Q0.3
13			初始位置	M0.0
14			运行状态	M1.0
15			初始步	S0.0

图 3-12　加工站符号表

步骤 8．编写控制程序

根据加工站的项目要求，以及输入信号器件和输出信号器件地址分配表编写加工站主程序。加工站主程序如图 3-13 所示。

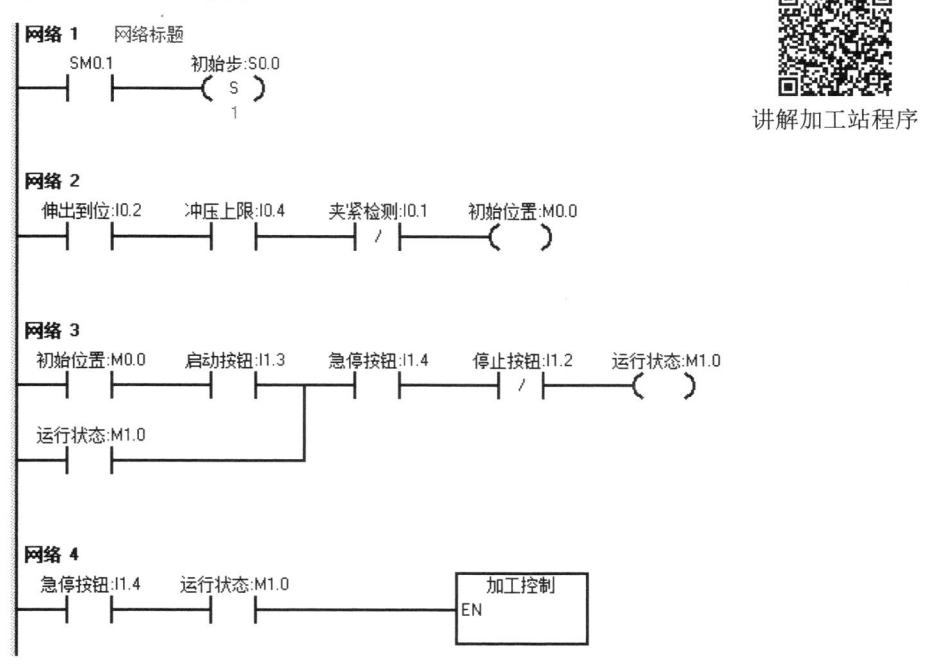

图 3-13　加工站主程序

根据加工站的项目要求，以及输入信号器件和输出信号器件地址分配表编写加工站加工控制子程序。加工站加工控制子程序如图 3-14 所示。

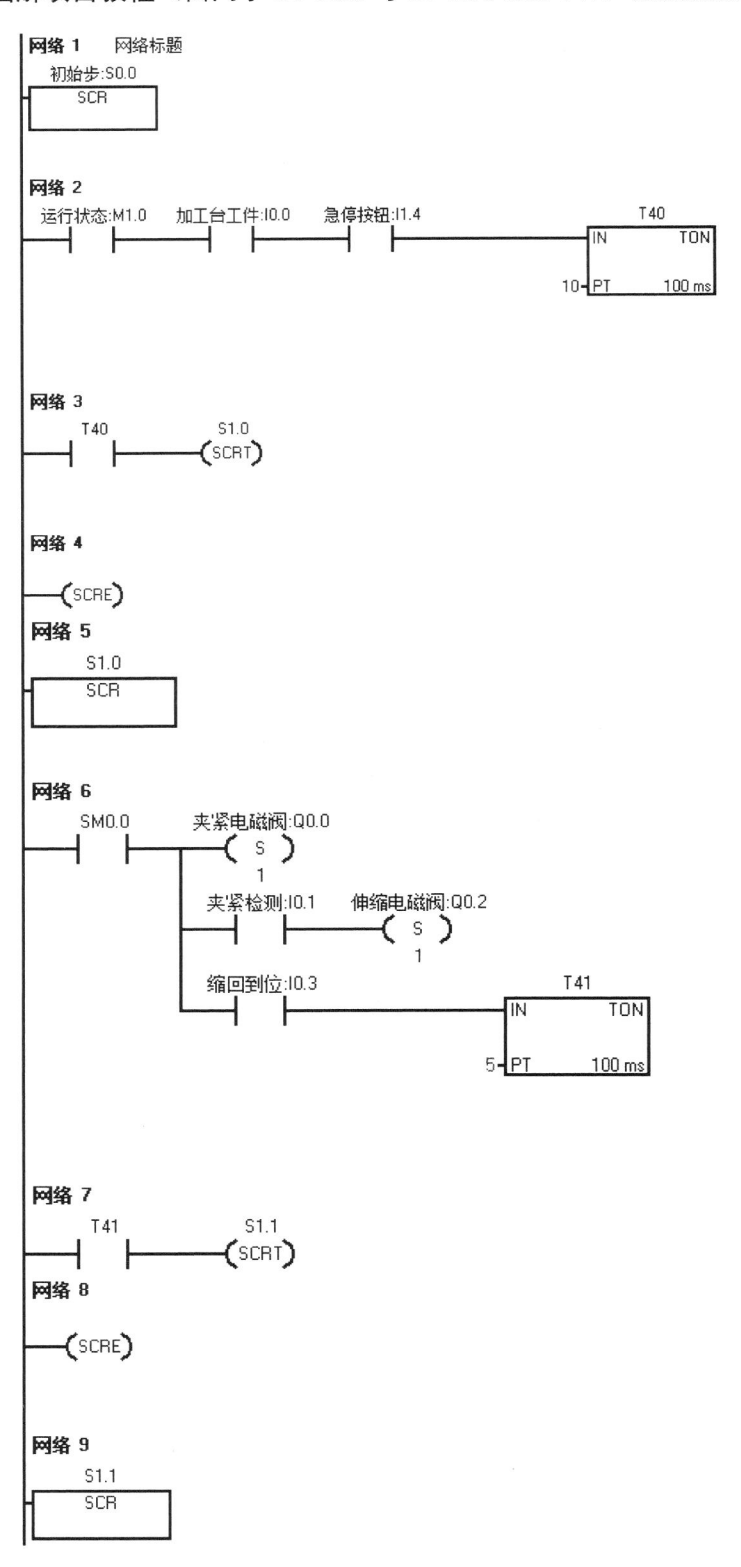

网络 1 网络标题
初始步:S0.0
SCR

网络 2
运行状态:M1.0　加工台工件:I0.0　急停按钮:I1.4
─┤├──────┤├──────┤├──────── T40 TON
　　　　　　　　　　　　　　　　　10-PT　100 ms

网络 3
T40　S1.0
─┤├──(SCRT)

网络 4
──(SCRE)

网络 5
S1.0
SCR

网络 6
SM0.0　夹紧电磁阀:Q0.0
─┤├──────(S)
　　　　　　　 1
　　　　　夹紧检测:I0.1　伸缩电磁阀:Q0.2
　　　　├──┤├──────(S)
　　　　　　　　　　　　　　 1
　　　　　缩回到位:I0.3　　　　　　　T41
　　　　└──┤├────────── IN　TON
　　　　　　　　　　　　　　　5-PT　100 ms

网络 7
T41　S1.1
─┤├──(SCRT)

网络 8
──(SCRE)

网络 9
S1.1
SCR

图 3-14　加工站加工控制子程序

项目 3　加工站的安装与调试

网络 10

```
SM0.0          冲压电磁阀:Q0.3
─┤├──────────────( )──

               冲压下限:I0.5                T42
          ┌────┤├──────────────┤IN    TON├
          │                    │          │
          │                  5─┤PT  100 ms│

               T42         S1.2
          └────┤├─────────(SCRT)
```

网络 11

```
──(SCRE)
```

网络 12

```
  S1.2
 ┌────┐
 │SCR │
 └────┘
```

网络 13

```
SM0.0     冲压上限:I0.4   伸缩电磁阀:Q0.2
─┤├─────────┤├──────────────( R )
       │                      1
       │    伸出到位:I0.2   夹紧电磁阀:Q0.0
       ├────┤├──────────────( R )
       │                      1
       │    夹紧检测:I0.1       S1.3
       └────┤/├──────────────(SCRT)
```

网络 14

```
──(SCRE)
```

网络 15

```
  S1.3
 ┌────┐
 │SCR │
 └────┘
```

网络 16

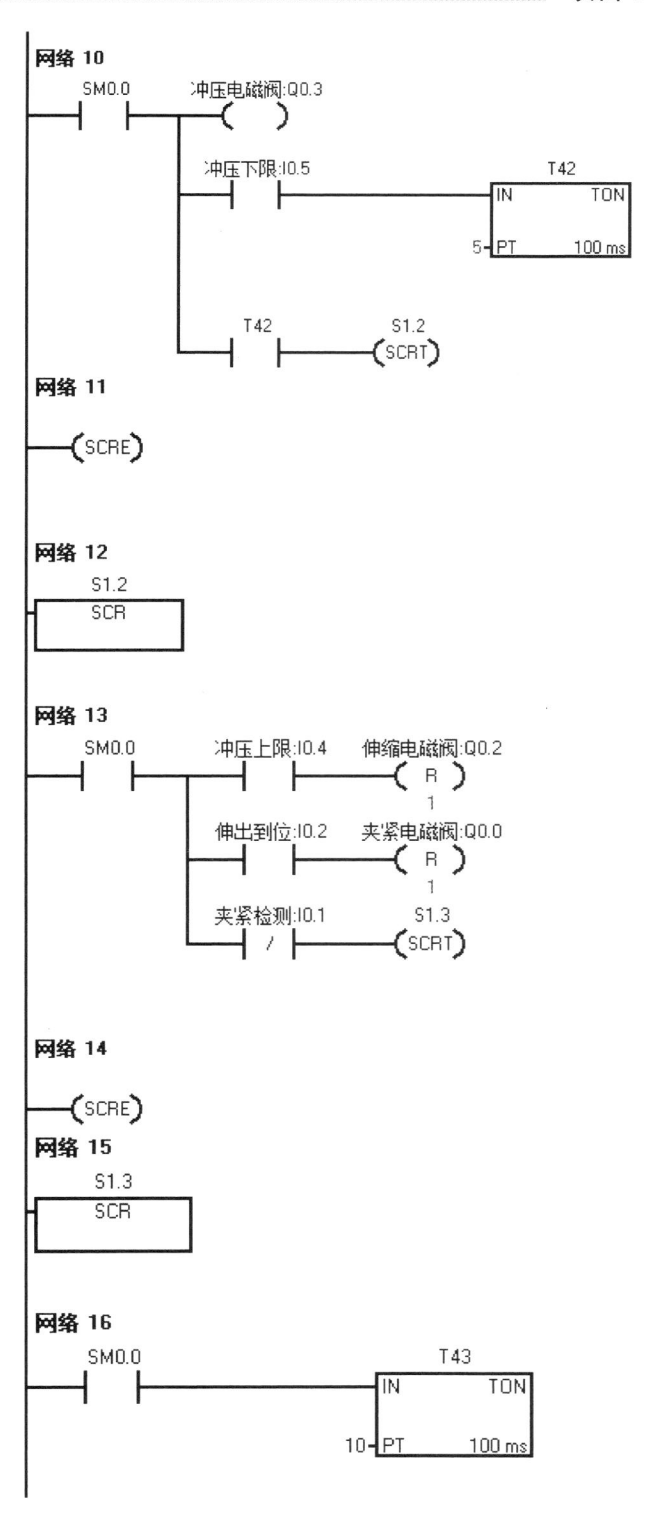

```
SM0.0                    T43
─┤├──────────────────┤IN    TON├
                     │          │
                  10─┤PT  100 ms│
```

图 3-14　加工站加工控制子程序（续）

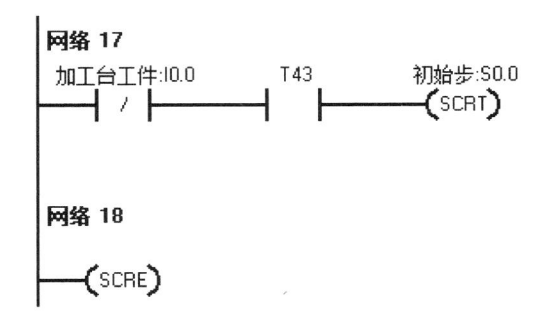

```
网络 17
加工台工件:I0.0    T43         初始步:S0.0
───┤ / ├──────┤ ├────────( SCRT )

网络 18
                          ( SCRE )
```

图 3-14 加工站加工控制子程序（续）

步骤 9. 联机调试

（1）指示灯联机调试。

在断电情况下，把电源线接到 PLC 电源端子上，输入信号器件接线，输出信号器件暂时不接线，确保在连线正确的情况下进行送电、程序下载等操作。

调试过程参考项目 2 联机调试的指示灯调试。

若指示灯调试满足要求，则调试成功。若不能满足要求，则检查原因，修改程序，重新调试，直到满足要求为止。

（2）加工站联机调试。

在断电情况下，全部接线，确保在连线正确的情况下送电。

只考虑加工站作为独立设备运行的情况，具体的控制要求如下。

① 初始状态：设备上电和气源接通后，滑动加工台伸缩气缸处于伸出位置，加工台气爪处于松开状态，冲压气缸处于缩回状态，急停按钮没有按下。

② 若设备准备好，则按下启动按钮，启动设备。当将待加工工件送到加工台上被检测出之后，加工台气爪将工件夹紧，送往加工区域冲压，完成冲压动作后返回待料位置，若没有停止信号输入，则当再有待加工工件被送到加工台上时，加工站开始进行下一周期的工作。

③ 在工作过程中，若按下停止按钮，则加工站在完成本周期的工作后停止工作。当急停按钮被按下时，本站所有机构立即停止运行。

若加工站调试满足要求，则调试成功。若加工站调试不能满足要求，则检查原因，修改程序，重新调试，直到满足要求为止。

3.5 知识拓展 1（西门子 S7-200 SMART 硬件）

S7-200 SMART PLC 是一种类型的 PLC 的统称，可以是一台 CPU 模块（又称主机单元、基本单元等），也可以是由 CPU 模块、信号板和扩展模块组成的系统。CPU 模块可以单独使用，而信号板和扩展模块不能单独使用，必须与 CPU 模块连接在一起才可使用。

3.5.1 S7-200 SMART CPU SR40 的结构

S7-200 SMART CPU SR40 的外观结构如图 3-15 所示。

项目 3　加工站的安装与调试

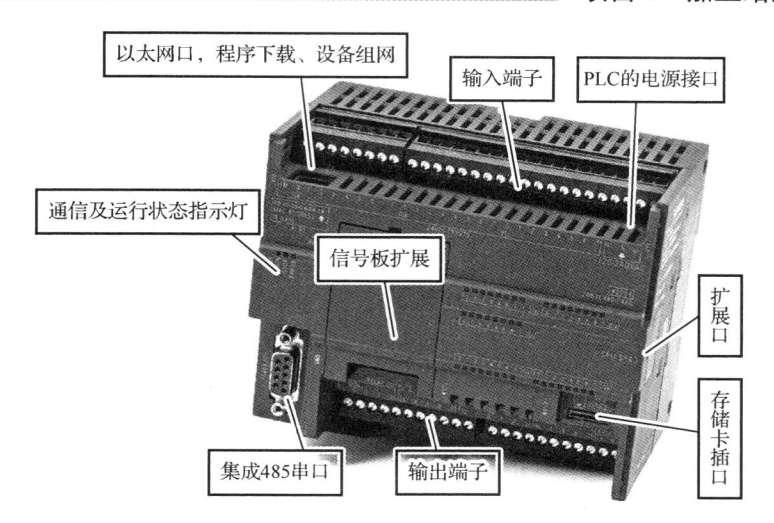

图 3-15　S7-200 SMART CPU SR40 的外观结构

3.5.2　S7-200 SMART CPU

S7-200 SMART CPU 是继 S7-200 CPU 系列产品之后，西门子推出的小型 CPU 家族新成员。CPU 本体集成了一定数量的数字量 I/O 点、一个 RJ45 以太网接口和一个 RS-485 接口。S7-200 SMART CPU 不仅提供了多种型号的 CPU 和扩展模块，能够满足各种配置要求，其内部还集成了高速计数、PID 和运动控制等功能，以满足各种控制要求。S7-200 SMART CPU 具有以下特点。

（1）机型丰富，选择更多。

S7-200 SMART CPU 提供了多种不同类型及 I/O 点数的机型，用户可以根据需要选择相应类型的 CPU。本体集成数字量 I/O 点数从 20 点、38 点、40 点到 60 点不等，可满足大多数小型自动化设备的需求。

（2）选件扩展，精确定制。

S7-200 SMART CPU 为标准型 CPU 提供的扩展选件包括扩展模块和信号板两种。扩展模块使用插针连接到 CPU 后面，包括 DI、DO、DI/DO 等数字量模块，以及 AI、AO、AI/AO、RTD、TC 等模拟量模块。信号板插在 CPU 前面的插槽里，包括 CM 通信信号板、DI/DO 信号板、AO 信号板和电池板。

（3）高速芯片，性能卓越。

S7-200 SMART CPU 配备了西门子专用的高速处理芯片，布尔运算指令的处理时间只需要 0.15μs，其性能在同级别小型 PLC 产品中处于领先地位，能够胜任各种复杂的控制任务。

（4）以太网互联，经济便捷。

以太网具备快速、稳定等优点，这使其在工业控制领域的应用越来越广泛，S7-200 SMART CPU 顺应了这一发展趋势，其本体集成了一个以太网接口，用户不再需要专门的编程电缆来连接 CPU，通过以太网网线即可完成计算机与 CPU 的连接。CPU 本体通过以太网接口还可以与其他 HMI、CPU、计算机进行通信，轻松组网。

（5）三种脉冲，运动自如。

随着自动化的发展，越来越多的自动化设备代替人工操作，相关运动控制的应用也越来越多，S7-200 SMART CPU 不再需要添加扩展模块，其本体就集成了多个轴的控制功能，可以通过高速脉冲输出实现轴的点动、速度、位置控制。

（6）通用 SD 卡，快速更新。

CPU 本体集成了 Micro SD 卡插槽，使用市面上通用的 Micro SD 卡，可实现 CPU 程序传递、固件升级、恢复出厂设置等功能，操作步骤简单，大大方便了用户，也省略了因 PLC 固件升级而返厂服务的环节。

（7）软件友好，编程高效。

STEP 7-Micro/WIN SMART 在继承西门子编程软件强大功能的基础上融入了更多人性化的设计，如新颖的带状式菜单、全移动式界面窗口、方便的程序注释功能、强大的密码保护功能等。

（8）完美整合，无缝集成。

S7-200 SMART CPU、SMART LINE 触摸屏、SINAMICS V90 伺服控制器和 SINAMICS V20 变频器完美整合，为很多客户带来了高性价比的小型自动化解决方案。

3.5.3 S7-200 SMART PLC 硬件系统的组成

S7-200 SMART PLC 硬件系统由 CPU 模块、数字量扩展模块、模拟量扩展模块、热电偶与热电阻模块，以及其他相关设备组成。CPU 模块、扩展模块及信号板如图 3-16 所示。

图 3-16　CPU 模块、扩展模块及信号板

S7-200 SMART PLC 按照 I/O 点数可分为 20 点、30 点、40 点、60 点 4 种。

S7-200 SMART PLC 有两种不同类型的 CPU 模块，分别为标准型（用 S 表示）和经济型（用 C 表示）。标准型作为可扩展 CPU 模块，可满足对输入/输出规模有较大需求、逻辑控制较为复杂的应用，标准型的具体型号有 SR20/SR30/SR40/SR60（继电器输出型）和 ST20/ST30/ST40/ST60（晶体管输出型）；经济型只有继电器输出型（CR40/CR60），没有晶体管输出型，S7-200 SMART CPU 价格便宜，但只能单站使用，不能安装信号板，也不能连接扩展模块，由于只有继电器输出型，因此无法实现高速脉冲输出。

CPU 型号名称的含义如图 3-17 所示。

对于每种型号的 PLC，西门子都提供了 DC 24V 和 AC

图 3-17　CPU 型号名称的含义

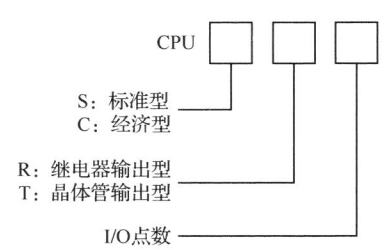

（120～240）V 两种电源供电的 CPU，如 CPU 224 DC/DC/DC 和 CPU 224 AC/DC/Relay。每种类型都有各自的订货号，可以单独订货。

（1）DC/DC/DC：说明 CPU 是直流供电，直流数字量输入，数字量输出点是晶体管直流电路的类型。

（2）AC/DC/Relay：说明 CPU 是交流供电，直流数字量输入，数字量输出点是继电器触点类型。

S7-200 SMART 家族提供各种各样的扩展模块，通过额外的输入/输出接口和通信接口，使得 S7-200 SMART 可以很好地按照应用需求来配置。

S7-200 SMART 提供了多种不同的扩展模块。通过扩展模块可以很容易地扩展控制器的本地输入/输出接口，以满足不同的应用需求。S7-200 SMART 分别提供了数字量/模拟量扩展模块，以提供额外的数字/模拟输入/输出接口。

扩展模块（EM）不能单独使用，需要通过自带的连接器插接在 CPU 模块的右侧。

S7-200 SMART 共提供了 4 种不同的信号板。使用信号板可以在不额外占用电控柜空间的前提下，提供额外的数字量输入/输出接口、模拟量输入/输出接口和通信接口，达到精确化配置。

CPU 模块本体的标配接口为以太网接口，集成了强大的以太网通信功能。通过一根普通的网线即可将程序下载到 PLC 中，无须专用编程电缆，不仅方便，还有效降低了用户的成本。通过以太网接口，还可与其他 CPU 模块、触摸屏、计算机进行通信，轻松组网。

3.6 知识拓展 2（西门子 S7-200 SMART 软件）

3.6.1 S7-200 SMART PLC 软件窗口

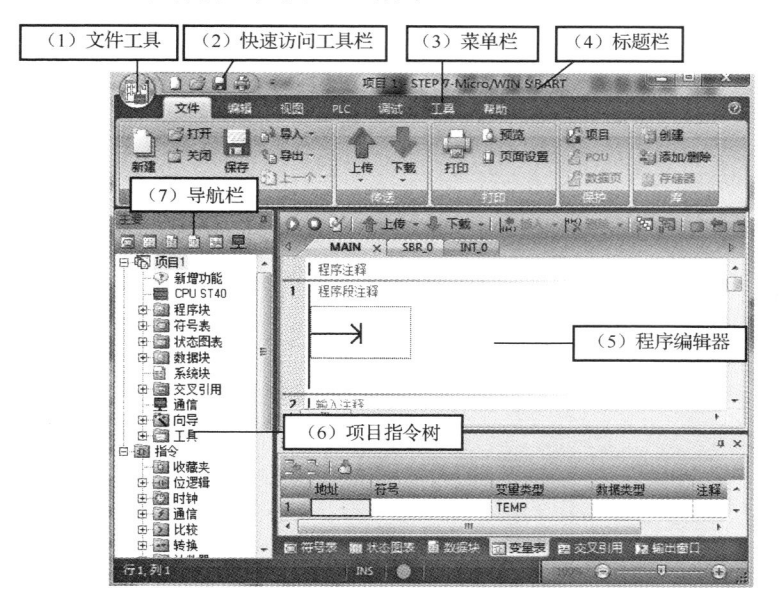

S7-200 SMART PLC 软件窗口如图 3-18 所示。

图 3-18　S7-200 SMART PLC 软件窗口

（1）文件工具："文件"菜单的快捷按钮，单击后会出现下拉菜单，提供常用的新建、打开、另存为、关闭等功能。

（2）快速访问工具栏：有 4 个图标按钮，分别为"新建""打开""保存""打印"。单击右边的倒三角按钮，会弹出下拉菜单，可以进行定义更多的工具、更改工具栏的显示位置、最小化功能区等操作。

（3）菜单栏：由"文件""编辑""视图""PLC""调试""工具""帮助"7 个菜单组成。单击某个菜单，该菜单的所有选项会在下方的横向条形菜单区显示出来。

（4）标题栏：用于显示当前项目的文件名称。

（5）程序编辑器：用于编辑 PLC 程序，单击"MAIN""SBR_0""INT_0"标签可切换到主程序编辑器、子程序编辑器和中断程序编辑器。默认打开主程序编辑器，编程语言为梯形图（LAD）。

（6）项目指令树：用于显示所有项目对象和编程指令。在编程时，先单击某个指令包前面的"+"，可以看到该指令包内的所有指令，可以采用拖放的方式将指令移到程序编辑器中；也可以双击指令，将其插入程序编辑器当前光标所在的位置。选择操作项目对象采用双击的方式；对项目对象进行更多的操作，可采用右击出现的快捷菜单来实现。

（7）导航栏：位于项目指令树上方，由"符号表""状态图表""数据块""变量表""交叉引用""输出窗口"组成。单击某个图标时，可以打开相应图表或对话框。利用导航栏可以快速访问项目指令树中的对象，单击一个导航栏按钮，相当于展开项目指令树的某项并双击该项中的相应内容。

3.6.2　S7-200 SMART PLC 硬件组态

前面提到，PLC 可以是一个 CPU 模块，也可以是由 CPU 模块、信号板（SB）、扩展模块（EM）组成的系统。PLC 硬件组态又称为 PLC 配置，是指在编程前，先在编程软件中设置 PLC 的 CPU 模块、信号板和扩展模块的型号，使之与实际使用的 PLC 一致，以确保编写的程序能在实际硬件中运行。

在 STEP 7-Micro/WIN SMART 软件中进行 PLC 硬件组态，可以双击"系统块"指令，弹出"系统块"对话框，由于当前使用的 CPU 不是实际使用的 CPU，因此在对话框的"CPU"行的"模块"列中单击下拉按钮，会出现所有 CPU 模块型号，从中选择实际使用的 CPU 型号，这里选择"CPU SR20(DC/DC/Relay)"；在"版本"列中选择 CPU 模块的版本号，实际模块有版本号标注，如果不知道版本号，可选择低版本号，单击"确定"按钮即可完成硬件组态，如图 3-19 所示。

如果 CPU 模块安装了信号板，那么还需要设置信号板的型号，在"SB"行的"模块"列的空白处单击，会出现下拉按钮，单击下拉按钮，会出现所有信号板的型号，从中选择正确的型号；在"SB"行的"版本"列中选择信号板的版本号，"输入""输出""订货号"列的内容会自动生成。如果 CPU 模块还连接了多个扩展模块，那么可以根据连接顺序用同样的方法在"EM 1""EM 2"中设置各个扩展模块。

另外，可在图 3-19 中单击"CPU ST40"指令，参考上述步骤完成硬件组态。

项目 3 加工站的安装与调试

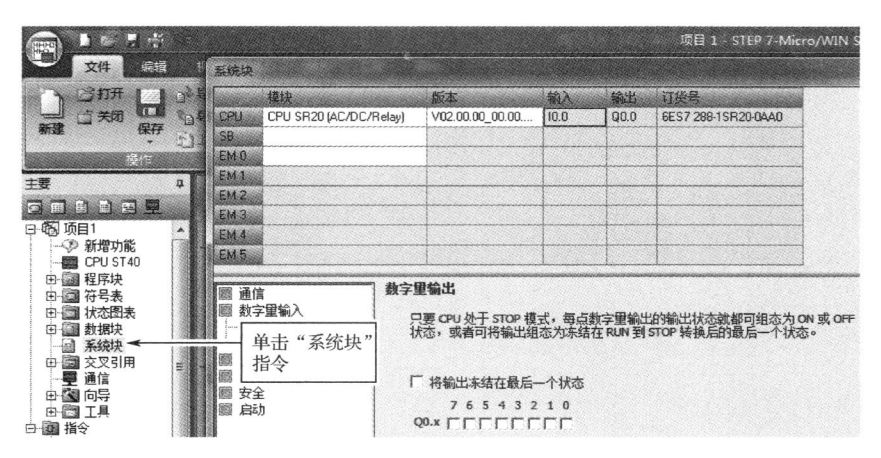

图 3-19 硬件组态

3.6.3 计算机与 PLC 的连接及通信设置

在 STEP 7-Micro/WIN SMART 软件中编写好程序后，若要将程序下载到 PLC 中，则需要使用通信电缆将计算机与 PLC 连接起来，并进行通信设置。

1. 计算机与 PLC 的硬件通信连接

西门子 S7-200 SMART CPU 模块上有以太网口（俗称网线接口、RJ45 接口），该接口与计算机的网线接口相同，通过使用普通市售网线，将网线一端插入计算机的网线接口，将网线另一端插入 CPU 的以太网接口，将它们连接起来，当计算机与 PLC 通信时，需要 PLC 接通供电电源。

2. 通信设置

将计算机的网口与西门子 S7-200 SMART CPU 的以太网接口连接好后，还需要在计算机中进行通信设置，才能让两者进行通信。

在 STEP 7-Micro/WIN SMART 软件的项目指令树中双击"通信"图标，弹出"通信"对话框，如图 3-20 所示。

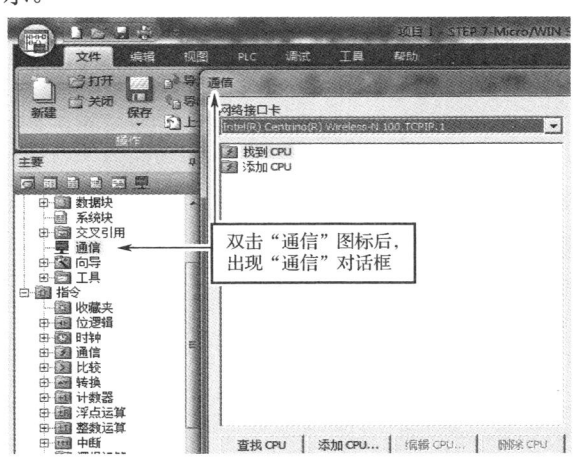

图 3-20 "通信"对话框

在"通信"对话框的"网络接口卡"下拉列表中选择与 PLC 连接的计算机的网络接口卡（网卡），如图 3-21 所示。

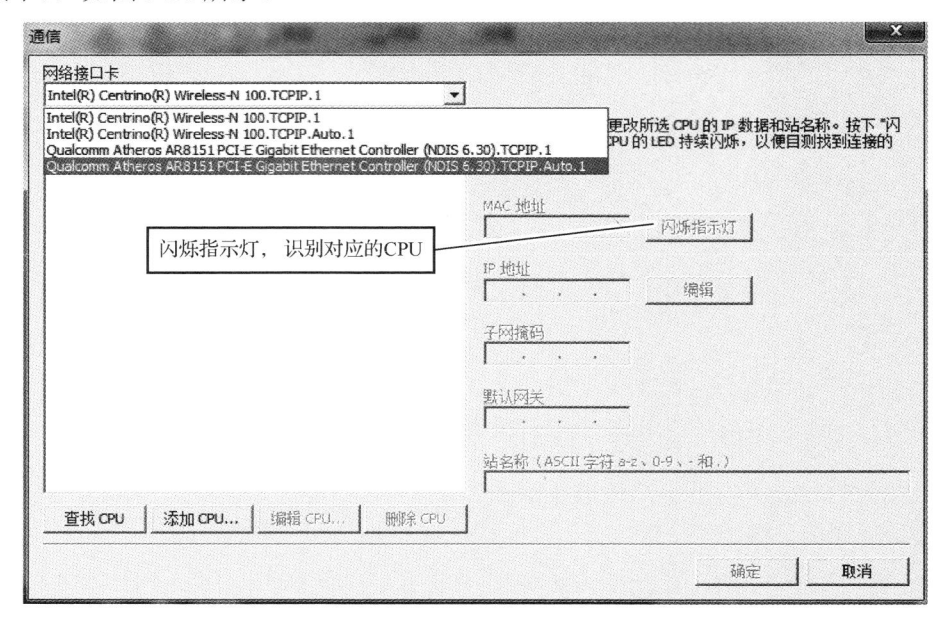

图 3-21 选择计算机网卡

若不知道与 CPU 连接的网卡名称，则可以打开计算机控制面板的"网络共享中心"窗口，在其中单击"更改适配器设置"链接，就会出现一个窗口，显示当前计算机的各种网络连接。CPU 与计算机连接采用有线的本地连接方式，因此选择其中的"本地连接"，查看并记下该图标显示的网卡名称。

在 STEP 7-Micro/WIN SMART 软件中，重新打开"通信"对话框，在"网络接口卡"下拉列表中可以看到两个与本地连接的网卡，一般选择带"Auto"的那个，选择后系统会自动搜索该网卡连接的 CPU，搜索到 CPU 后，在对话框左边找到 CPU，会显示 CPU 模块的 IP 地址，右边显示 CPU 模块的 MAC 地址（物理地址）、IP 地址、子网掩码和默认网关等信息。如果系统为自动搜索，那么可以单击"通信"对话框下方的"查找 CPU"按钮搜索，搜索到 CPU 后单击对话框右下方的"确定"按钮，完成通信设置。

3.6.4　S7-200 SMART PLC 下载

将计算机中的程序发送到 PLC 的过程称为下载程序，下载程序的操作过程如下。

（1）成功完成计算机与 PLC 的连接及通信设置，这一步非常重要。

（2）在 STEP 7-Micro/WIN SMART 软件中编写好程序且编译成功后，单击工具栏中的"下载"按钮，弹出"通信"对话框，单击"查找 CPU"按钮，在找到的 CPU 中选择程序要下载到的 CPU，通过 MAC 地址确认 CPU（"通信"对话框中显示的 MAC 地址与真实 CPU 表面印刷的 MAC 地址应对应一致），也可通过 MAC 地址右边的闪烁指示灯确认 CPU，确认 CPU 后，单击右下角的"确定"按钮，弹出"下载"对话框，若保持默认选择，则单击"下载"按钮。

（3）如果下载时 CPU 处于 RUN 模式，则询问是否将 CPU 置于 STOP 模式，因为只有在 STOP 模式下才能下载程序，单击"是"按钮，开始下载程序，下载完成后，弹出提示框，询问是否将 CPU 置于 RUN 模式，单击"是"按钮，完成程序下载。

注意：若不能下载，则从以下两方面寻找原因。

（1）硬件连接不正常。若 PLC 与计算机之间的硬件连接正常，则 PLC 上的 LINK 指示灯会亮。

（2）通信设置不正确。若 CPU 模块 IP 地址的前 3 个数与计算机 IP 地址的前 3 个数相同，最后一个数不同，则表示它们在同一个网段内。若不是这样，则需要设置计算机 IP 地址，打开计算机控制面板的"网络共享中心"窗口，单击"更改适配器设置"链接，就会出现一个窗口，显示当前计算机的各种网络连接。CPU 与计算机连接采用有线的本地连接方式，因此选择其中的"本地连接"，在"本地连接"上右击，在弹出的快捷菜单中选择"属性"选项，设置 IP 地址，如 IP 地址可以为 192.168.2.5，子网掩码为 255.255.255.0，单击"确定"按钮，完成计算机 IP 地址的设置。

设置 CPU 的 IP 地址：在 STEP 7-Micro/WIN SMART 软件中，在项目指令树中双击"系统块"图标，弹出"系统块"对话框，如图 3-22 所示，勾选"IP 地址数据固定为下面的值，不能通过其他方式更改"复选框，将 IP 地址、子网掩码按图 3-22 设置，即 IP 地址为 192.168.2.6，子网掩码为 255.255.255.0，单击"确定"按钮，完成 IP 地址的设置。将系统块下载到 CPU 中，使 IP 地址的设置生效。

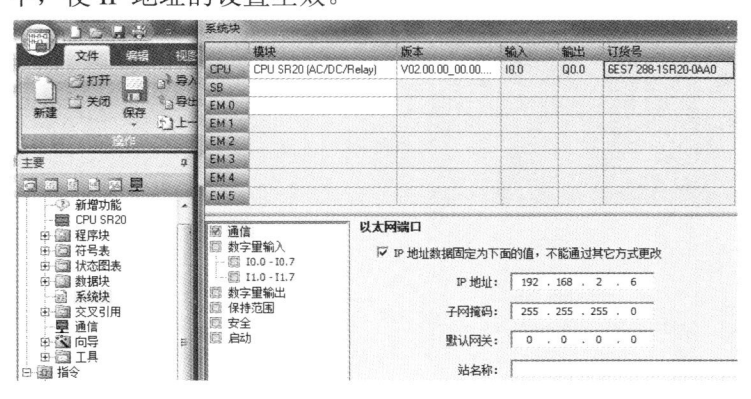

图 3-22 设置 CPU 的 IP 地址

3.7 巩固练习

1．总结气动连线、传感器接线、I/O 检测及故障排除方法。
2．简述在加工过程中出现意外情况时应如何处理。
3．简述在加工站中可能会出现的各种故障。
4．直线导轨的拆卸需要注意哪些事项？
5．气动手爪的拆装需要注意哪些事项？
6．独立完成项目 3 加工站的安装与调试，并调试成功。

项目 4　装配站的安装与调试

4.1　项目要求（装配站的结构与动作过程）

4.1.1　装配站的结构

装配站由管形料仓、回转台、摆动气缸、光电传感器、升降气缸、气动手爪、夹紧器、伸缩气缸、伸缩导杆、装配台、顶料气缸、挡料气缸、警示灯、底板等结构组成。

装配站装置侧的主要结构如图 4-1 所示。

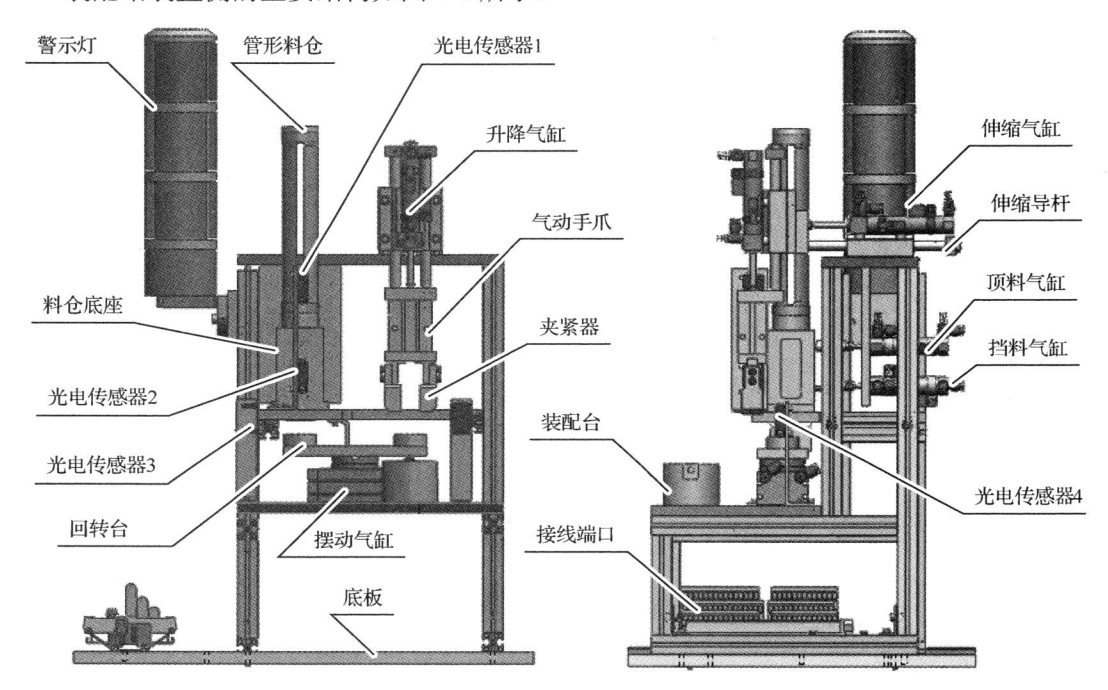

图 4-1　装配站装置侧的主要结构

（1）管形料仓。

管形料仓用来存储装配用的金属工件、黑色小圆柱工件和白色小圆柱工件。它由塑料圆管和中空底座构成。塑料圆管顶端放置加强金属环，以防止破损。小圆柱工件被竖直放入料仓的空心圆管内，由于二者之间有一定的间隙，因此小圆柱工件能在重力作用下自由下落。

为了对料仓供料不足和缺料进行报警，在塑料圆管底部和底座处分别安装了 2 个漫射式光电传感器（E3Z-L 型），并在料仓塑料圆柱上纵向铣槽，以使光电传感器的红外光斑能

项目 4　装配站的安装与调试

照射到被检测的物料上。光电传感器的灵敏度调整应以能检测到黑色物料为准。

（2）落料机构。

图 4-2 所示为落料机构剖视图。料仓底座的背面安装了两个直线气缸。上面的气缸称为顶料气缸，下面的气缸称为挡料气缸。

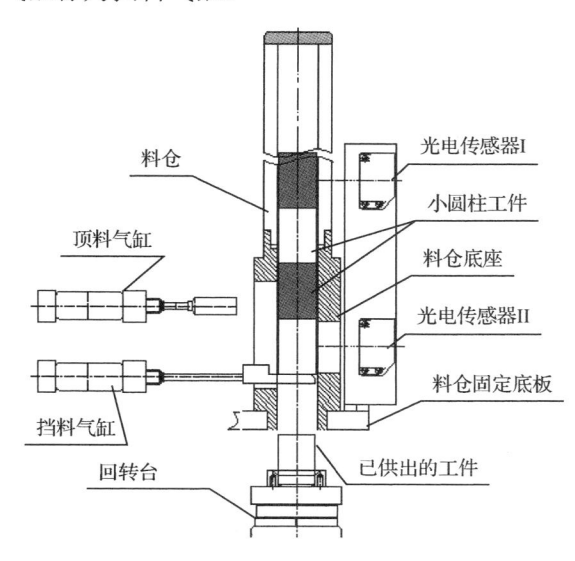

图 4-2　落料机构剖视图

系统气源接通后，顶料气缸的初始状态为缩回状态，挡料气缸的初始状态为伸出状态。这样，当从料仓上面放下工件时，工件将被挡料气缸活塞杆终端的挡块阻挡而不能落下。

当需要进行落料操作时，使顶料气缸伸出，把次下层的工件顶紧，挡料气缸缩回，工件掉入回转台的料盘中。挡料气缸复位伸出，顶料气缸缩回，次下层的工件跌落到挡料气缸活塞杆终端的挡块上，为再一次供料做准备。

（3）回转台。

该机构由气动摆台和两个料盘组成，气动摆台能驱动料盘旋转 180°，从而实现把从供料机构落到料盘的工件转动到装配机械手正下方的功能。如图 4-3 所示，图中的光电传感器 1 和光电传感器 2 分别用来检测左面和右面的料盘中是否有工件，这两个光电传感器均选用 CX-441 型。

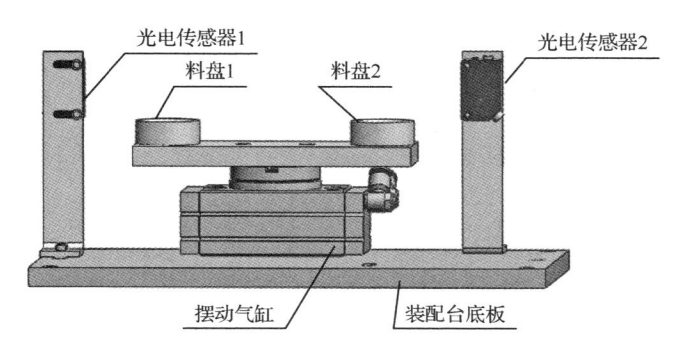

图 4-3　回转台的结构

（4）装配机械手。

装配机械手是整个装配站的核心。当装配机械手正下方的回转台料盘上有小圆柱工件，且装配台侧面的光纤传感器检测到装配台上有待装配工件时，装配机械手从初始状态开始执行装配过程。装配机械手的整体外形如图 4-4 所示。

装配机械手装置是一个三维运动的机构，它由水平方向移动和竖直方向移动的 2 个导向气缸，以及气动手爪组成。

装配机械手的运行过程：PLC 输出信号使与竖直移动导向气缸相连的电磁阀动作，由竖直移动导向气缸驱动气动手爪向下移动，到位后，气动手爪夹紧物料，并将夹紧信号通过磁感应接近开关传送给 PLC，在 PLC 的控制下，竖直移动导向气缸复位，被夹紧的物料随气动手爪一并被提起，离开回转台的料盘，提升到最高位后，水平移动导向气缸在与之对应的电磁阀的驱动下，活塞杆伸出，移动到气缸前端位置后，竖直移动导向气缸再次被驱动下移，移动到最下端，气动手爪松开，经短暂延时，竖直移动导向气缸和水平移动导向气缸缩回，装配机械手恢复初始状态。

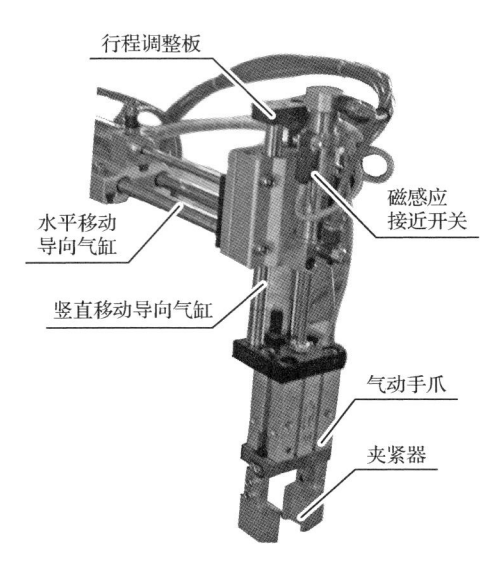

图 4-4 装配机械手的整体外形

在整个装配机械手动作过程中，除气动手爪松开到位无传感器检测外，其余动作的到位信号检测均采用与气缸配套的磁感应接近开关，将采集到的信号输入 PLC，由 PLC 输出信号驱动电磁阀，使装配机械手按程序自动运行。

（5）装配台料斗。

将输送站运送来的待装配工件直接放置在装配台料斗中，由料斗与工件之间的较小间隙配合实现定位，从而完成准确的装配动作，装配台料斗如图 4-5 所示。

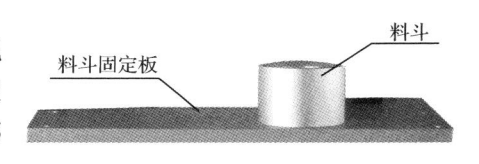

图 4-5 装配台料斗

为了确定装配台料斗内是否放置了待装配工件，需要使用光纤传感器进行检测。料斗的侧面有一个 M6 的螺孔，光纤传感器的光纤探头就固定在螺孔内。

4.1.2 装配站的动作过程

下面完成将装配站料仓内的黑色或白色小圆柱工件嵌入装配台料斗的待装配工件的装配过程。

装配单元各气缸的初始位置：挡料气缸处于伸出状态，顶料气缸处于缩回状态。料仓上已经有足够多的小圆柱工件，装配机械手的升降气缸处于提升状态，伸缩气缸处于缩回状态，气动手爪处于松开状态。

若设备已经准备好，则按下启动按钮，装配站启动，若回转台上的左料盘内没有小圆柱工件，则执行下料操作。若左料盘内有小圆柱工件，而右料盘内没有小圆柱工件，则回转台执行回转操作。

当需要进行落料操作时，首先，使顶料气缸伸出，把次下层的工件顶紧，然后，挡料气缸缩回，小圆柱工件掉入回转台的料盘中，最后，挡料气缸复位伸出，顶料气缸缩回，次下层工件跌落到挡料气缸活塞杆终端的挡块上，为再一次供料做准备。

如果回转台上的右料盘内有小圆柱工件，且装配台上有待装配工件，那么执行装配机械手抓取小圆柱工件并放入待装配工件的操作，装配技术的动作过程：下降、夹紧、上升、伸出、下降、放松、上升、缩回。

完成装配任务后，装配机械手应返回初始位置，等待下一次装配任务。

4.2 学习目标

1. 了解装配站的结构，了解装配站的动作过程，并能叙述其安装与调试过程。
2. 掌握落料机构、回转台及装配机械手的结构和功能，并能够进行安装与调试。
3. 了解摆动气缸和导向气缸的工作原理，熟练掌握其安装与调试方法。掌握光纤传感器的结构特点和电气接口特性，能够进行安装与调试。
4. 能够完成装配站的安装，并且能够编写程序，下载程序，能够进行联机调试。

4.3 相关知识

4.3.1 装配站的气动元件

装配站所使用的气动元件包括标准直线气缸、气动手爪、气动摆台和导向气缸，前两种气缸在前面的项目中已叙述过，下面只介绍气动摆台和导向气缸。

1. 气动摆台

回转台的主要器件是气动摆台，它由直线气缸驱动齿轮实现回转运动，而且可以安装磁感应接近开关，检测旋转到位信号，多用于方向和位置需要变换的机构。气动摆台如图4-6所示。

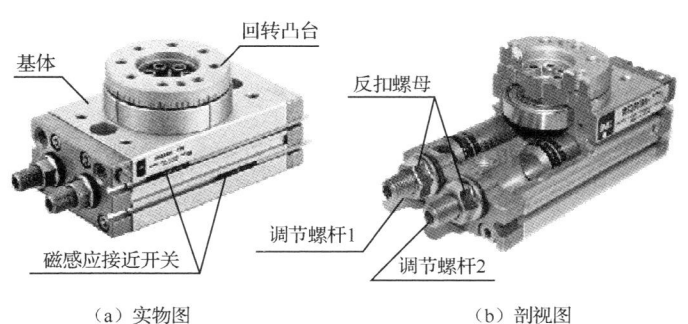

（a）实物图　　　　（b）剖视图

图 4-6　气动摆台

气动摆台的摆动回转角度在 0°～180°的范围内任意可调。当需要调节回转角度或调整摆动位置精度时，应松开调节螺杆上的反扣螺母，通过旋入和旋出调节螺杆，改变回转凸台的回转角度，调节螺杆 1 和调节螺杆 2 分别用于左旋和右旋角度的调整。当调整好摆动角度后,应将反扣螺母与基体反扣锁紧,防止调节螺杆松动,造成回转精度降低。

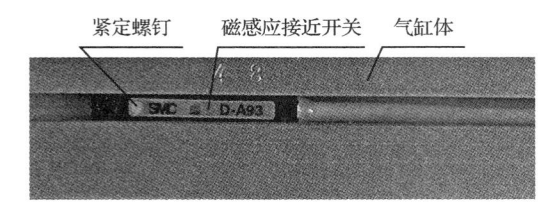

回转到位信号是通过调整气动摆台滑轨内的 2 个磁感应接近开关的位置实现的,图 4-7 所示为磁感应接近开关位置调整示意图。磁感应接近开关安装在气缸体的滑轨内,松开磁感应接近开关的紧定螺钉,磁感应接近开关就可以沿着滑轨左右移动。确定开关位置后,旋紧紧定螺钉,即可完成对位置的调整。

图 4-7 磁感应接近开关位置调整示意图

2. 导向气缸

导向气缸是指具有导向功能的气缸。一般为标准气缸和导向装置的集合体。导向气缸具有导向精度高、抗扭转力矩大、承载能力强、工作平稳等特点。

装配站用于驱动装配机械手水平方向移动的导向气缸外形如图 4-8 所示。该气缸由直线气缸、双导杆和其他附件组成。

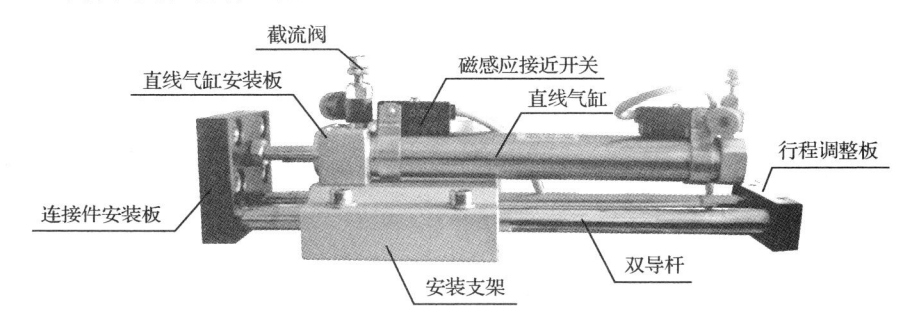

图 4-8 装配站用于驱动装配机械手水平方向移动的导向气缸外形

安装支架用于导杆导向件的安装和导向气缸的整体固定,连接件安装板用于固定其他需要连接到该导向气缸上的物件,并将双导杆和直线气缸活塞杆的相对位置固定,当直线气缸的一端接通压缩空气后,活塞被驱动进行直线运动,活塞杆也一起移动,被连接件安装板固定到一起的两根导杆随活塞杆一起伸出或缩回,从而实现导向气缸的整体功能。安装在导杆末端的行程调整板用于调整该导向气缸的伸出行程。具体调整方法是松开行程调整板上的紧定螺钉,让行程调整板在导杆上移动,当达到理想的伸出距离以后,完全锁紧紧定螺钉,完成行程调节。

4.3.2 认知光纤传感器

光纤传感器由光纤检测头、光纤放大器两部分组成,光纤检测头和光纤放大器是分离的两部分,光纤检测头的尾端部分分成两条光纤,使用时将它们分别插入光纤放大器的两个光纤孔。光纤传感器组件如图 4-9 所示。图 4-10 所示为光纤传感器组件外形及光纤放大器的安装示意图。

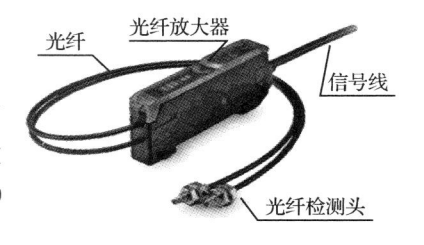

图 4-9 光纤传感器组件

项目 4 装配站的安装与调试

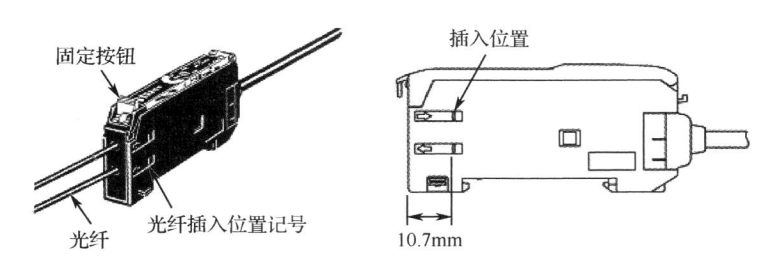

图 4-10 光纤传感器组件外形及光纤放大器的安装示意图

光纤传感器也是光电传感器的一种。光纤传感器具有下述优点：抗电磁干扰、可工作于恶劣环境下、传输距离远、使用寿命长，此外，由于光纤头具有较小的体积，所以可以将其安装在空间很小的地方。

当将光纤传感器的灵敏度调得较小时，对于反射性较差的黑色物体，光电探测器无法接收到反射信号，而对于反射性较好的白色物体，光电探测器可以接收到反射信号。反之，当将光纤传感器的灵敏度调得较大时，即使对反射性较差的黑色物体，光电探测器也可以接收到反射信号。

图 4-11 所示为光纤放大器的俯视图，调节其中部的 8 旋转灵敏度高速旋钮就能进行光纤放大器灵敏度调节（顺时针旋转灵敏度增大）。调节时，会看到入光量显示灯发光变化。当探测器检测到物料时，动作显示灯会亮，提示检测到物料。

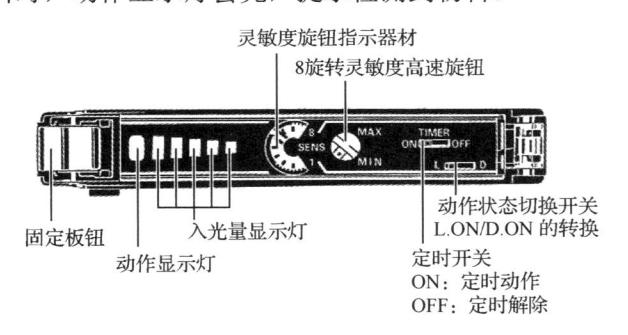

图 4-11 光纤放大器的俯视图

E3Z-NA11 型光纤传感器采用 NPN 型晶体管输出，E3Z-NA11 型光纤传感器电路框图如图 4-12 所示，接线时请注意根据导线颜色判断电源极性和信号输出线，切勿把信号输出线直接连接到电源+24V 端。

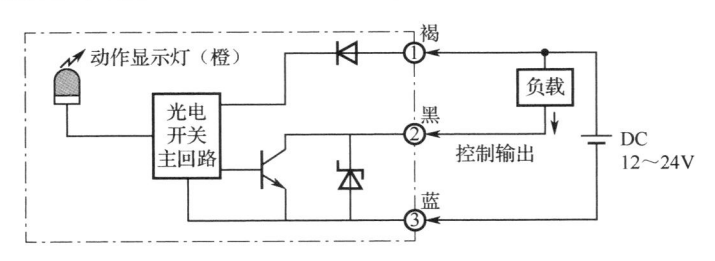

图 4-12 E3X-NA11 型光纤传感器电路框图

4.4 项目解决步骤

步骤 1. 机械安装

装配站是整个生产线中所包含气动元件较多、结构较为复杂的站，为了降低安装难度和提高安装效率，在装配前，应认真分析该站的结构组成，遵循先前的思路，先将各工件组成以下组件，再进行总装，装配站的组件如图 4-13 所示。

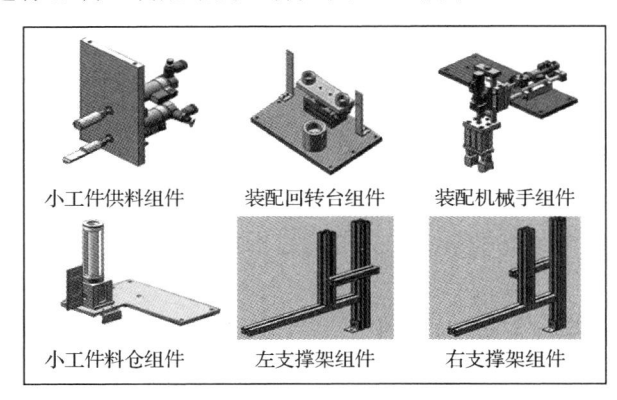

图 4-13 装配站的组件

在完成以上组件的装配后，将与底板接触的型材放置在底板的连接螺纹之上，使用"L"形的连接件和连接螺栓，固定装配站的型材支撑架，框架组件在底板上的安装如图 4-14 所示。

把图 4-13 中的组件逐个安装上去，安装顺序：装配回转台组件→小工件料仓组件→小工件供料组件→装配机械手组件。

安装警示灯及其各传感器，从而完成机械部分的装配。

装配注意事项如下。

（1）装配时要注意摆台的初始位置，以免装配完后摆动角度不到位。

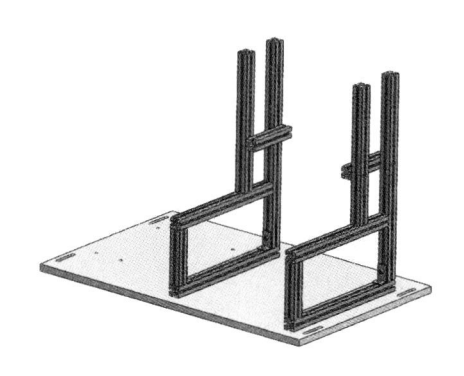

图 4-14 框架组件在底板上的安装

（2）预留螺栓的放置数量一定要足够，以免发生组件之间不能完成安装的情况。

（3）建议先进行装配，但不要一次拧紧各固定螺栓，待位置基本确定后，再依次进行调整固定。

步骤 2. 气路连接和调试（参见项目 2 气路连接和调试）

装配站的阀组由 6 个二位五通单电控电磁阀组成，如图 4-15 所示。这些阀分别对供料、位置变换和装配动

图 4-15 装配站的阀组

作气路进行控制,以改变各动作状态。

装配站气动控制回路图如图 4-16 所示。在进行气路连接时,请注意各气缸的初始位置,其中,挡料气缸在伸出位置,手爪提升气缸在提起位置。

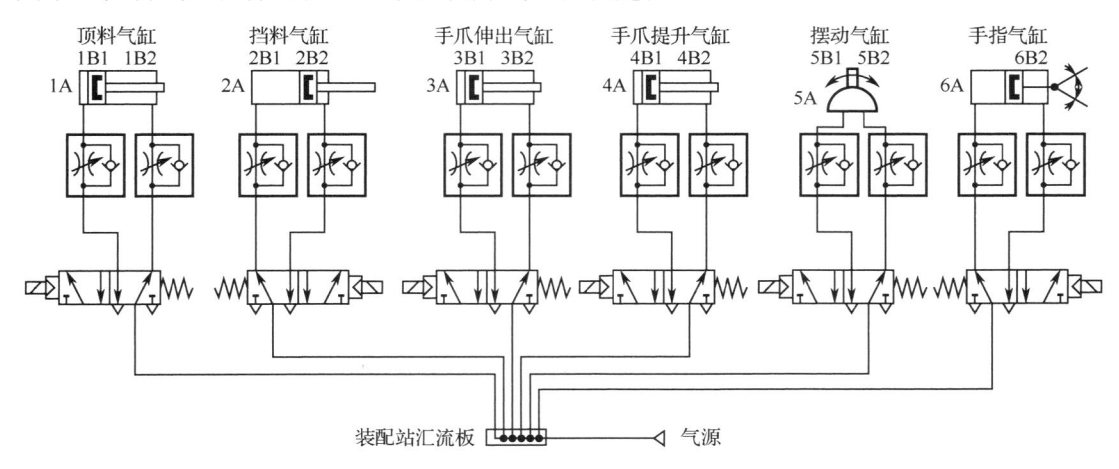

图 4-16 装配站气动控制回路图

步骤 3. 输入信号器件和输出信号器件分析

输入信号器件分析如下:

物料不足检测开关 SC1(常开触点)。
物料有无检测开关 SC2(常开触点)。
左料盘工件检测开关 SC3(常开触点)。
右料盘工件检测开关 SC4(常开触点)。
装配台工件检测开关 SC5(常开触点)。
顶料到位检测开关 1B1(常开触点)。
顶料复位检测开关 1B2(常开触点)。
挡料到位检测开关 2B1(常开触点)。
挡料退回检测开关 2B2(常开触点)。
摆动气缸左限位检测开关 5B1(常开触点)。
摆动气缸右限位检测开关 5B2(常开触点)。
手爪夹紧检测开关 6B1(常开触点)。
手爪下降到位检测开关 4B2(常开触点)。
手爪上升到位检测开关 4B1(常开触点)。
手臂缩回到位检测开关 3B1(常开触点)。
手臂伸出到位检测开关 3B2(常开触点)。
启动按钮 SB1(常开触点)。
停止按钮 SB2(常开触点)。

输出信号器件分析如下:

挡料电磁阀 YV1 线圈。

顶料电磁阀 YV2 线圈。
回转电磁阀 YV3 线圈。
手爪夹紧电磁阀 YV4 线圈。
手爪升降电磁阀 YV5 线圈。
手臂伸缩电磁阀 YV6 线圈。

步骤 4．硬件 PLC 配置

装配站的 I/O 点较多，选用 S7-200 CPU226 CN AC/DC/RLY，共 24 点输入、16 点继电器输出。

步骤 5．输入信号器件和输出信号器件地址分配

输入信号器件地址分配如下：

物料不足检测开关 SC1（常开触点）：I0.0。
物料有无检测开关 SC2（常开触点）：I0.1。
左料盘工件检测开关 SC3（常开触点）：I0.2。
右料盘工件检测开关 SC4（常开触点）：I0.3。
装配台工件检测开关 SC5（常开触点）：I0.4。
顶料到位检测开关 1B1（常开触点）：I0.5。
顶料复位检测开关 1B2（常开触点）：I0.6。
挡料到位检测开关 2B1（常开触点）：I0.7。
挡料退回检测开关 2B2（常开触点）：I1.0。
摆动气缸左限位检测开关 5B1（常开触点）：I1.1。
摆动气缸右限位检测开关 5B2（常开触点）：I1.2。
手爪夹紧检测开关 6B1（常开触点）：I1.3。
手爪下降到位检测开关 4B2（常开触点）：I1.4。
手爪上升到位检测开关 4B1（常开触点）：I1.5。
手臂缩回到位检测开关 3B1（常开触点）：I1.6。
手臂伸出到位检测开关 3B2（常开触点）：I1.7。
启动按钮 SB1（常开触点）：I2.5。
停止按钮 SB2（常开触点）：I2.4。

输出信号器件地址分配如下：

挡料电磁阀 YV1 线圈：Q0.0。
顶料电磁阀 YV2 线圈：Q0.1。
回转电磁阀 YV3 线圈：Q0.2。
手爪夹紧电磁阀 YV4 线圈：Q0.3。
手爪升降电磁阀 YV5 线圈：Q0.4。
手臂伸缩电磁阀 YV6 线圈：Q0.5。

步骤 6．装配站接线图

装配站接线图如图 4-17 所示。

讲解装配站接线图

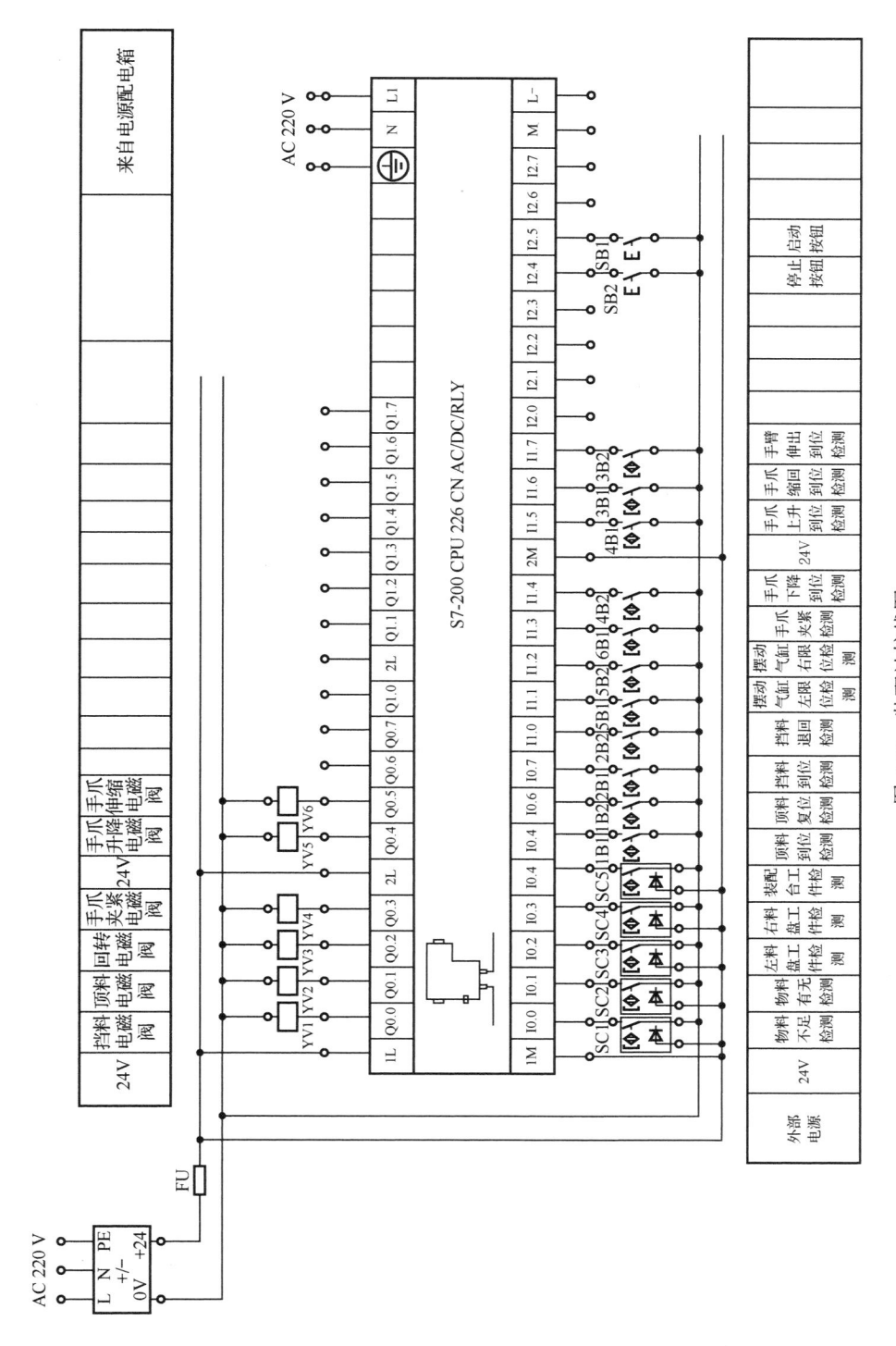

图 4-17 装配站接线图

电气接线包括在工作站装置侧完成各传感器、电磁阀、电源端子等的引线到装置侧接线端口之间的接线；在 PLC 侧进行电源连接、I/O 点接线等。

接线时应注意，在装置侧接线端口中，输入信号端子的上层端子（+24V）只能作为传感器的正电源端，切勿用于电磁阀等执行元件的负载。电磁阀等执行元件的正电源端和 0V 端应连接到输出信号端子下层的相应端子上。装置侧接线完成后，应用扎带绑扎，力求整齐美观。

电气接线的工艺应符合国家职业标准规定，如导线连接到端子时，采用压紧端子压接方法；连接线应有符合规定的标号；每个端子连接的导线不得超过 2 根等。

步骤 7．装配站符号表

装配站符号表如图 4-18 所示。

			符号	地址
1			芯件不足	I0.0
2			芯件有无	I0.1
3			左盘工件	I0.2
4			右盘工件	I0.3
5			装配台工件	I0.4
6			顶料到位	I0.5
7			顶料复位	I0.6
8			挡料到位	I0.7
9			挡料退回	I1.0
10			摆动气缸左限位	I1.1
11			摆动气缸右限位	I1.2
12			手爪夹紧	I1.3
13			手爪下降	I1.4
14			手爪上升	I1.5
15			手臂缩回	I1.6
16			手臂伸出	I1.7
17			启动按钮	I2.5
18			停止按钮	I2.4
19			挡料	Q0.0
20			顶料	Q0.1
21			回转	Q0.2
22			夹紧	Q0.3
23			手爪升降	Q0.4
24			手臂伸缩	Q0.5

图 4-18　装配站符号表

步骤 8．编写控制程序

根据装配站的项目要求，以及输入信号器件和输出信号器件地址分配表编写装配站主程序。装配站主程序如图 4-19 所示。

```
网络 1    网络标题
SM0.1              M5.0
──┤├──────────────( S )
                    1
                   M2.0
                  ( R )
                    1
                   M1.0
                  ( R )
                    1
```

图 4-19　装配站主程序

项目 4　装配站的安装与调试

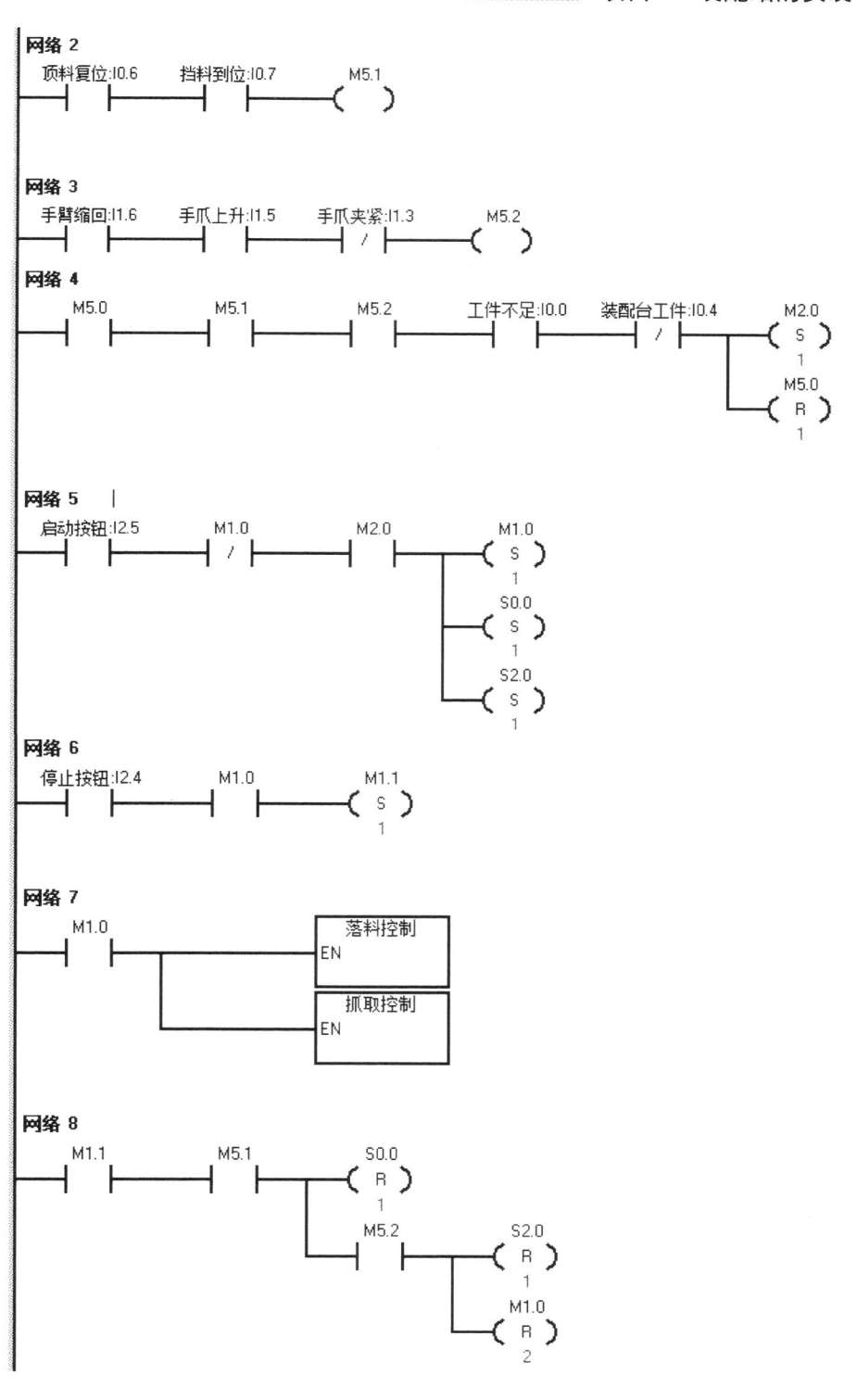

网络 2
```
顶料复位:I0.6    挡料到位:I0.7         M5.1
    ──┤├────────┤├──────────────( )
```

网络 3
```
手臂缩回:I1.6    手爪上升:I1.5    手爪夹紧:I1.3      M5.2
    ──┤├────────┤├────────────┤/├─────────( )
```

网络 4
```
  M5.0      M5.1      M5.2    工件不足:I0.0   装配台工件:I0.4       M2.0
 ──┤├──────┤├────────┤├──────────┤├─────────────┤/├──────────( S )
                                                                1
                                                              M5.0
                                                              ( R )
                                                                1
```

网络 5
```
启动按钮:I2.5    M1.0      M2.0          M1.0
    ──┤├─────────┤/├──────┤├───────────( S )
                                          1
                                         S0.0
                                        ( S )
                                          1
                                         S2.0
                                        ( S )
                                          1
```

网络 6
```
停止按钮:I2.4    M1.0         M1.1
    ──┤├─────────┤├─────────( S )
                               1
```

网络 7
```
  M1.0          ┌──────────────┐
 ──┤├──────────┤ 落料控制       │
               │ EN            │
               └──────────────┘
               ┌──────────────┐
               │ 抓取控制       │
               │ EN            │
               └──────────────┘
```

网络 8
```
  M1.1      M5.1          S0.0
 ──┤├──────┤├───────────( R )
                           1
              M5.2        S2.0
             ──┤├───────( R )
                           1
                         M1.0
                        ( R )
                           2
```

图 4-19　装配站主程序（续）

根据装配站的项目要求，以及输入信号器件和输出信号器件地址分配表编写装配站落料控制子程序，如图 4-20 所示。

网络 1　网络标题

```
S0.0
SCR
```

网络 2

摆动气缸左限:I1.1　左盘工件:I0.2　工件有无:I0.1　　　　　T101
　─┤├────────┤/├────────┤├──────────IN　　TON
摆动气缸右限:I1.2　　　　　　　　　　　　　　　　　　+10─PT　100 ms
　─┤├─

网络 3

T101　　S0.1
─┤├───(SCRT)

网络 4

─(SCRE)

网络 5

```
S0.1
SCR
```

网络 6

SM0.0　　顶料:Q0.1
─┤├────(S)
　　　　　　1
　　　　顶料到位:I0.5　　　　　　　T102
　　　　─┤├─────────IN　　TON
　　　　　　　　　　　　　　　+3─PT　100 ms
　　　　T102　　挡料:Q0.0
　　　　─┤├────(S)
　　　　　　　　　1

网络 7

挡料退回:I1.0　左盘工件:I0.2　　S0.2
─┤├────────┤├────(SCRT)

网络 8

─(SCRE)

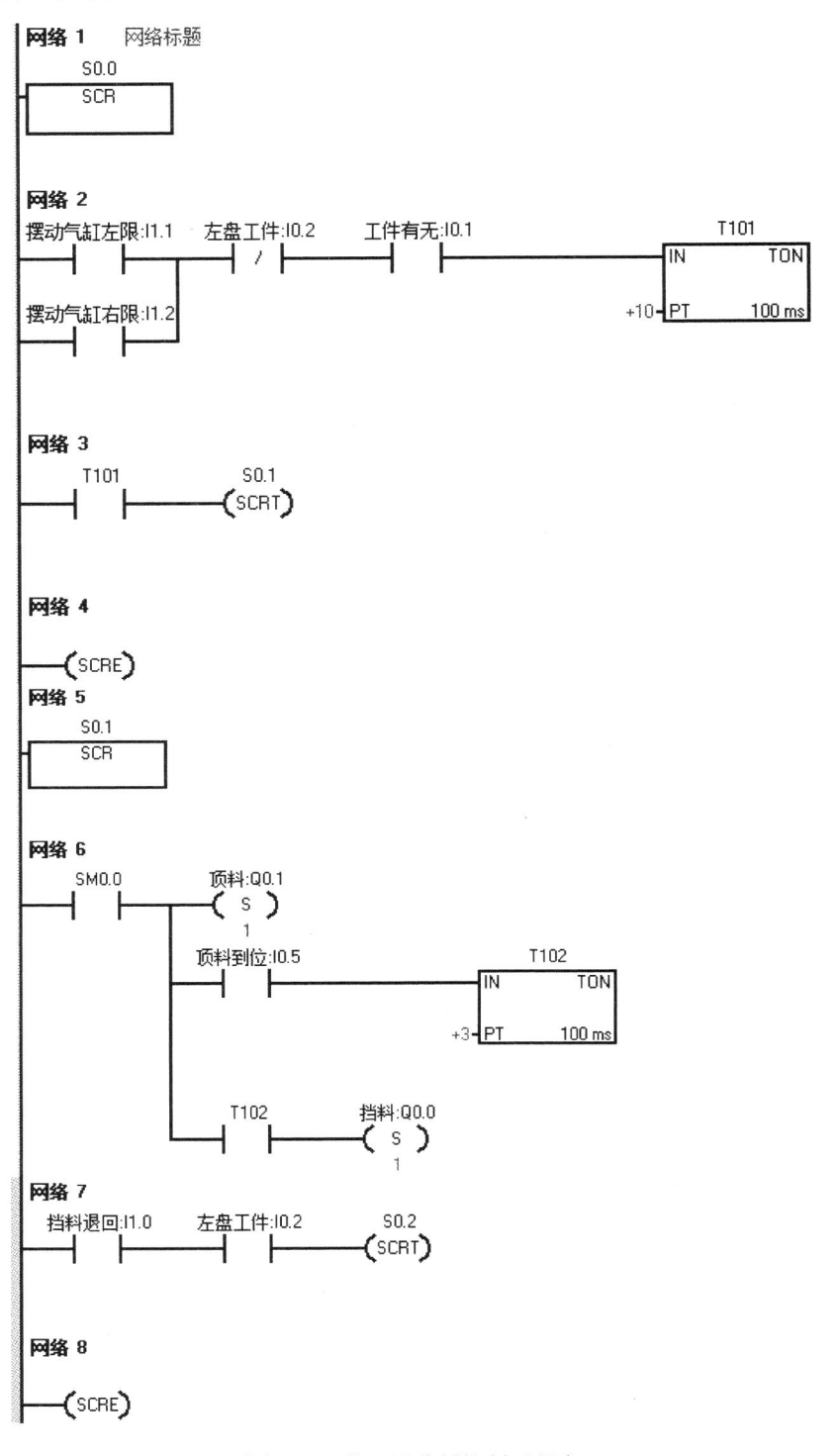

图 4-20　装配站落料控制子程序

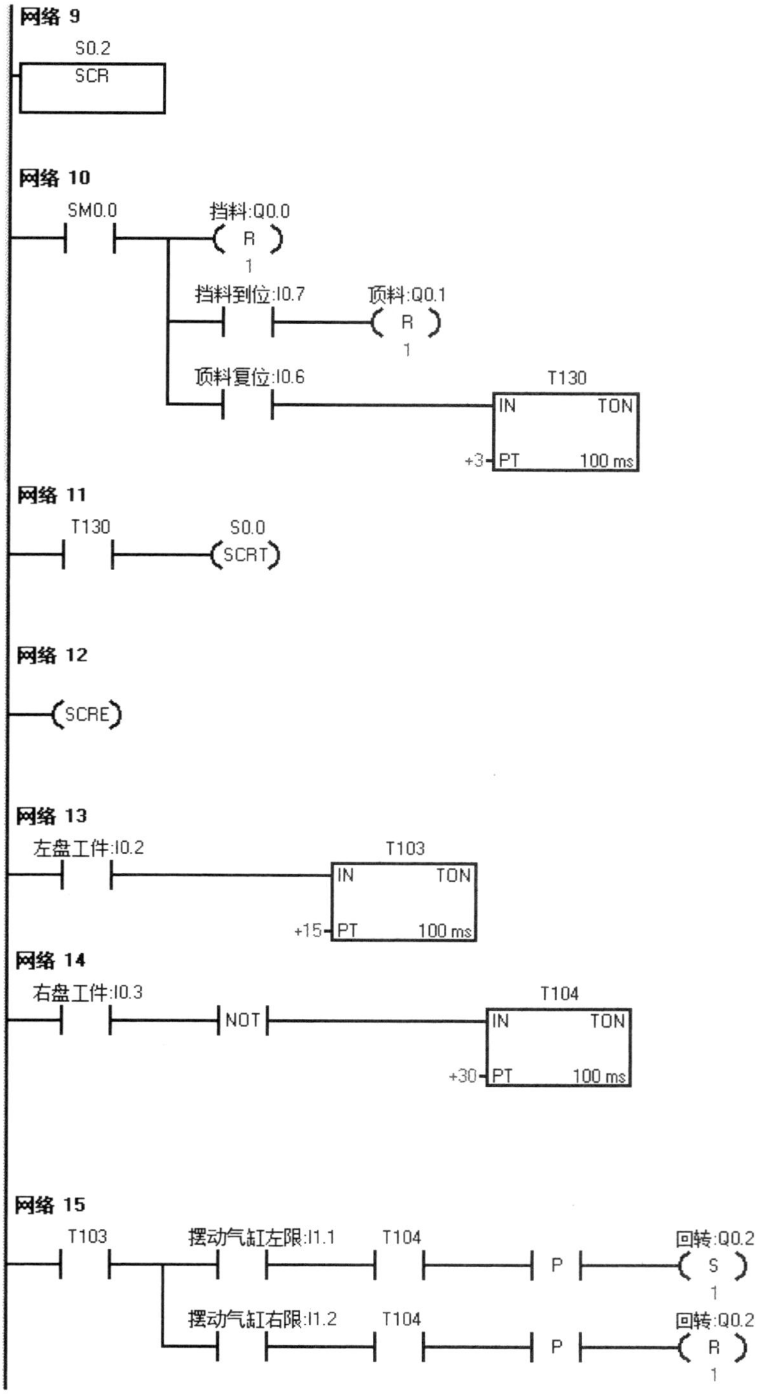

图 4-20 装配站落料控制子程序（续）

根据装配站的项目要求，以及输入信号器件和输出信号器件地址分配表编写装配站抓取控制子程序，如图 4-21 所示。

网络 1

```
  S2.0
  SCR
```

网络 2

装配台工件:I0.4 ── | | ── P ── (S) M3.0 , 1

网络 3

M3.0 ── 右盘工件:I0.3 ── T110 TON, +8-PT, 100 ms

网络 4

T110 ── (R) M3.0, 1
        └─ (SCRT) S2.1

网络 5

(SCRE)

网络 6

```
  S2.1
  SCR
```

网络 7

SM0.0 ──┬── (S) 手爪升降:Q0.4, 1
        ├── 手爪下降:I1.4 ── (S) 夹紧:Q0.3, 1
        ├── 手爪夹紧:I1.3 ── T111 TON, +5-PT, 100 ms
        └── T111 ── (SCRT) S2.2

网络 8

(SCRE)

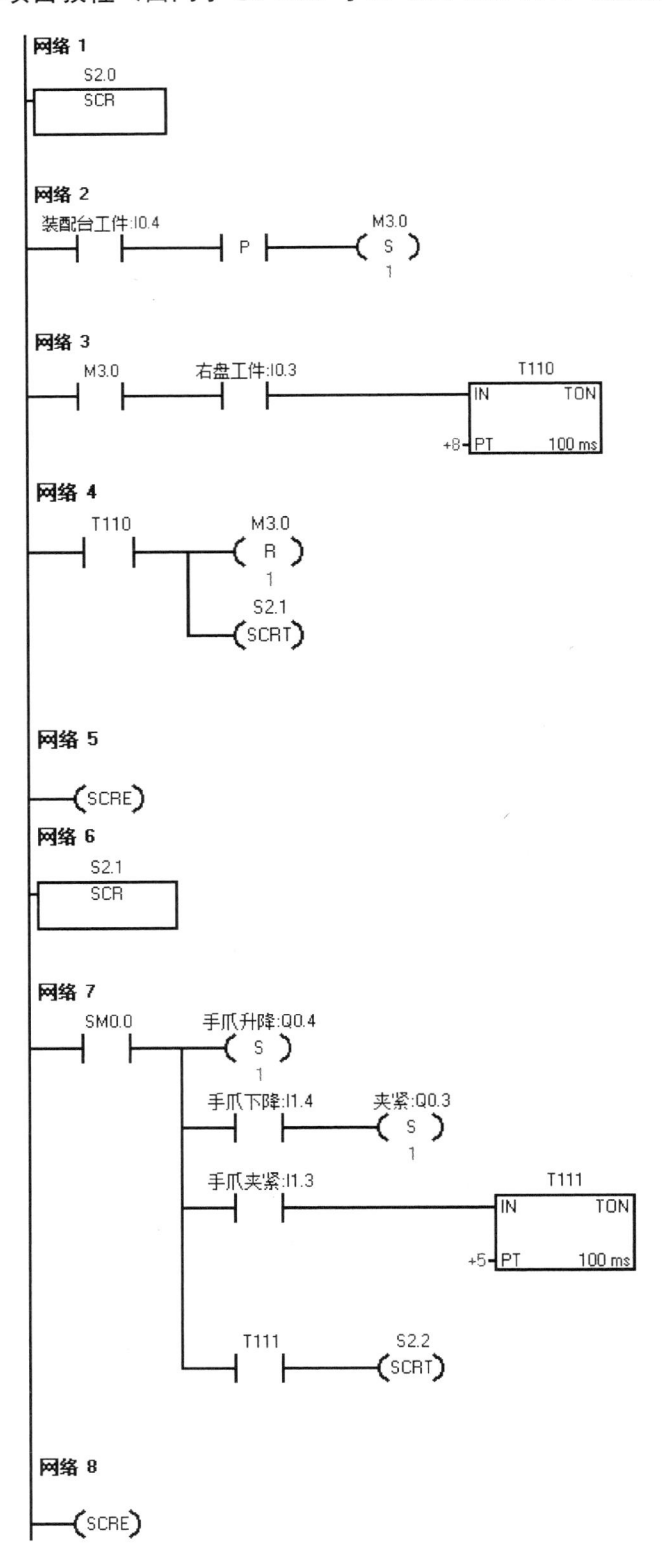

图 4-21 装配站抓取控制子程序

项目 4　装配站的安装与调试

网络 9

```
   S2.2
   SCR
```

网络 10

```
手臂缩回:I1.6   手爪下降:I1.4   手爪升降:Q0.4
───┤├─────────┤├─────────( R )
                              1
```

网络 11

```
SM0.0   手爪上升:I1.5   手臂伸缩:Q0.5
──┤├──────┤├──────────( S )
                          1

        手臂伸出:I1.7                T112
        ──┤├──────────────────  IN    TON
                               +3-PT  100 ms

        T112         手爪升降:Q0.4
        ──┤├──────────( S )
                        1

        手爪下降:I1.4  手臂伸出:I1.7  手爪夹紧:Q0.3
        ──┤├──────────┤├──────────( R )
                                     1

        手爪夹紧:I1.3     S2.3
        ──┤/├──────────(SCRT)
```

网络 12

```
──(SCRE)
```

网络 13

```
   S2.3
   SCR
```

网络 14

```
SM0.0   手爪升降:Q0.4
──┤├──────( R )
             1

        手爪上升:I1.5   手臂伸缩:Q0.5
        ──┤├──────────( R )
                         1

        手臂缩回:I1.6                  T113
        ──┤├──────────────────  IN    TON
                              +10-PT  100 ms
```

网络 15

```
T113      S2.0
──┤├─────(SCRT)
```

网络 16

```
──(SCRE)
```

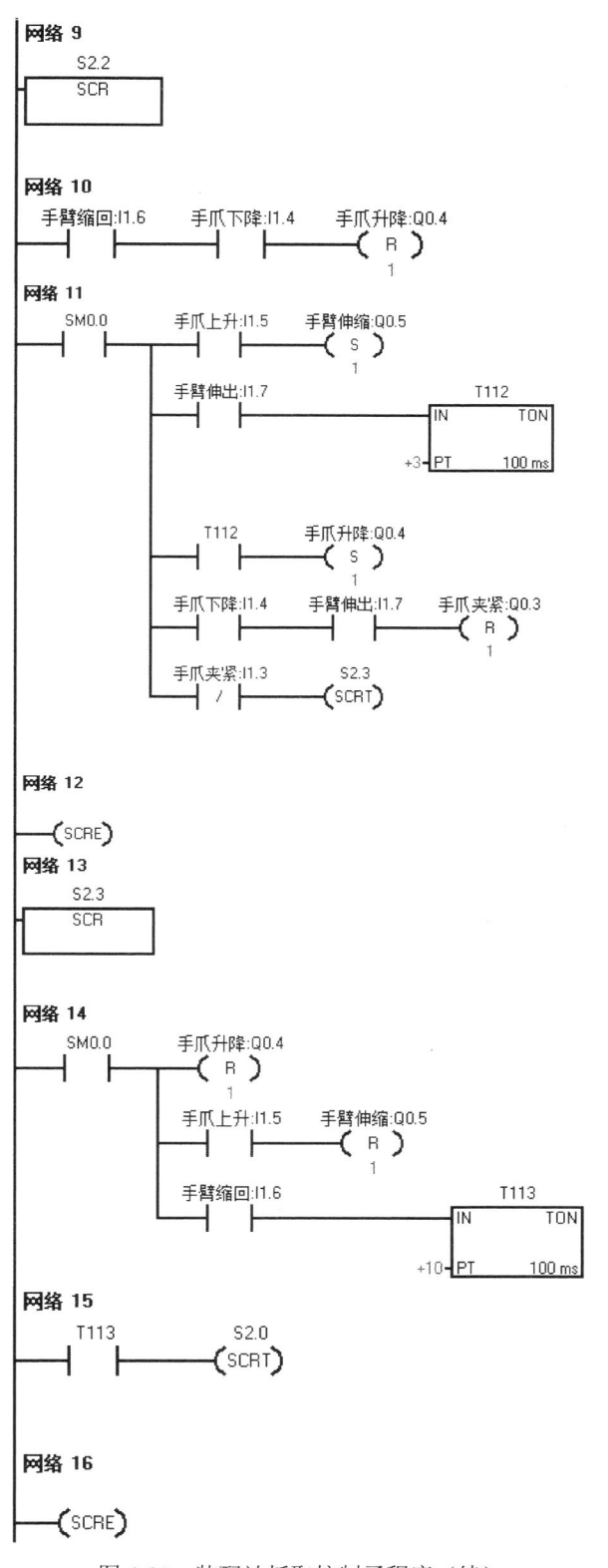

图 4-21　装配站抓取控制子程序（续）

步骤 9. 联机调试

（1）指示灯联机调试。

在断电情况下，连接电源线，输入信号器件接线，输出信号器件暂时不接线，确保在接线正确的情况下进行送电、程序下载等操作。

调试过程参考项目 2 联机调试的指示灯调试。

若指示灯调试满足要求，则调试成功；若不能满足要求，则检查原因，修改程序，重新调试，直到满足要求为止。

（2）装配站联机调试。

在断电情况下，全部接线，确保在接线正确的情况下送电。

只考虑装配站作为独立设备运行的情况，具体动作过程如下。

装配单元各气缸初始状态：挡料气缸处于伸出状态，顶料气缸处于缩回状态。料仓上已经有足够多的小圆柱工件，装配机械手的升降气缸处于提升状态，伸缩气缸处于缩回状态，气动手爪处于松开状态。

设备已经准备好，按下启动按钮，装配站启动，如果回转台上的左料盘内没有小圆柱工件，就执行下料操作。如果左料盘内有小圆柱工件，而右料盘内没有小圆柱工件，回转台就执行回转操作。

当需要进行落料操作时，使顶料气缸伸出，把次下层的工件顶紧，挡料气缸缩回，小圆柱工件掉入回转台的料盘中。挡料气缸复位伸出，顶料气缸缩回，次下层工件跌落到挡料气缸活塞杆终端的挡块上，为再一次供料做准备。

如果回转台上的右料盘内有小圆柱工件，且装配台上有待装配工件，那么执行装配机械手抓取小圆柱工件并放入待装配工件的操作，装配技术的动作过程：下降、夹紧、上升、伸出、下降、放松、上升、缩回。

完成装配任务后，装配机械手应返回初始位置，等待下一次装配任务。

若装配站调试满足要求，则调试成功；若不能满足要求，则检查原因，修改程序，重新调试，直到满足要求为止。

4.5 巩固练习

1．总结气动连线、传感器接线、I/O 检测及故障排除方法。
2．在运行过程中，如果小圆柱工件不能准确落到料盘中，请分析原因并找到解决办法。
3．叙述装配站可能会出现的各种问题。
4．完成装配站控制任务，要求如下。

（1）挡料气缸处于伸出状态；顶料气缸处于缩回状态。料仓上已经有足够的小圆柱工件；装配机械手的升降气缸处于提升状态；伸缩气缸处于缩回状态；气爪处于松开状态。设备上电和气源接通后，若各气缸满足初始位置要求，且料仓上已经有足够的小圆柱工件，装配台上没有待装配工件，则"正常工作"指示灯 HL1 常亮，表示设备已准备好；否则，该指示灯以 1Hz 的频率闪烁。

（2）若设备已准备好，则按下启动按钮，装配单元启动，"设备运行"指示灯 HL2 常亮。如果回转台上的左料盘内没有小圆柱工件，就执行下料操作；如果左料盘内有小圆柱工件，而右料盘内没有小圆柱工件，回转台就执行回转操作。

（3）如果回转台上的右料盘内有小圆柱工件，且装配台上有待装配工件，就执行装配机械手抓取小圆柱工件并放入待装配工件的操作。

（4）完成装配任务后，装配机械手应返回初始位置，等待下一次装配任务。

（5）若在运行过程中按下停止按钮，则供料机构应立即停止供料，在装配条件满足的情况下，装配单元在完成本次装配任务后停止工作。

（6）在运行中发生"工件不足"的报警时，指示灯 HL3 以 1Hz 的频率闪烁，HL1 和 HL2 灯常亮；在运行中发生"工件没有"的报警时，指示灯 HL3 以亮 1s、灭 0.5s 的方式闪烁，HL2 灯熄灭，HL1 灯常亮。

项目 5 MCGS 触摸屏监控及两地控制

5.1 项目要求

利用 S7-200 PLC 与 MCGS 触摸屏设计一个电动机运行控制系统，使 A 地点与 B 地点都能得到控制，即实现两地控制，A 地点可以为真实按钮控制，B 地点可以为触摸屏按钮控制，如图 5-1 所示，具体要求如下。

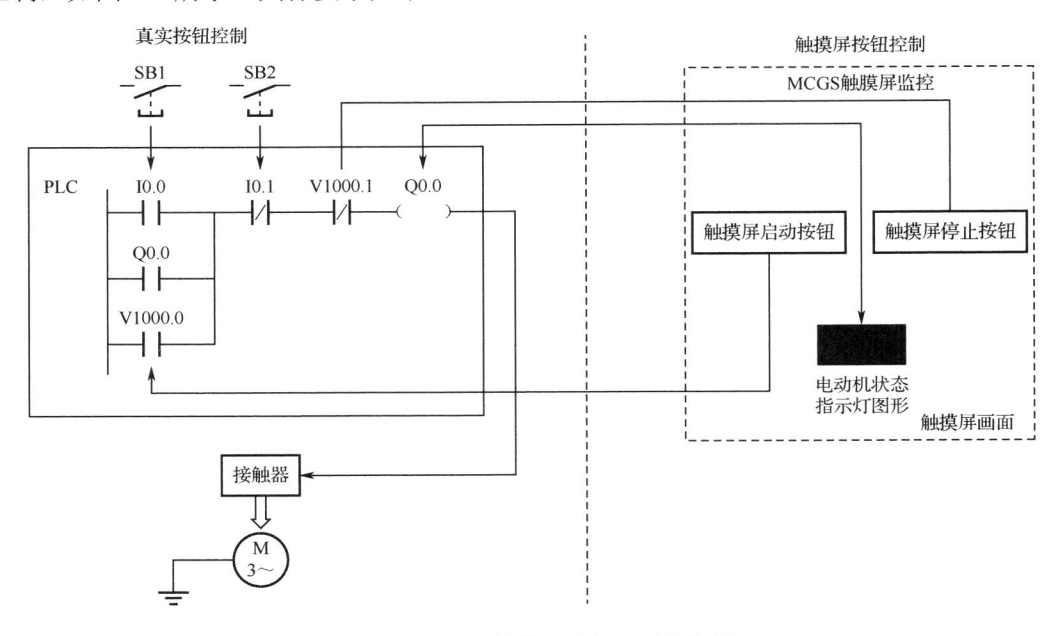

图 5-1 MCGS 触摸屏监控及两地控制

通过按下启动按钮 SB1，可以启动现场电动机，能通过触摸屏指示灯颜色变化显示电动机的运行状态。通过按下停止按钮 SB2，可以停止电动机的运行，能通过触摸屏指示灯颜色变化显示电动机的停止状态。

通过触摸屏操作，在触摸屏上按下启动按钮，能启动现场电动机，也能通过触摸屏指示灯颜色变化显示电动机的运行状态。通过触摸屏操作，在触摸屏上按下停止按钮，能停止现场电动机的运行，也能通过触摸屏指示灯颜色变化显示电动机的停止状态。

5.2 学习目标

1. 掌握触摸屏的硬件连接方法，并能够完成接线。

2. 掌握两地控制的含义。
3. 掌握 MCGS 触摸屏的设计和下载方法，并能够独立完成电动机启停两地控制。

5.3 相关知识（MCGS 触摸屏）

5.3.1 MCGS 触摸屏的硬件连接

MCGS 触摸屏的电源进线、各种通信接口均在屏的背面。其中，电源接口为触摸屏的工作电源接口，需要接 DC24V 电源。USB2 接口用来进行工程下载。COM 接口为连接 PLC 的通信接口。USB1 口用来连接鼠标或 U 盘等。

1. MCGS 触摸屏与个人计算机的连接

MCGS 触摸屏的 USB2 接口与个人计算机的 USB 接口连接，可以用来完成下载功能。

2. MCGS 触摸屏与 S7-200 PLC 的连接

触摸屏通过 COM 接口直接与 PLC（PORT1 或 PORT0）的编程口连接，采用西门子 PC-PPI 电缆，PC-PPI 电缆把 RS-232 转换为 RS-485。PC-PPI 电缆的 9 针母头插在触摸屏侧，9 针公头插在 PLC 侧。为实现正常通信，除了正确进行硬件连接，还需要对触摸屏的串口属性进行设置，主要设置触摸屏的串口端口号、通信速率和设备地址。

（1）串口端口号的设置。若采用 PC-PPI 电缆，则连接 PLC 的一端为 RS-485，连接触摸屏的一端为 RS-232，因此触摸屏的串口应选用 RS-232，即选择 0-COM1，如图 5-2 所示。

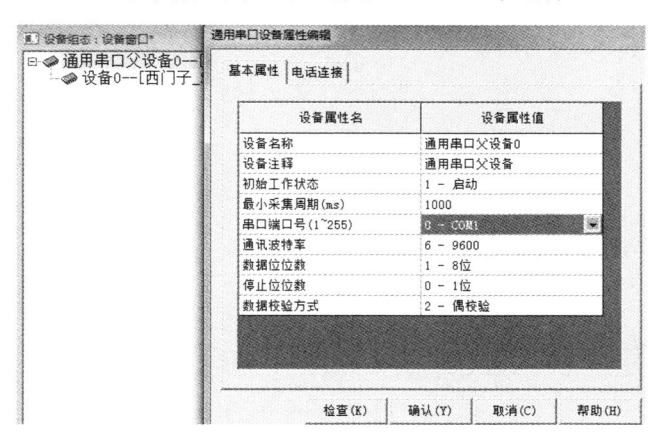

图 5-2 串口端口号的设置 1

若采用自制的 RS-485 电缆，则连接 PLC 的一端为 RS-485，连接触摸屏的一端为 RS-485，因此触摸屏的串口应选用 RS-485，即选择 1-COM2。如图 5-3 所示。

（2）通信速率的设置。触摸屏的通信速率必须和与之通信的 PLC 的通信速率保持一致，否则将无法通信。若 PLC 侧的通信速率为 9.6kbps，则触摸屏的通信速率也要设置为 9.6kbps，如图 5-4 和图 5-5 所示。

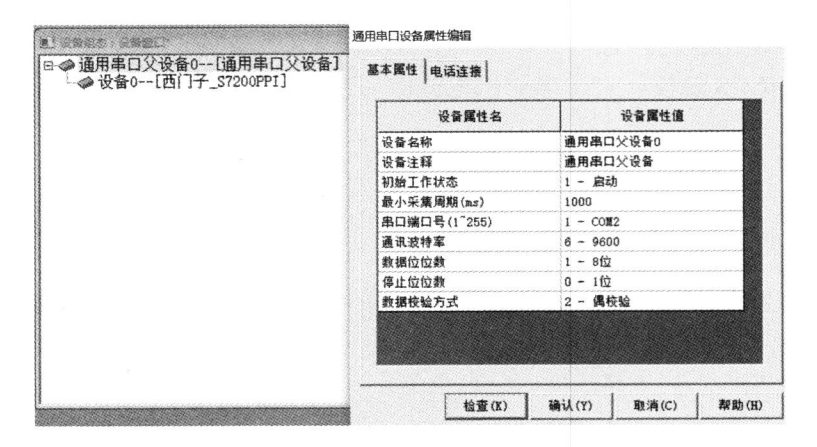

图 5-3　串口端口号的设置 2

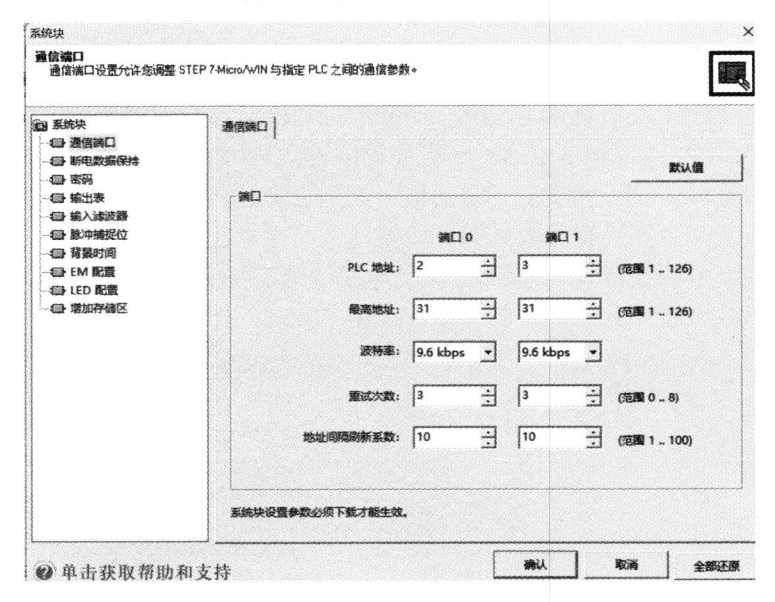

图 5-4　PLC 通信速率的设置

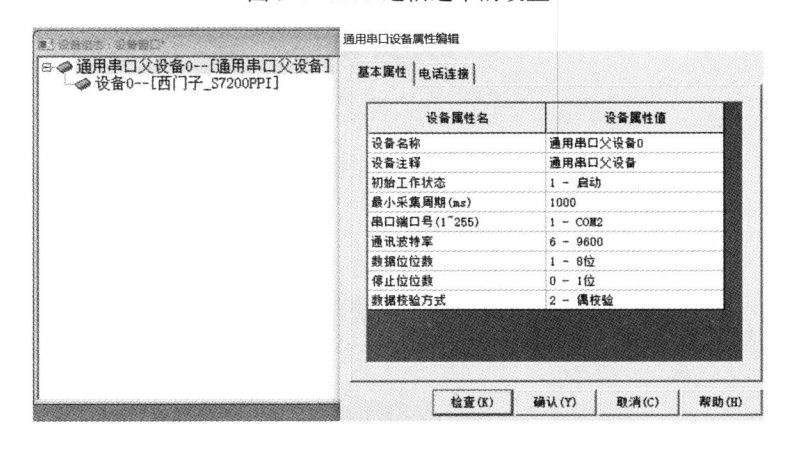

图 5-5　触摸屏通信速率的设置

（3）设备地址的设置。触摸屏的设备地址必须和与之通信的 PLC 地址保持一致，否则将无法通信，例如，触摸屏连接的 PLC 地址为 2，触摸屏的设备地址也应当设置为 2，如图 5-6 所示。

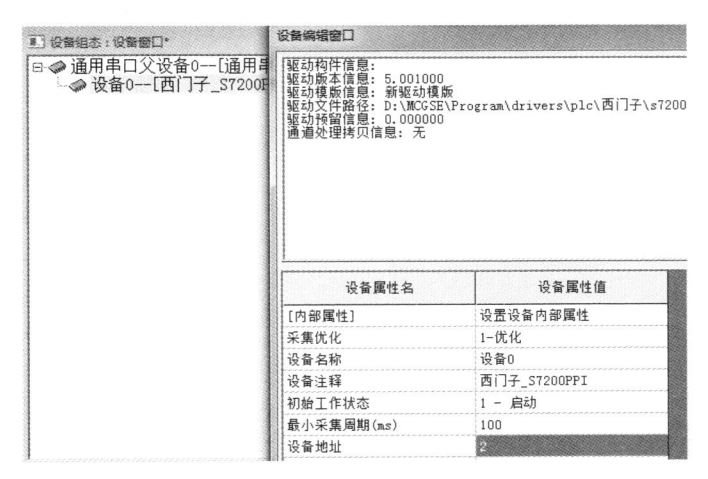

图 5-6　设备地址的设置

5.3.2　MCGS 触摸屏的设备组态

为了通过触摸屏这一设备操作机器或系统，必须给触摸屏设备组态用户界面，该过程称为"组态阶段"。系统组态就是通过 PLC 以"变量"方式进行操作单元与机械设备之间的通信。变量值被写入 PLC 的存储区域（地址），由操作单元从该区域读取。

MCGS 嵌入版用"工作台"窗口来管理构成用户应用系统的 5 个部分。工作台上的 5 个标签：主控窗口、设备窗口、用户窗口、实时数据库和运行策略，对应 5 个不同的窗口页面，每个页面负责管理用户应用系统的一部分，用鼠标单击不同的标签可选取不同的窗口页面，对应用系统的相应部分进行组态操作。

1．主控窗口

MCGS 嵌入版的主控窗口是组态工程的主窗口，是所有设备窗口和用户窗口的父窗口，它相当于一个大的容器，可以放置一个设备窗口和多个用户窗口，负责对这些窗口进行管理和调度，并调度用户策略的运行。同时，主控窗口是组态工程结构的主框架，可在主控窗口内设置系统运行流程及特征参数，方便用户操作。

2．设备窗口

设备窗口是 MCGS 嵌入版与作为测控对象的外部设备建立联系的后台作业环境，负责驱动外部设备，控制外部设备的工作状态。系统通过设备与数据之间的通道，把外部设备的运行数据采集进来，送入实时数据库，供系统其他部分调用，并且把实时数据库中的数据输出到外部设备，实现对外部设备的操作与控制。

3．用户窗口

用户窗口本身是一个"容器"，用来放置各种图形对象（图元、图符和动画构件），不同的图形对象对应不同的功能。通过对用户窗口内的多个图形对象进行组态可生成漂亮的图形界面，为实现动画显示效果做准备。

4．实时数据库

在 MCGS 嵌入版中，用数据对象来描述系统中的实时数据，用对象变量代替传统意义上的值变量，把数据库技术管理的所有数据对象的集合称为实时数据库。实时数据库是MCGS 嵌入版系统的核心，是应用系统的数据处理中心。系统各个部分均以实时数据库为公用区来交换数据，以实现各个部分的协调动作。

设备窗口通过设备构件驱动外部设备，将采集的数据送入实时数据库；由用户窗口组成的图形对象与实时数据库中的数据对象建立连接关系，以动画形式实现数据的可视化；运行策略通过策略构件对数据进行操作和处理。实时数据库数据流图如图 5-7 所示。

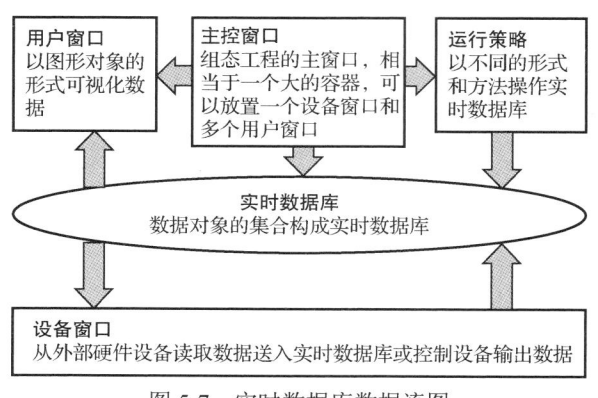

图 5-7　实时数据库数据流图

5．运行策略

运行策略本身是系统提供的一个框架，其内放置由策略条件构件和策略构件组成的策略行，通过对运行策略进行定义，使系统能够按照设定的顺序和条件执行任务，实现对外部设备工作过程的精确控制。

5.3.3　MCGS 触摸屏下载

在断电情况下，触摸屏连接电源线，连接下载线，送电。

双击软件图标，单击"新建"按钮，选择触摸屏类型 TPC7062Ti，单击"确定"按钮，如图 5-8 所示。

单击下载工程并进入运行环境，如图 5-9 所示。

图 5-8　选择触摸屏类型 TPC7062Ti 　　　　图 5-9　单击下载工程并进入运行环境

单击"连机运行"按钮,"连接方式"选择"USB 通讯①",单击"通讯测试"按钮,如图 5-10 所示。

显示"通讯测试正常",如图 5-11 所示。

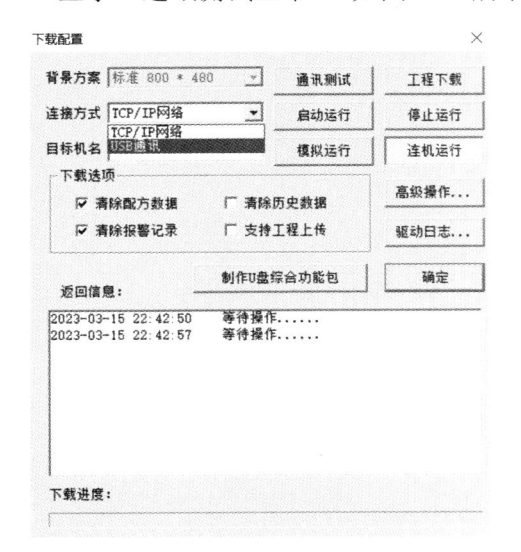

图 5-10　单击"通讯测试"按钮　　　　　图 5-11　显示"通讯测试正常"

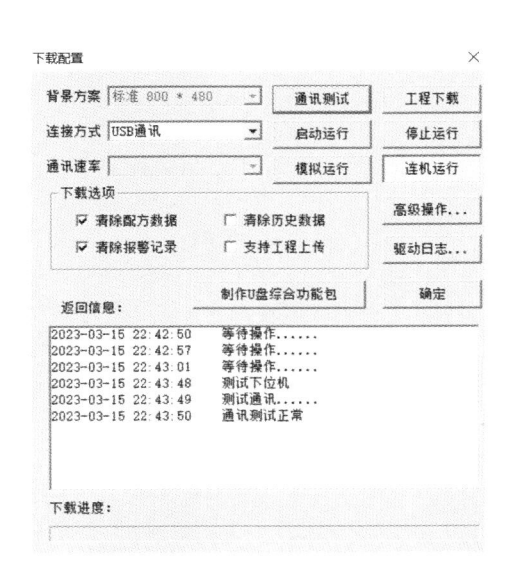

单击"工程下载"按钮,如图 5-12 所示。

工程下载成功,如图 5-13 所示。

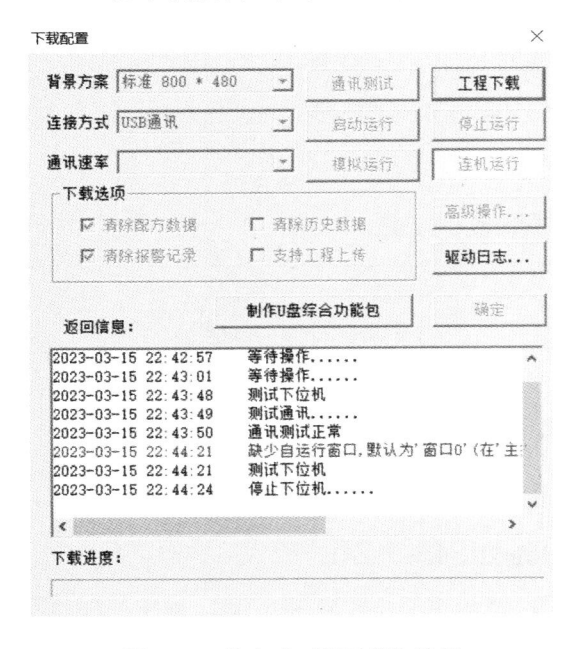

图 5-12　单击"工程下载"按钮　　　　　图 5-13　工程下载成功

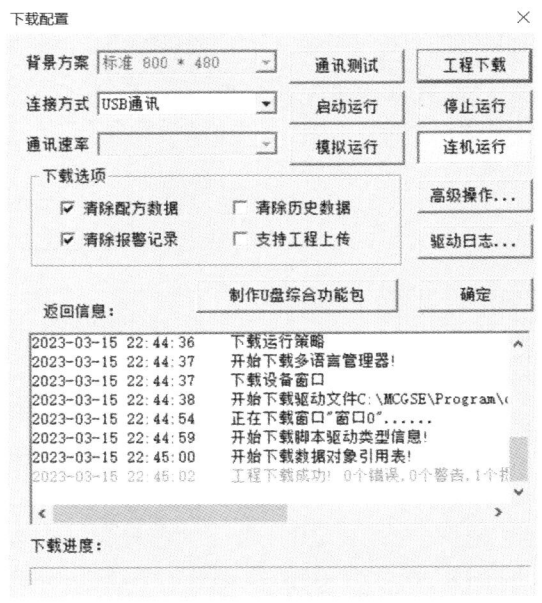

---

① 正确形式应为通信,余同。

单击"启动运行"按钮,启动下位机,如图 5-14 所示。

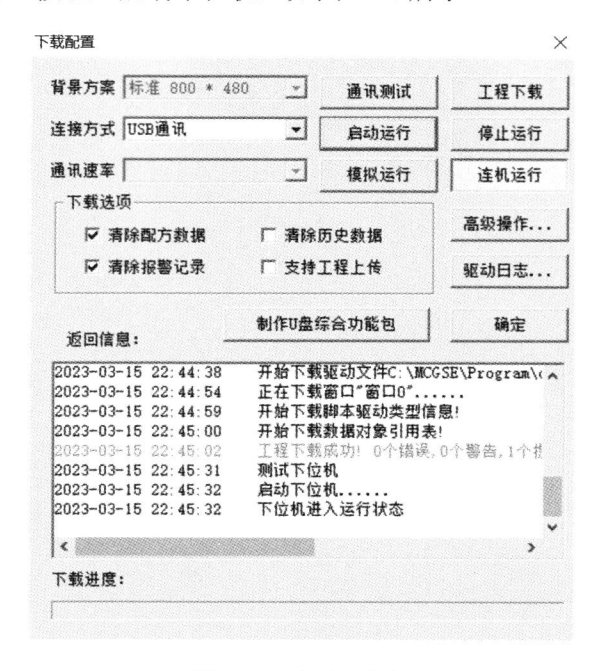

图 5-14 启动下位机

5.4 项目解决步骤

步骤 1. 输入信号器件和输出信号器件分析

根据电动机运行控制要求,对控制系统输入信号器件和输出信号器件进行分析,如表 5-1 所示。

表 5-1 输入信号器件和输出信号器件

输入信号器件	输出信号器件
启动按钮 SB1	电动机接触器 KM 线圈
停止按钮 SB2	

步骤 2. 根据控制系统输入信号点数和输出信号点数进行 PLC 及触摸屏硬件选择

PLC 和触摸屏的选择如表 5-2 所示。

表 5-2 PLC 和触摸屏的选择

硬件名称	型号	订货号
西门子 S7-200 PLC	CPU 226 CN AC/DC/RLY	6ES7 216-2BD23-0XB8
MCGS 嵌入式一体化触摸屏	TPC7062Ti	

项目 5　MCGS 触摸屏监控及两地控制

步骤 3．输入信号器件和输出信号器件地址分配

输入信号器件和输出信号器件地址分配表如表 5-3 所示。

表 5-3　输入信号器件和输出信号器件地址分配表

输　入		输　出	
启动按钮 SB1	I0.0	电动机接触器 KM 线圈	Q0.0
停止按钮 SB2	I0.1		

步骤 4．触摸屏输入操作变量和输出显示变量分配

触摸屏输入操作变量和输出显示变量分配如表 5-4 所示。

表 5-4　触摸屏输入操作变量和输出显示变量分配

MCGS 触摸屏输入		MCGS 触摸屏输出	
触摸屏启动按钮	V1000.0	电动机接触器 KM 线圈	Q0.0
触摸屏停止按钮	V1000.1		

步骤 5．绘制接线图

电动机启停 PLC 控制接线图如图 5-15 所示。

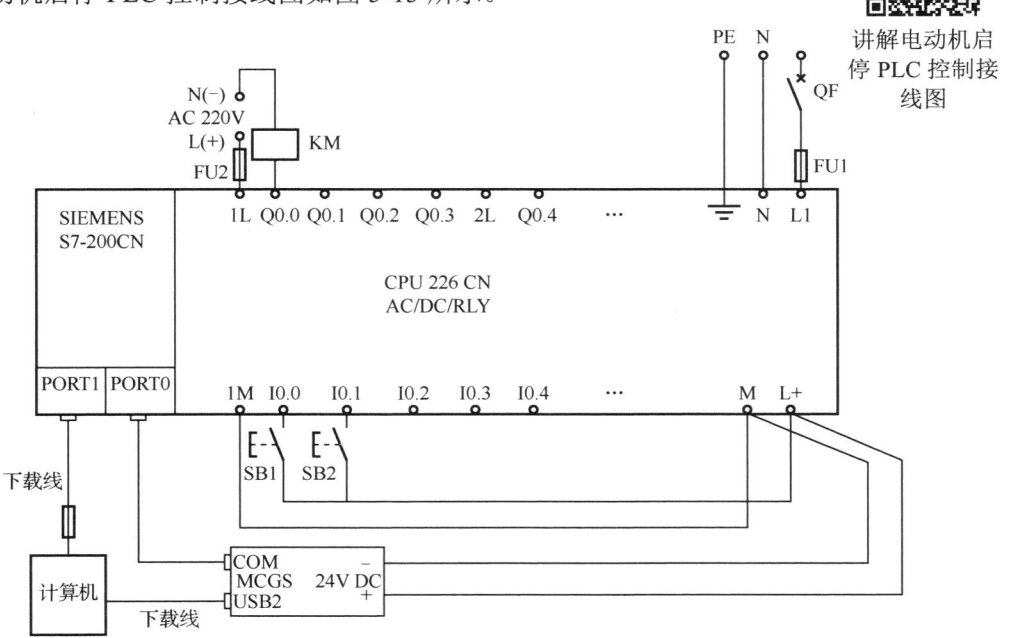

图 5-15　电动机启停 PLC 控制接线图

步骤 6．选择 PLC 类型和建立符号表

选择 PLC 类型，如图 5-16 所示。

单击"符号表",单击"用户定义1",建立符号表,如图5-17所示。

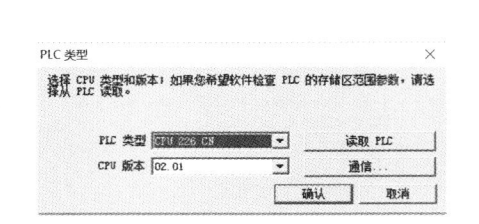

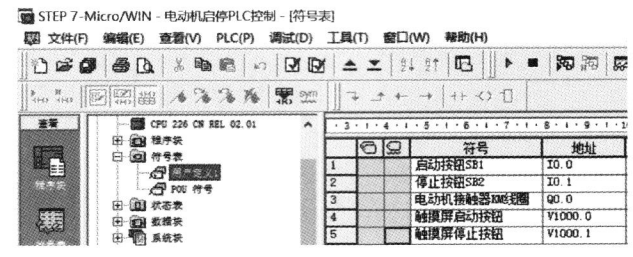

图5-16　选择PLC类型

图5-17　建立符号表

步骤7. PLC程序设计及下载

根据项目要求编写程序,如图5-18所示。

讲解MCGS触摸屏画面设计

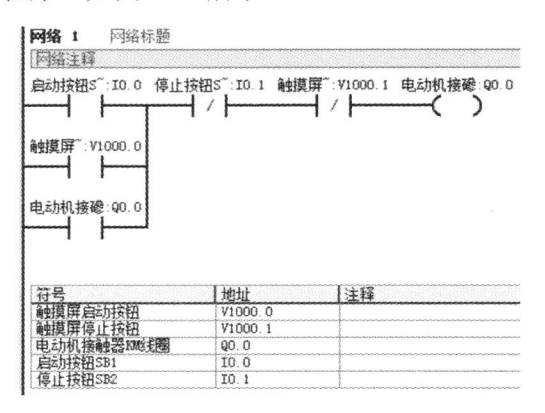

图5-18　编写程序

步骤8. MCGS触摸屏监控画面设计

双击触摸屏软件,单击"新建"按钮,选择触摸屏类型TPC7062Ti,单击"确定"按钮,新建工程,如图5-19所示。

在工作台界面单击"主控窗口",出现主控窗口,如图5-20所示。

图5-19　新建工程

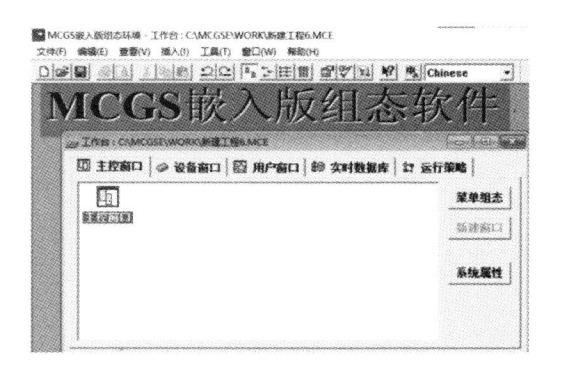

图5-20　主控窗口

项目5 MCGS 触摸屏监控及两地控制

单击"设备窗口",如图 5-21 所示。

双击"设备窗口"图标,出现"设备组态:设备窗口"对话框,单击工具条中的工具箱图标 ![], 打开"设备工具箱",如图 5-22 所示。

图 5-21 单击"设备窗口"   图 5-22 打开"设备工具箱"

双击"通用串口父设备"项,双击"西门子_S7200PPI"项,如图 5-23 所示。

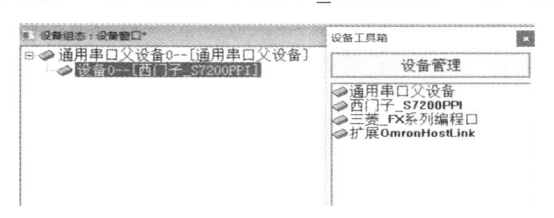

图 5-23 "设备组态:设备窗口"对话框

双击"通用串口父设备 0"项,"串口端口号"选择"1-COM2",若触摸屏和 PLC 不能通信,则改成"0-COM1"。"通讯波特率"为"6-9600",单击"确认"按钮,如图 5-24 所示。

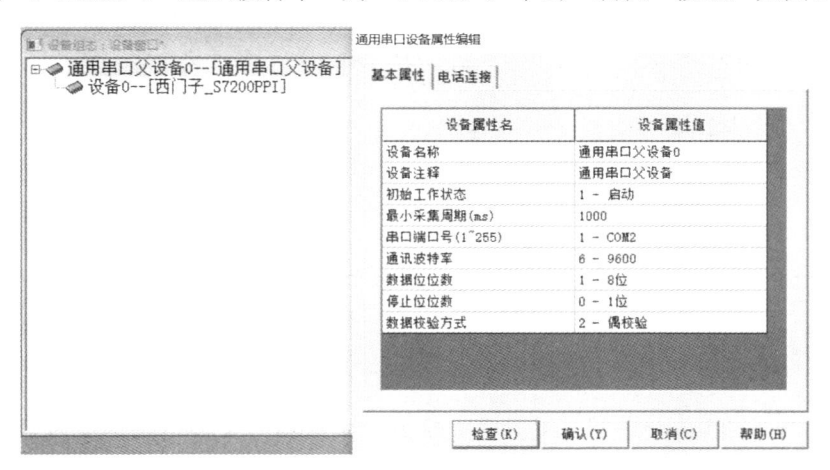

图 5-24 通用串口设备属性编辑

双击"设备 0--[西门子_S7200PPI]"项,出现设备编辑窗口,如图 5-25 所示。

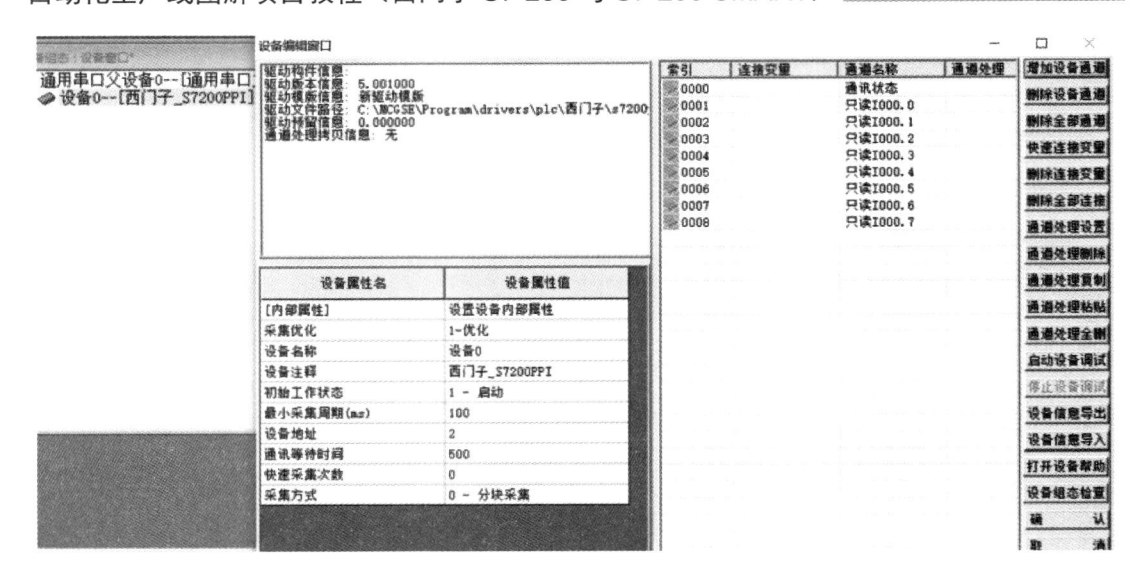

图 5-25 设备编辑窗口 1

单击"删除全部通道"按钮,单击"是"按钮,设备编辑窗口如图 5-26 所示。

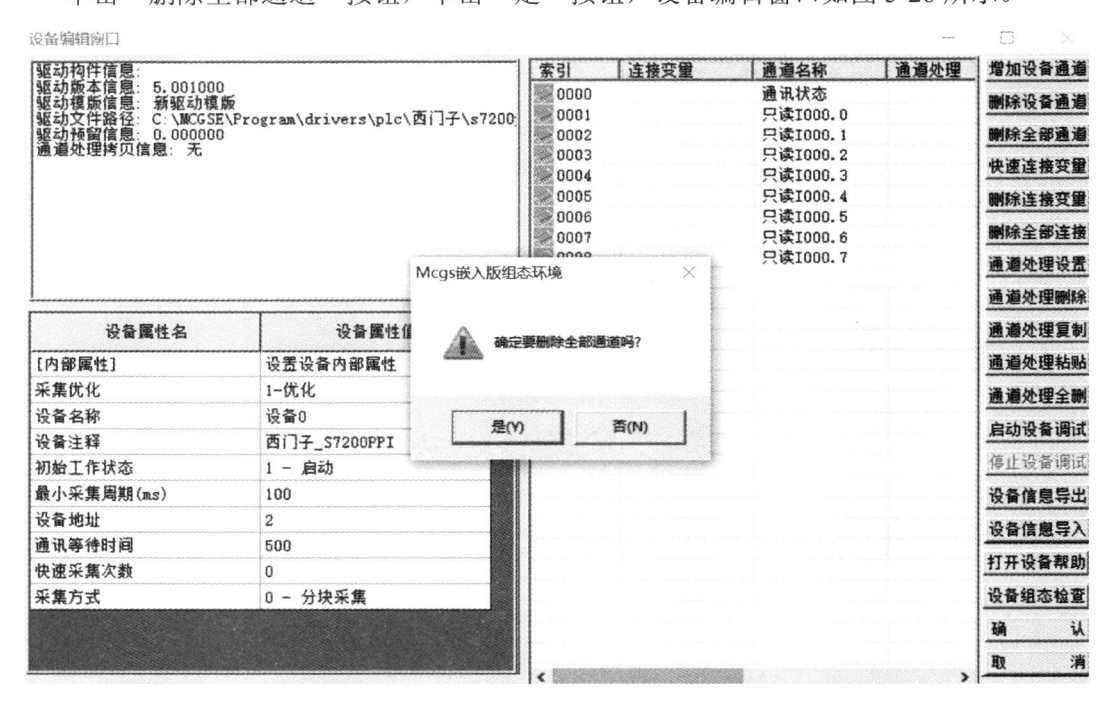

图 5-26 设备编辑窗口 2

单击"添加设备通道",建立变量 V1000.0,"通道类型"选择"V 寄存器","通道地址"为"1000","数据类型"为"通道的第 00 位","通道个数"为"1","读写方式"选择"读写",如图 5-27 所示。

增加设备通道,建立变量 V1000.1 和 Q000.0,单击"确认"按钮,如图 5-28 所示。

项目 5 MCGS 触摸屏监控及两地控制

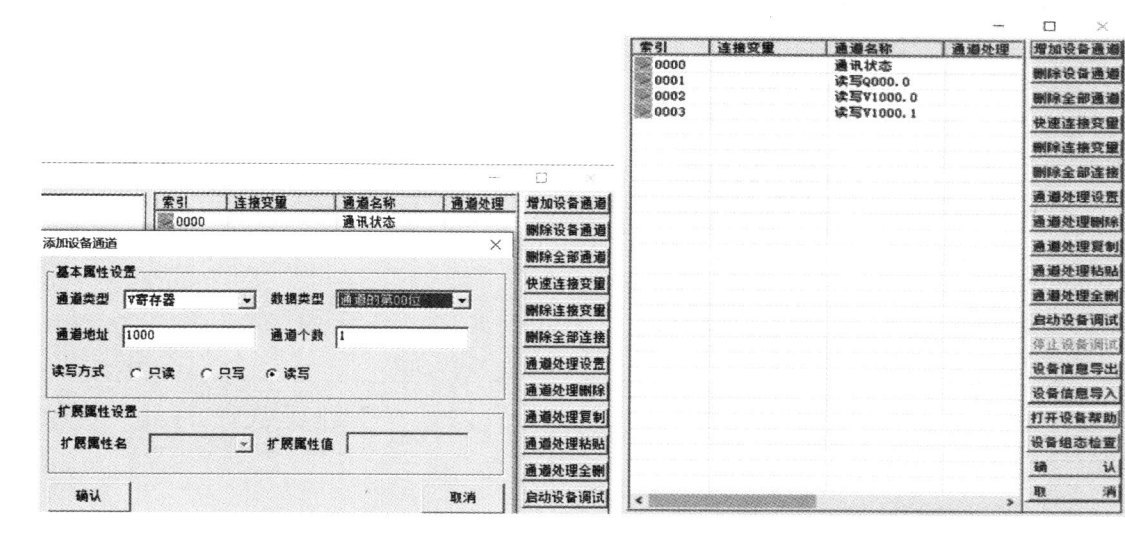

图 5-27 建立变量 V1000.0

图 5-28 建立变量 V1000.1 和 Q000.0

单击"工作台"按钮，如图 5-29 所示。
单击"实时数据库"，单击"新增对象"按钮 3 次，如图 5-30 所示。

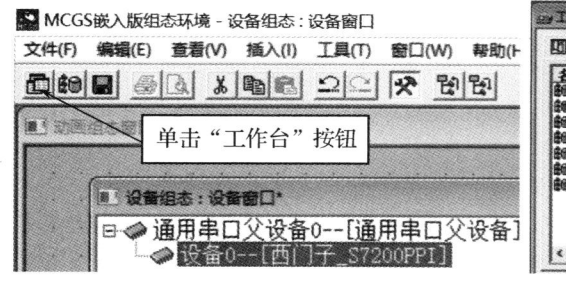

图 5-29 单击"工作台"按钮

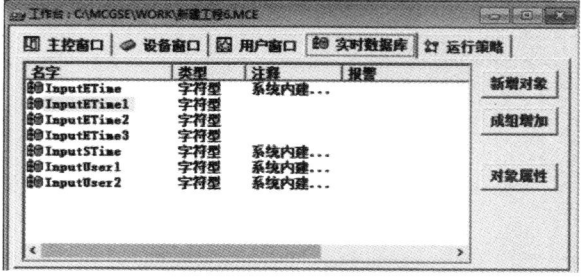

图 5-30 新增对象

双击"InputETime1"，单击"基本属性"，"对象名称"为"触摸屏启动按钮"，"对象类型"选择"开关"，单击"确认"按钮，如图 5-31 所示。

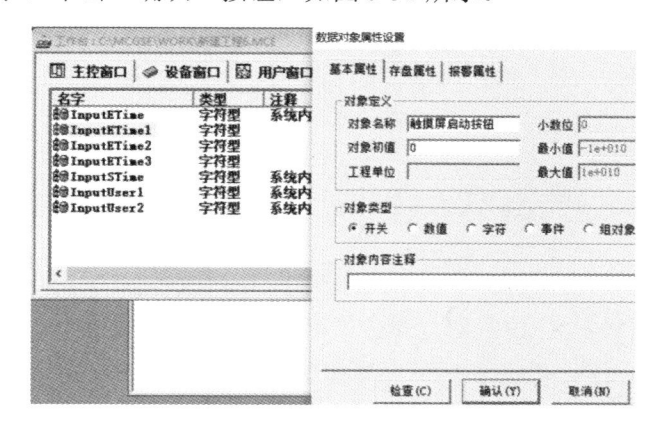

图 5-31 数据对象属性设置 1

同理，双击"InputETime2"，单击"基本属性"，"对象名称"为"触摸屏停止按钮"，"对象类型"选择"开关"，单击"确认"按钮。双击"InputETime3"，单击"基本属性"，"对象名称"为"电动机接触器 KM 线圈"，"对象类型"选择"开关"，单击"确认"按钮，如图 5-32 所示。

单击"工作台"按钮，双击"设备 0--[西门子_S7200PPI]"，如图 5-33 所示。

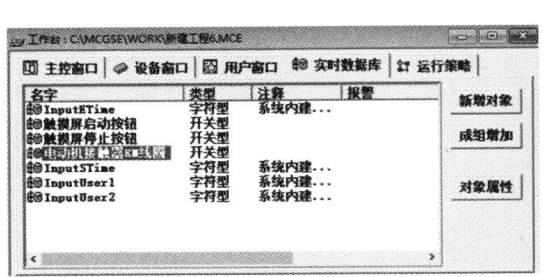

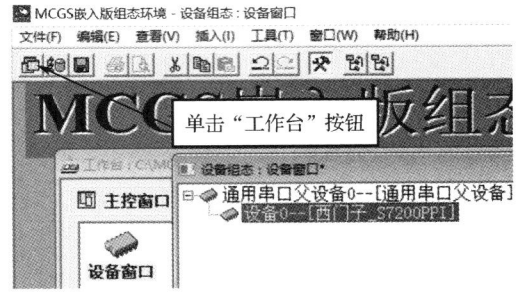

图 5-32 数据对象属性设置 2   图 5-33 双击"设备 0--[西门子_S7200PPI]"

找到设备编辑窗口，双击"Q000.0"，如图 5-34 所示。

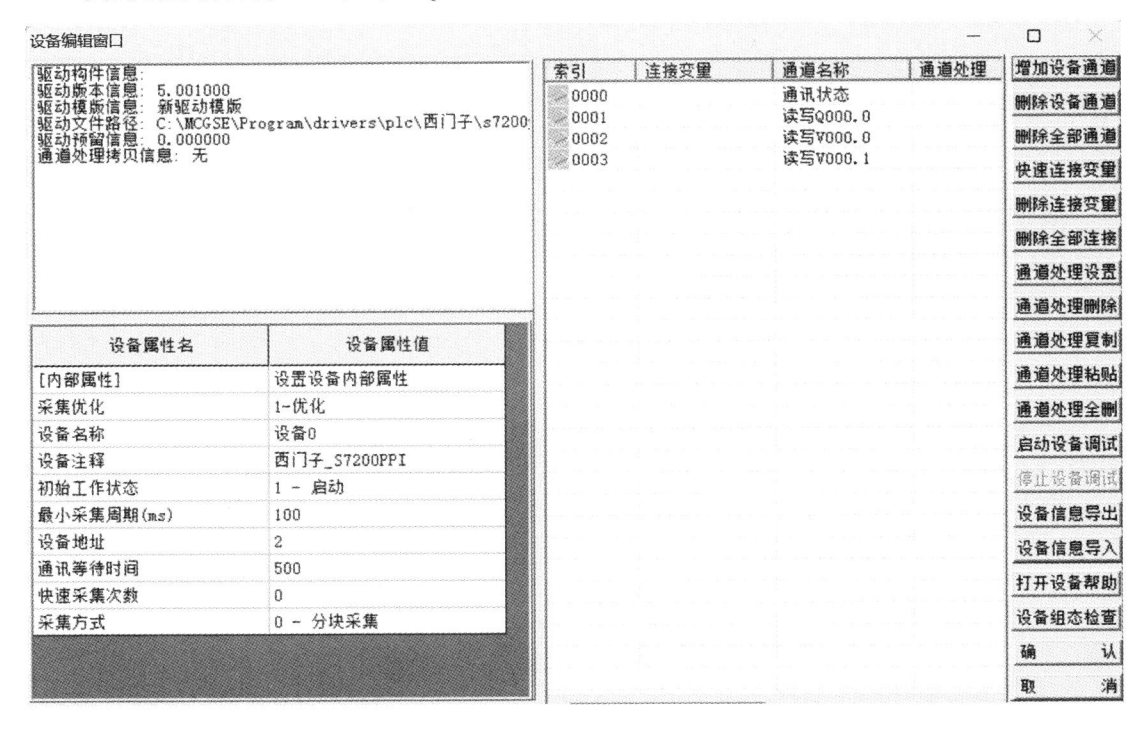

图 5-34 设备编辑窗口 3

单击"电动机接触器 KM 线圈"，单击"确认"按钮，如图 5-35 所示。
采用同样的操作方式，单击"触摸屏启动按钮"，单击"确认"按钮，如图 5-36 所示。
采用同样的操作方式，单击"触摸屏停止按钮"，单击"确认"按钮，如图 5-37 所示。

项目 5　MCGS 触摸屏监控及两地控制

图 5-35　变量选择 1

图 5-36　变量选择 2

图 5-37　变量选择 3

建立的变量如图 5-38 所示。
单击"工作台"按钮，如图 5-39 所示。

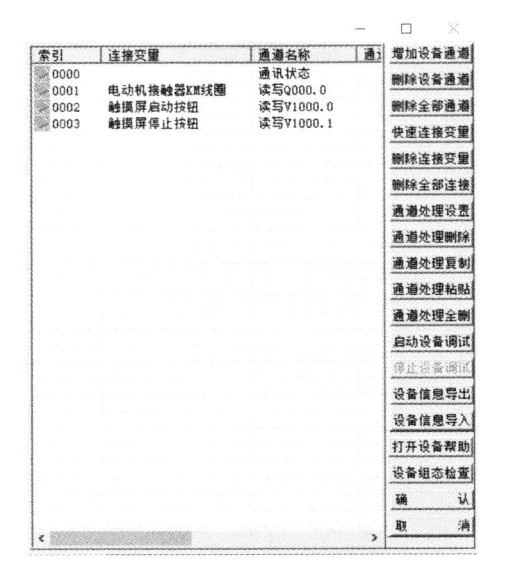

图 5-38　建立的变量　　　　　　　　　图 5-39　单击"工作台"按钮

单击"用户窗口"，单击"新建窗口"按钮，双击"窗口 0"图标，新建窗口，如图 5-40 所示。

单击"标准按钮"，按住鼠标左键将窗口 0 拖放至适当大小后松开，得到按钮图形，如图 5-41 所示。

图 5-40　新建窗口　　　　　　　　　图 5-41　制作按钮

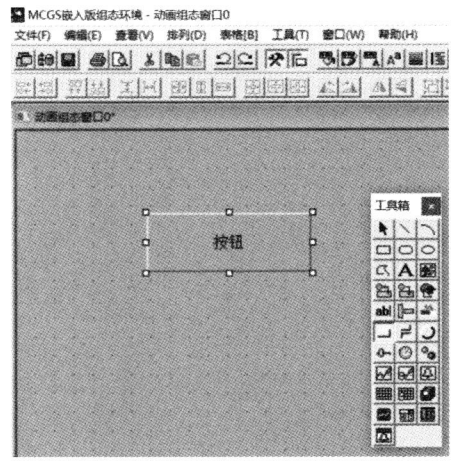

双击"按钮"，单击"基本属性"，在"文本"中输入"触摸屏启动按钮"，如图 5-42 所示。
单击"操作属性"选项卡，单击"按下功能"，勾选"数据对象值操作"复选框，选择"置 1"，单击其后的"?"按钮，如图 5-43 所示。
单击"触摸屏启动按钮"，单击"确认"按钮，如图 5-44 所示。

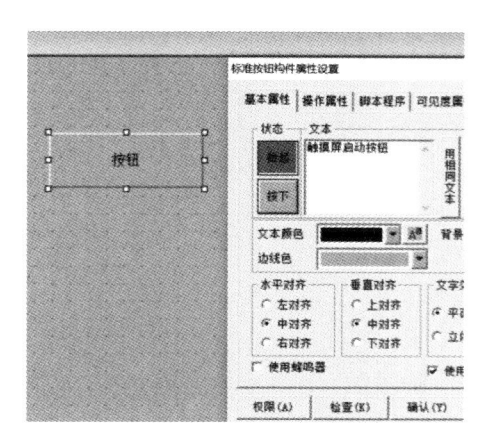

项目 5　MCGS 触摸屏监控及两地控制

图 5-42　文本输入

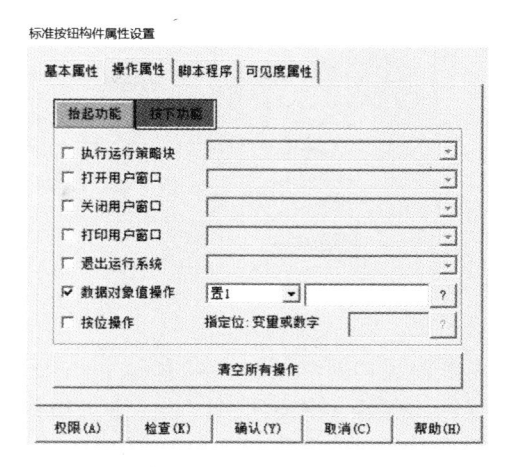

图 5-43　设置按下功能 1

图 5-44　变量选择 4

设置按下功能，如图 5-45 所示。

单击"操作属性"选项卡，单击"抬起功能"，勾选"数据对象值操作"复选框，选择"清 0"，单击其后的"？"按钮，如图 5-46 所示。

图 5-45　设置按下功能 2

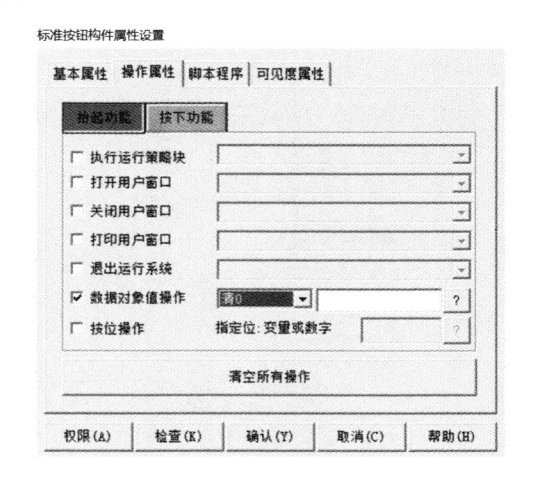

图 5-46　设置抬起功能 1

通过单击"触摸屏启动按钮"，并单击"确认"按钮，进行变量选择，如图 5-47 所示。

图 5-47 变量选择 5

设置抬起功能，如图 5-48 所示。

双击"触摸屏停止按钮"，单击"操作属性"选项卡，单击"按下功能"，勾选"数据对象值操作"复选框，选择"置 1"，单击"？"按钮，选择"触摸屏停止按钮"，单击"确认"按钮，如图 5-49 所示。

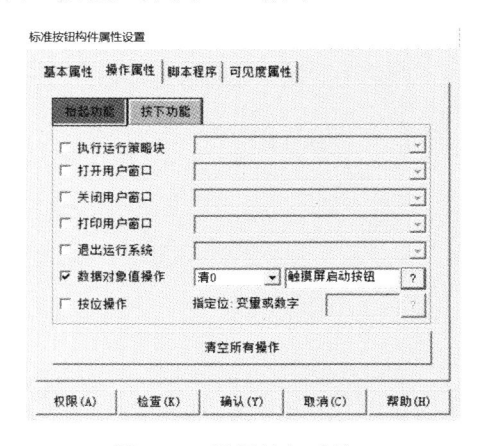

图 5-48　设置抬起功能 2　　　　图 5-49　设置按下功能 3

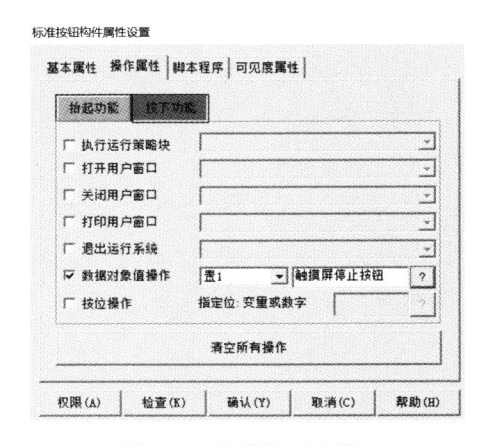

单击"操作属性"选项卡，单击"抬起功能"，勾选"数据对象值操作"复选框，选择"清0"，单击其后的"？"按钮，选择"触摸屏停止按钮"，单击"确认"按钮，如图 5-50 所示。

建立触摸屏启动按钮和停止按钮，如图 5-51 所示。

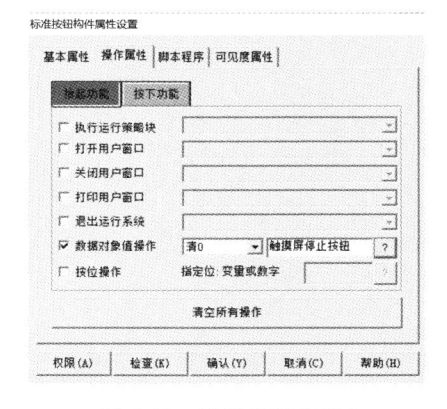

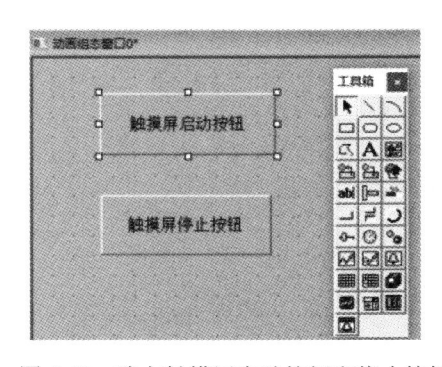

图 5-50　设置抬起功能 3　　　　图 5-51　建立触摸屏启动按钮和停止按钮

单击"插入变量" ，选择"指示灯 6",单击"确定"按钮,建立指示灯,如图 5-52 所示。

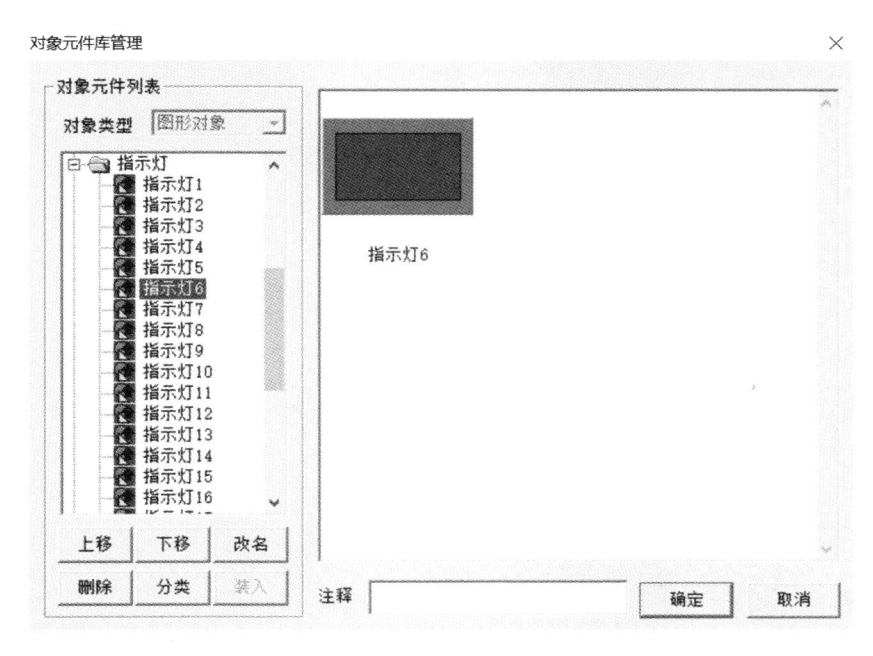

图 5-52 建立指示灯

双击"指示灯图形",单击"数据对象",单击"填充颜色",单击"?"按钮,设置单元属性,如图 5-53 所示。

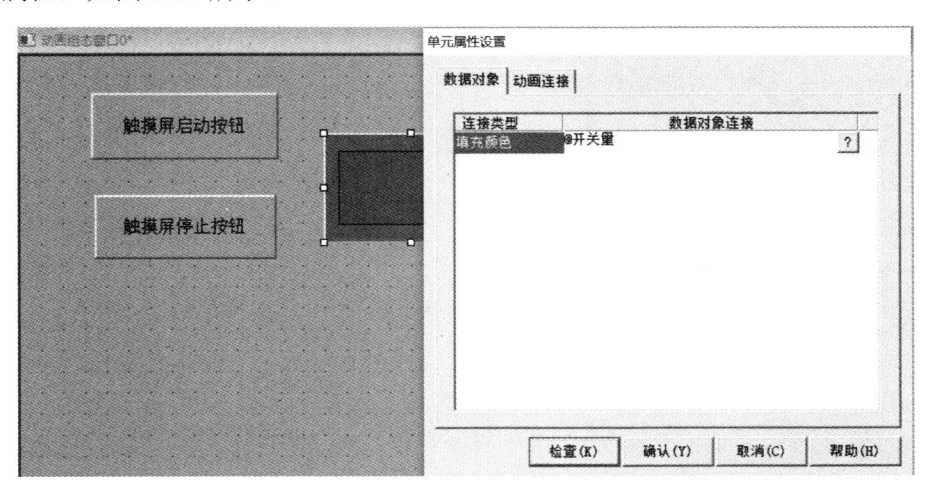

图 5-53 设置单元属性 1

单击"电动机接触器 KM 线圈",单击"确认"按钮,如图 5-54 所示。
单击"动画连接"选项卡,单击"填充颜色",单击" > "按钮,设置单元属性,如图 5-55 所示。
单击"填充颜色"选项卡,单击"确认"按钮,填充颜色,如图 5-56 所示。

图 5-54　变量选择 6

图 5-55　设置单元属性 2

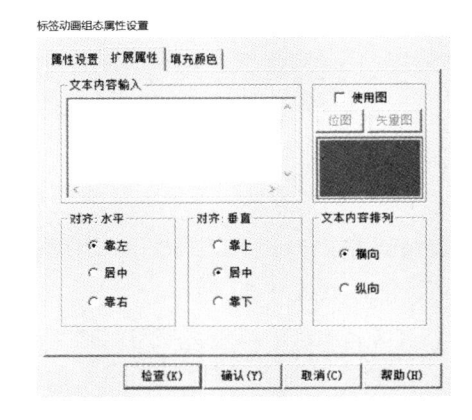

图 5-56　填充颜色

双击颜色区，修改颜色，如图 5-57 所示。
动画组态窗口 0 如图 5-58 所示。

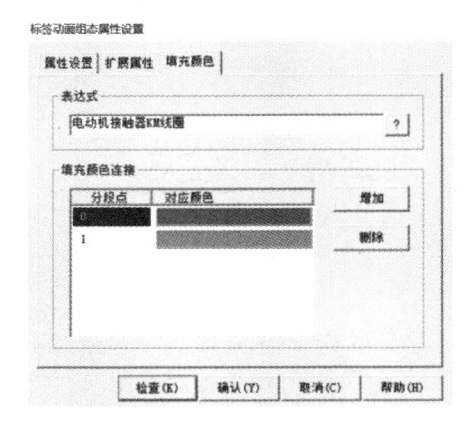

图 5-57　修改颜色

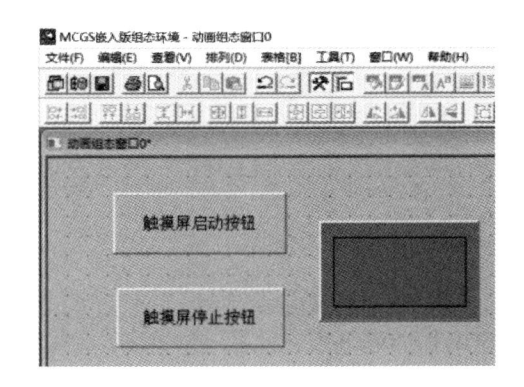

图 5-58　动画组态窗口 0

项目 5　MCGS 触摸屏监控及两地控制

单击"文件"选项卡，选择"工程另存为"选项，将其重命名为 MCGS 触摸屏监控，可以更改保存路径到桌面，单击"保存"按钮，如图 5-59 所示。

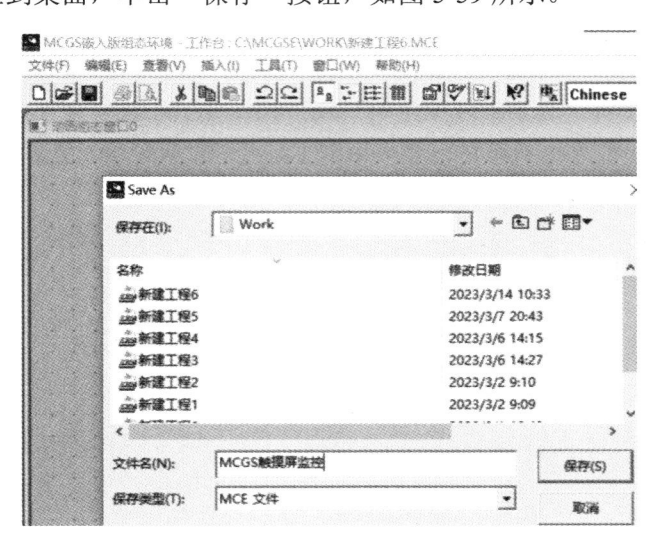

图 5-59　工程另存为

步骤 9．联机调试

在断电情况下，根据本项目电动机启停 PLC 控制接线图进行 PLC 与外部器件的正确接线并通电。

在程序编辑界面单击"系统块"，PLC 端口 0 的 PLC 地址为 2，通信速率为 9.6kbps。PLC 端口 0 与硬件 PLC 的 PORT0 对应，PORT0 通过通信线连接 MCGS 触摸屏的 COM 接口，触摸屏的设备地址为 2，通信速率为 6～9600bps，单击"确认"按钮。

下载电动机启停 PLC 控制程序，可参考 2.6 节相关知识 4。

MCGS 触摸屏监控画面设计结束，进行下载，下载可参考 5.3.3 小节。

真实按钮控制：按下启动按钮 SB1 给 PLC 输入信号，通过 PLC 程序的执行控制现场电动机的启动运行，并且使触摸屏指示灯的颜色变为绿色（表示电动机启动运行）；按下停止按钮 SB2 给 PLC 输入信号，控制现场电动机的停止，并且使触摸屏指示灯的颜色变为红色（表示电动机停止运行）。

触摸屏按钮控制：在触摸屏中，用手指单击"触摸屏启动按钮"，电动机启动运行，触摸屏指示灯的颜色变为绿色（表示电动机启动运行）；用手指单击"触摸屏停止按钮"，电动机停止运行，触摸屏指示灯的颜色变为红色（表示电动机停止运行）。

若满足上述要求，则联机调试成功。若不能满足要求，则检查原因，纠正错误，重新调试，直到满足要求为止。

5.5　巩固练习

1．完成电动机两地控制及触摸屏监控，要求如下。

按下启动按钮 SB1，电动机实现连续运行控制，按下停止按钮 SB2，电动机停止运行；

按下点动按钮 SB3，电动机实现点动运行控制，松开点动按钮 SB3，电动机停止运行。

2．完成电动机正反转两地控制及触摸屏监控。

3．完成小车自动往复运动两地控制及触摸屏监控。

4．完成三相异步电动机星-三角形降压启动两地控制及触摸屏监控，要求如下。

按下启动按钮 SB1，电动机实现星形启动，10s 后，电动机以三角形形式全压运行；按下停止按钮，电动机停止运行，由热继电器 FR 进行过载保护。

项目6 电动机多段速 PLC 控制及 MCGS 监控

6.1 项目要求

利用 S7-200 PLC 与 MCGS 触摸屏设计一个电动机多段速 PLC 控制系统,具体要求如下。

1．按下启动按钮 SB1,电动机以 10Hz 的频率启动运行;按下启动按钮 SB2,电动机以 25Hz 的频率启动运行;按下启动按钮 SB3,电动机以 40Hz 的频率启动运行;按下停止按钮 SB4,电动机停止运行。

2．在 MCGS 触摸屏上,按下触摸屏启动按钮 1,电动机以 10Hz 的频率启动运行;按下触摸屏启动按钮 2,电动机以 25Hz 的频率启动运行;按下触摸屏启动按钮 3,电动机以 40Hz 的频率启动运行;按下触摸屏停止按钮 4,电动机停止运行。

3．在 MCGS 触摸屏上显示电动机的运行频率值,还能通过指示灯颜色变化显示变频器 DIN3（7号端子）、DIN2（6号端子）和 DIN1（5号端子）的状态。

6.2 学习目标

1．能够独立完成变频器的安装和拆卸。
2．掌握 PLC、变频器、电动机之间的接线方法,并能够独立完成接线。
3．理解变频器的参数设置,并且能够独立完成变频器操作面板的参数设置。
4．掌握电动机多段速 PLC 控制原理,并且能够用 PLC 完成对多段速的控制。
5．掌握 MCGS 触摸屏的设计和下载方法,并能够完成电动机多段速 PLC 控制及 MCGS 监控。

6.3 相关知识（变频器）

电动机转速的快慢由西门子变频器 MM420（MICROMASTER420）来控制,MM420 是用于控制三相交流电动机速度的变频器系列,该系列有多种型号。

6.3.1 MM420 变频器的安装和拆卸

1. 变频器的安装步骤

（1）用导轨的上闩销把变频器固定到导轨的安装位置上。

（2）向导轨上按压变频器，直到导轨的下闩销嵌入到位。

2．从导轨上拆卸变频器的步骤

（1）为了松开变频器的释放机构，将螺丝刀插入释放机构。

（2）向下施加压力，导轨的下闩销就会松开。

（3）将变频器从导轨上取下。

6.3.2 MM420 变频器的接线

接线端子在变频器机壳下盖板内，拆卸盖板后可以看到变频器的接线端子，变频器接线如图 6-1 所示。

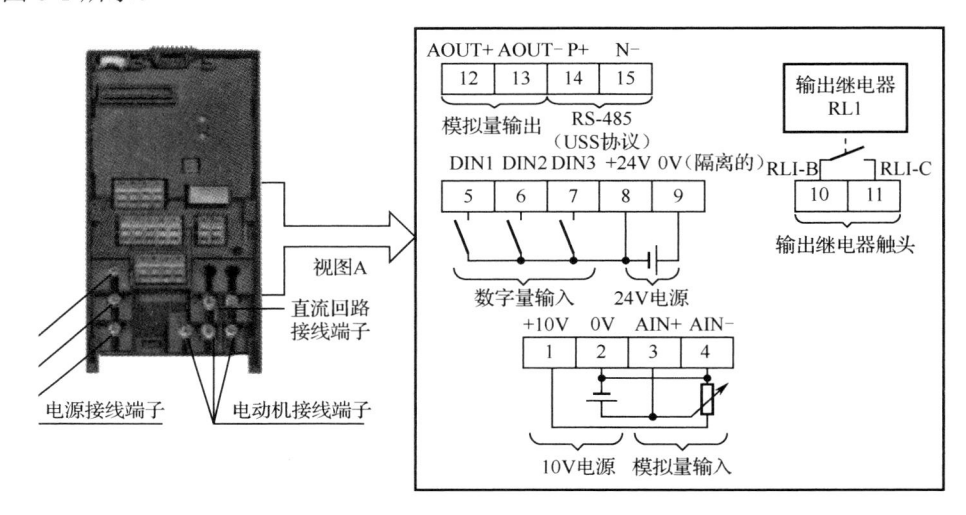

图 6-1 变频器接线

1）变频器主电路的接线

变频器主电路的接线端子有两种，分别用于接三相电源和单相电源，具体采用哪种接法，应根据所购买的变频器的要求而定。

打开变频器的盖子后，就可以连接电源和电动机的接线端子。将电源连接到变频器的电源接线端子上，将变频器的电动机接线端子引出线连接到电动机上。注意：接地线 PE 必须连接到变频器接地端子上，并连接到交流电动机的外壳上。

2）信号端子接线

（1）1 号、2 号引脚：变频器内部 10V 直流电源输出端子。

（2）3 号、4 号引脚：0~10V 模拟量输入端子，其中，3 号引脚为正极，4 号引脚为负极。

（3）5 号、6 号、7 号引脚：数字量输入端子，可通过参数设置具体功能。

（4）8 号、9 号引脚：变频器内部带隔离输出的 24V 直流电源输出端子，其中，8 号引脚为正极，9 号引脚为负极。

（5）10 号、11 号引脚：变频器输出继电器端子。

（6）12号、13号引脚：0～20mA模拟量输出端子，其中，12号引脚为正极，13号引脚为负极。

（7）14号、15号引脚：RS-485通信协议或USS协议端子。

6.3.3 MM420变频器的操作面板

利用操作面板（BOP）可以改变变频器的各个参数，图6-2所示为BOP操作面板。BOP具有7段显示数字，可以显示参数的序号、数值、报警和故障信息、设定值等。

BOP基本操作面板的备用按钮有8个，表6-1所示为BOP基本操作面板上的按钮及其功能。

图6-2 BOP操作面板

表6-1 BOP基本操作面板上的按钮及其功能

显示/按钮	功　能	功　能　说　明
r0000	状态显示	LCD显示变频器当前的设定值
①	启动变频器	按此键启动变频器。以默认值运行时此键是被封锁的，为了使对此键的操作有效，应设定P0700=1
○	停止变频器	OFF1：按此键，变频器将按选定的斜坡下降速率减速停车。以默认值运行时，此键被封锁；为了使对此键的操作有效，应设定P0700=1。 OFF2：按此键两次（或一次，但时间较长），电动机将在惯性作用下自由停车，此功能总是"使能"的
⌒	改变电动机的转动方向	按此键可以改变电动机的转动方向。电动机的反向用负号（-）或闪烁的小数点表示。以默认值运行时，此键是被封锁的，为了使对此键的操作有效，应设定P0700=1
jog	电动机点动	在变频器无输出的情况下按此键，将使电动机启动，并按预设定的点动频率运行。释放此键时，变频器停车。如果变频器/电动机正在运行，那么按此键将不起作用
Fn	功能	此键用于浏览辅助信息。 变频器在运行过程中，在显示任何一个参数时按下此键并保持不动2s，将显示以下参数值（在变频器运行过程中，从任意一个参数开始）。 （1）直流回路电压（用d表示，单位为V）； （2）输出电流（A）； （3）输出频率（Hz）； （4）输出电压（用o表示，单位为V）； （5）由P0005选定的数值，如果P0005选择显示上述参数中的任何一个[（3）、（4）或（5）]，那么这里将不再显示。 连续多次按此键，将轮流显示以上参数。 跳转功能：在显示任意一个参数（如rXXXX或PXXXX）时，短时间按下此键，将立即跳转到r0000，如果需要，可以接着修改其他参数。跳转到r0000后，按此键将返回原来的显示点
P	访问参数	按此键即可访问参数
▲	增大数值	按此键即可增大面板上显示的参数数值
▼	减小数值	按此键即可减小面板上显示的参数数值

6.3.4 MM420 变频器的参数

1）参数号和参数名称

参数号是指该参数的编号。参数号用 0000~9999 的 4 位数字表示。当在参数号的前面冠以一个小写字母"r"时，表示该参数是"只读"的参数。其他所有参数号的前面都冠以一个大写字母"P"，这些参数的设定值可以直接在标题栏的"最小值"和"最大值"之间的范围内进行修改。

[下标]表示该参数是一个带下标的参数，并且指定了下标的有效序号。通过下标可以对同一参数的用途进行扩展，或对不同的控制对象自动改变所显示或所设定的参数。

2）修改参数的方法

用 BOP 修改参数的数值的步骤如下。

第一步：按 P 键，进入参数设置界面。

第二步：按增大数值键或减小数值键找到需要修改的参数。

第三步：按 P 键，进入修改参数界面。

第四步：按增大数值键或减小数值键修改参数值。

第五步：按 P 键，确定修改的参数值。

3）常用的参数修改方法

（1）将变频器复位为工厂的默认设定值。

如果用户在调试参数过程中遇到问题，并且希望重新调试，那么通常采用先把变频器的全部参数复位为工厂的默认设定值，再重新调试的方法。因此，应按照下面的数值设定参数。

① 设定 P0010 = 30。

② 设定 P0970 = 1。

按下 P 键，开始参数的复位。变频器将自动把它的所有参数都复位为它们各自的默认设置值。复位为工厂的默认设定值的时间为几秒到几十秒。

（2）变频器参数过滤。

参数 P0004（参数过滤器）的作用是根据所选定的一组功能对参数进行过滤，并集中对过滤出的一组参数进行访问，从而可以更方便地进行调试。

P0004=0 表示不过滤参数。

（3）变频器用户等级设置。

参数 P0003 用于定义用户访问参数组的等级，设置范围为 1~4，具体如下。

"1"标准级：可以访问经常使用的参数。

"2"扩展级：允许扩展访问参数的范围，如变频器的 I/O 功能。

"3"专家级：只供专家使用。

"4"维修级：只供授权的维修人员使用——具有密码保护功能。

该参数的默认设置为等级 1（标准级），对于大多数简单的应用对象，采用标准级就可以满足要求了。用户可以修改设置值，但建议不要将等级设置为 4（维修级）。

(4)变频器快速调试。

P0010=1（进入快速调试）；P0010 = 0（结束快速调试）。

(5)设置电动机参数。

根据电动机的铭牌设置电动机的额定电压、额定电流等。

(6)变频器命令源 P0700 的设置。

变频器的启动、停止等命令是谁控制的，由参数 P0700 来确定。P0700=2 表示由端子排输入命令。

(7)变频器运行频率（P1000）的设置。

变频器运行频率由 P1000 来确定。P1000=3 为固定频率；P1000=2 为模拟设定值。

(8)变频器数字量输入端口的设置。

MM420 变频器的 3 个数字量输入端子 DIN1、DIN2、DIN3 分别对应 P0701、P0702、P0703 3 个参数。这 3 个端子可通过设置相应的参数获得不同的功能。

P0701=17、P0702=17 和 P0703=17 是固定频率设定值［二进制编码的十进制数（BCD 码）选择+ON 命令］。

6.3.5　MM420 变频器的多段速控制

多段速功能也称为多个固定频率运行功能，在参数 P1000=3 的条件下，用 3 个数字量输入端子选择固定频率的组合，实现电动机多段速运行，可通过以下 3 种方式实现。

(1)直接选择（P0701~P0703=15）。

(2)直接选择+ON 命令（P0701~P0703=16）。

(3)二进制编码选择+ON 命令（P0701~P0703=17）。

MM420 变频器的 3 个数字量输入端口为 DIN1、DIN2、DIN3，通过 P0701~P0703 设置实现多段速控制。每一段频率分别由 P1001~P1007 参数设置，最多可实现 7 段频率控制，固定频率数值选择对应表如表 6-2 所示。在多段速控制中，电动机的转速方向由 P1001~P1007 参数所设置的频率的正负决定。

表 6-2　固定频率数值选择对应表

频率设定	DIN3（7号端子）	DIN2（6号端子）	DIN1（5号端子）
P1001	0	0	1
P1002	0	1	0
P1003	0	1	1
P1004	1	0	0
P1005	1	0	1
P1006	1	1	0
P1007	1	1	1

6.4 项目解决步骤

步骤 1. 输入信号器件和输出信号器件分析

根据电动机运行控制要求，对控制系统输入信号器件和输出信号器件进行分析，如表 6-3 所示。

表 6-3 输入信号器件和输出信号器件

输入信号器件	输出信号器件
启动按钮 SB1	DIN1（5）
启动按钮 SB2	DIN2（6）
启动按钮 SB3	DIN3（7）
停止按钮 SB4	

步骤 2. 根据控制系统进行 PLC、变频器及触摸屏硬件的选择

PLC、变频器及触摸屏硬件的选择如表 6-4 所示。

表 6-4 PLC、变频器及触摸屏硬件的选择

硬 件 名 称	订 货 号
西门子 S7-200 PLC	6ES7 216-2BD23-0XB8
变频器	6SE6420-2UD17-5AA1
MCGS 嵌入式一体化触摸屏 TPC7062 Ti	

步骤 3. 输入信号器件和输出信号器件地址分配

PLC 输入信号器件和输出信号器件地址分配表如表 6-5 所示。

表 6-5 输入信号器件和输出信号器件地址分配表

输 入		输 出	
启动按钮 SB1	I0.0	DIN1（5）	Q0.0
启动按钮 SB2	I0.1	DIN2（6）	Q0.1
启动按钮 SB3	I0.2	DIN3（7）	Q0.2
停止按钮 SB4	I0.3		

步骤 4. 触摸屏输入操作变量和输出显示变量分配

触摸屏输入操作变量和输出显示变量分配表如表 6-6 所示。

表 6-6 触摸屏输入操作变量和输出显示变量分配表

输 入		输 出	
触摸屏启动按钮 1	V1000.0	DIN1（5）	Q0.0
触摸屏启动按钮 2	V1000.1	DIN2（6）	Q0.1

项目 6　电动机多段速 PLC 控制及 MCGS 监控

续表

输　　入		输　　出	
触摸屏启动按钮 3	V1000.2	DIN3（7）	Q0.2
触摸屏停止按钮 4	V1000.3	频率显示	VW1200

步骤 5．硬件接线图绘制

DIN 端子接线：将 DIN 端子上方用螺丝刀压住，下方出现孔，将导线插针插入孔中，将螺丝刀抽出。

电动机多段速 PLC 控制及 MCGS 监控接线图如图 6-3 所示。

讲解电动机多段速 PLC 控制及 MCGS 监控接线

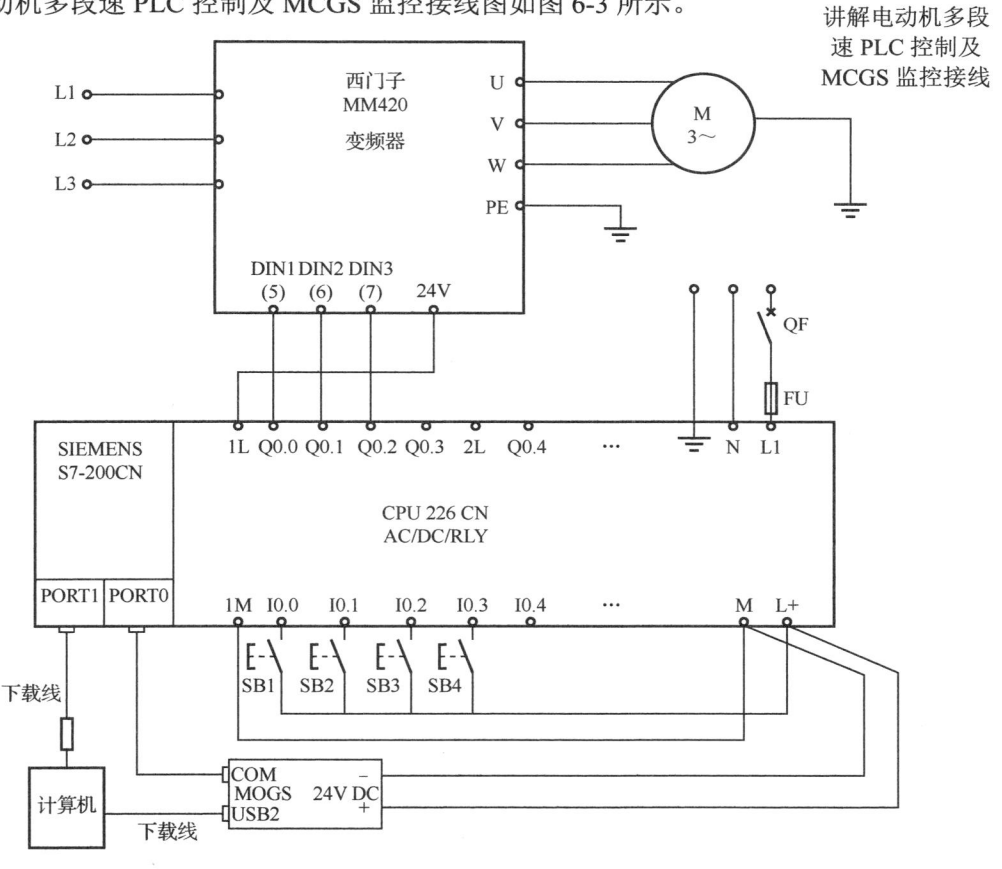

图 6-3　电动机多段速 PLC 控制及 MCGS 监控接线图

步骤 6．变频器参数设置

根据项目要求和所使用的电动机，变频器参数设置如表 6-7 所示。

步骤 7．选择 PLC 类型和建立符号表

如图 6-4 所示，选择 PLC 类型。

建立符号表如图 6-5 所示，单击"符号表"，单击"用户定义 1"。

表6-7 变频器参数设置

一、基础设置			
P0010=30 P0970=1	复位和恢复出厂设置		
P004=0	不过滤任何参数		
P0003=3	专家级		
P0010=1	快速调试		
二、电动机参数设置（以实际使用的电动机铭牌为准）			
P0100=0	设置使用地区，0=欧洲，功率以kW表示，频率为50Hz		
P304=380V	电动机的额定电压	P305=0.35A	电动机的额定电流
P307=0.06kW	电动机的额定功率	P311=1430r/min	电动机的额定转速
P310=50Hz	电动机的额定频率		
P0010=0	结束快速调试		
三、固定频率			
P003=3	专家级		
P0004=0	不过滤任何参数		
P0700=2	端子排输入		
P0701=17	二进制编码选择+ON命令（P0701～P0703=17）		
P0702=17			
P0703=17			
P1000=3	固定频率		
P1001=10Hz	可更改频率值		
P1002=25Hz	可更改频率值		
P1003=40Hz	可更改频率值		

图6-4 选择PLC类型

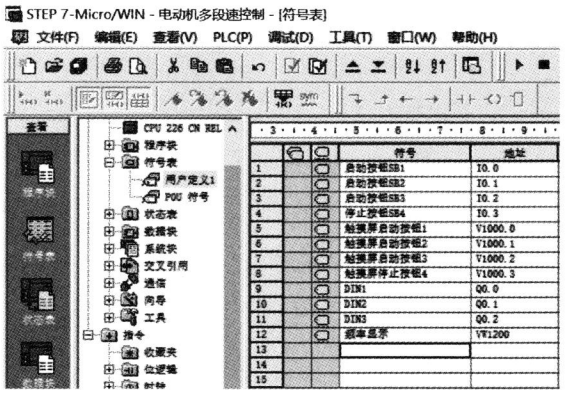

图6-5 建立符号表

项目 6　电动机多段速 PLC 控制及 MCGS 监控

步骤 8. PLC 程序设计

根据项目要求编写程序，如图 6-6 所示。

网络 1　网络标题

启动按钮S~:I0.0 ─┤├─ 触摸屏~:V1000.1 ─┤/├─ 触摸屏~:V1000.2 ─┤/├─ 启动按钮S~:I0.1 ─┤/├─ 启动按钮S~:I0.2 ─┤/├─ 触摸屏~:V1000.3 ─┤/├─ 停止按钮S~:I0.3 ─┤/├─ M0.1 ─┤/├─ M0.2 ─┤/├─ M0.0 ─( )

├─ M0.0 ─┤├─
└─ 触摸屏~:V1000.0 ─┤├─

符号	地址	注释
触摸屏启动按钮1	V1000.0	
触摸屏启动按钮2	V1000.1	
触摸屏启动按钮3	V1000.2	
触摸屏停止按钮4	V1000.3	
启动按钮SB1	I0.0	
启动按钮SB2	I0.1	
启动按钮SB3	I0.2	
停止按钮SB4	I0.3	

网络 2

启动按钮S~:I0.1 ─┤├─ 触摸屏~:V1000.0 ─┤/├─ 触摸屏~:V1000.2 ─┤/├─ 启动按钮S~:I0.0 ─┤/├─ 启动按钮S~:I0.2 ─┤/├─ 触摸屏~:V1000.3 ─┤/├─ 停止按钮S~:I0.3 ─┤/├─ M0.0 ─┤/├─ M0.2 ─┤/├─ M0.1 ─( )

├─ M0.1 ─┤├─
└─ 触摸屏~:V1000.1 ─┤├─

符号	地址	注释
触摸屏启动按钮1	V1000.0	
触摸屏启动按钮2	V1000.1	
触摸屏启动按钮3	V1000.2	
触摸屏停止按钮4	V1000.3	
启动按钮SB1	I0.0	
启动按钮SB2	I0.1	
启动按钮SB3	I0.2	
停止按钮SB4	I0.3	

网络 3

启动按钮S~:I0.2 ─┤├─ 触摸屏~:V1000.0 ─┤/├─ 触摸屏~:V1000.1 ─┤/├─ 启动按钮S~:I0.0 ─┤/├─ 启动按钮S~:I0.1 ─┤/├─ 触摸屏~:V1000.3 ─┤/├─ 停止按钮S~:I0.3 ─┤/├─ M0.0 ─┤/├─ M0.1 ─┤/├─ M0.2 ─( )

├─ M0.2 ─┤├─
└─ 触摸屏~:V1000.2 ─┤├─

符号	地址	注释
触摸屏启动按钮1	V1000.0	
触摸屏启动按钮2	V1000.1	
触摸屏启动按钮3	V1000.2	
触摸屏停止按钮4	V1000.3	
启动按钮SB1	I0.0	
启动按钮SB2	I0.1	
启动按钮SB3	I0.2	
停止按钮SB4	I0.3	

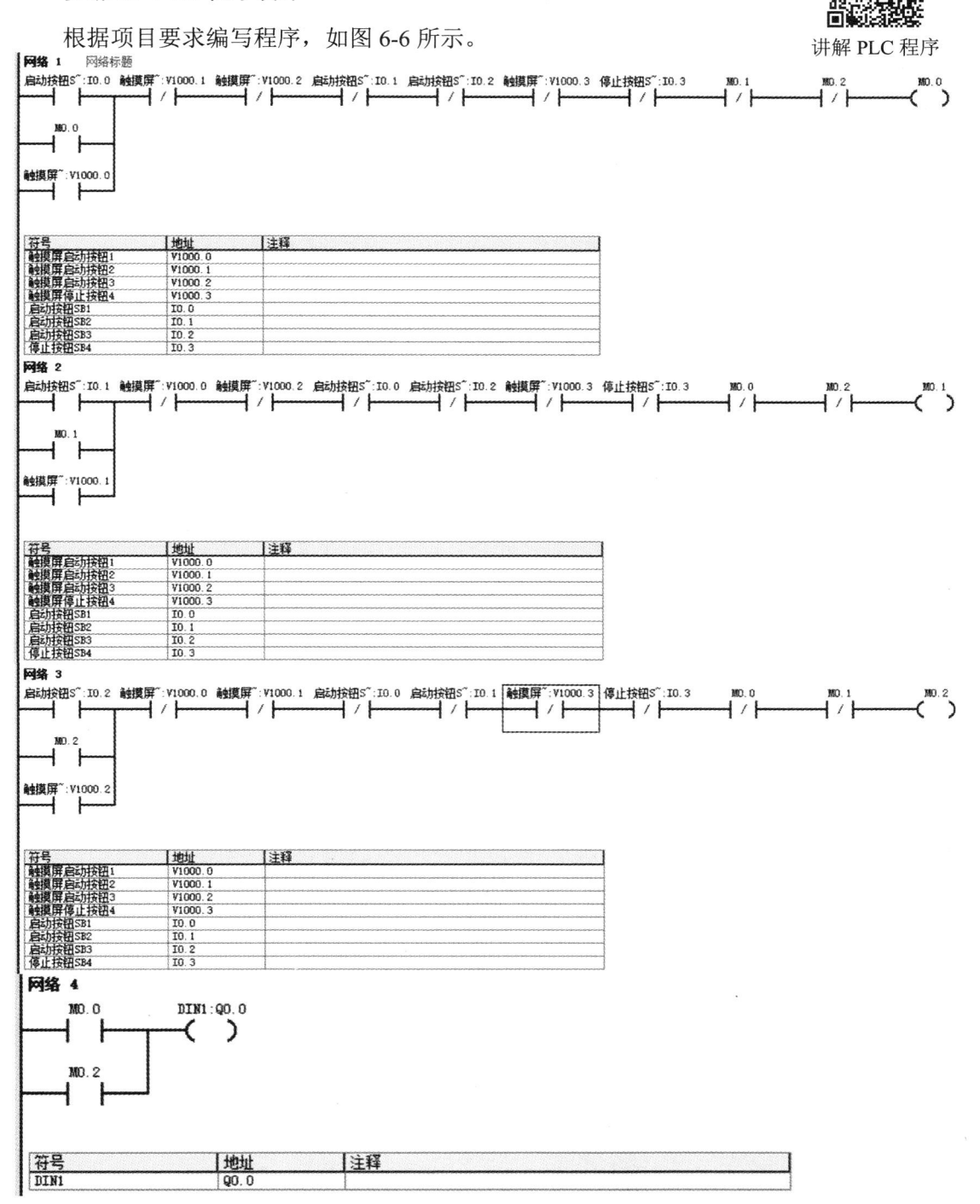

网络 4

M0.0 ─┤├─ DIN1:Q0.0 ─( )
├─ M0.2 ─┤├─

符号	地址	注释
DIN1	Q0.0	

图 6-6　编写程序

网络 5

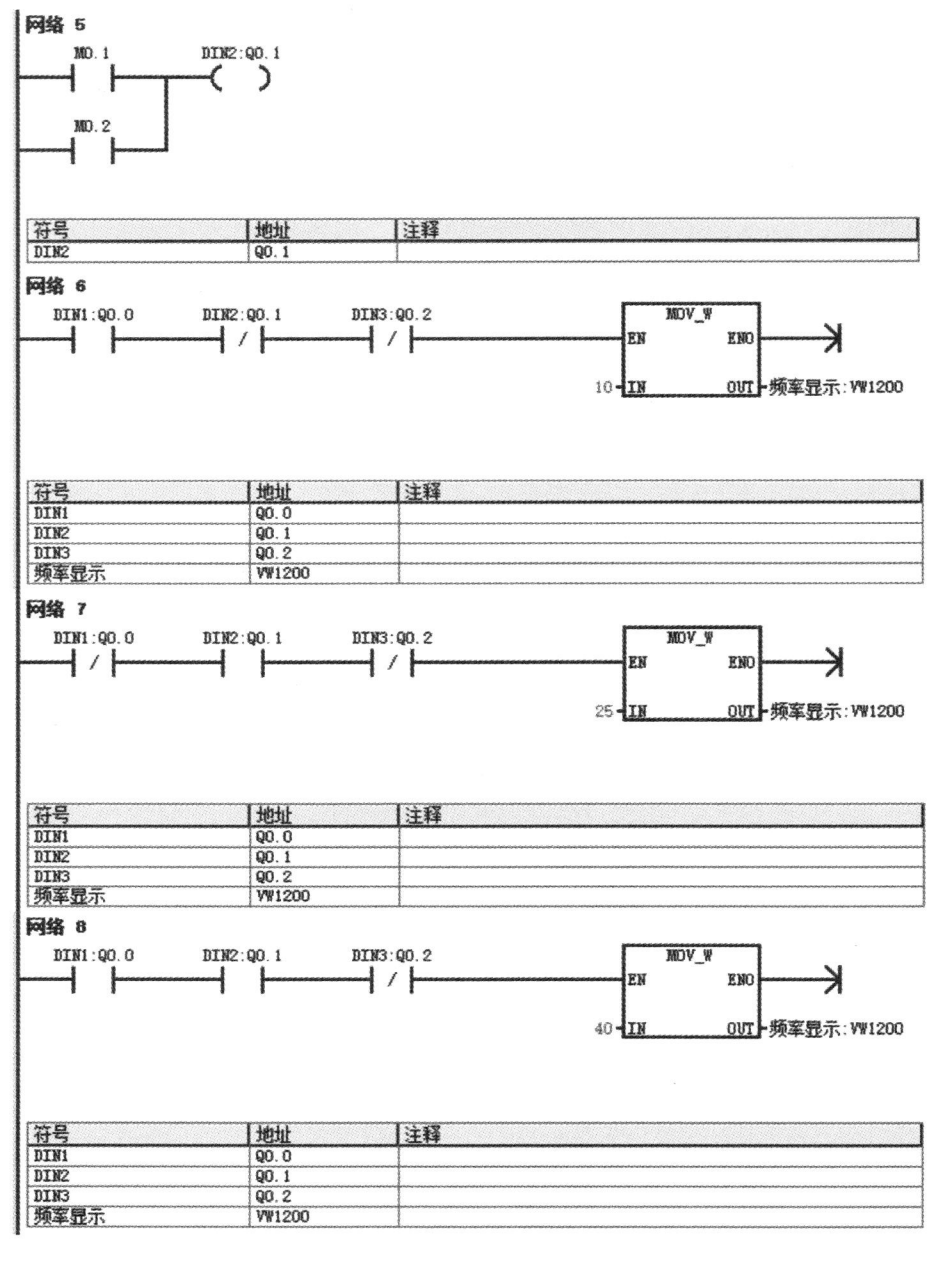

```
    M0.1         DIN2:Q0.1
────┤ ├──────────(  )
    │
    M0.2
────┤ ├──
```

符号	地址	注释
DIN2	Q0.1	

网络 6

```
 DIN1:Q0.0   DIN2:Q0.1   DIN3:Q0.2        MOV_W
────┤ ├────────┤/├─────────┤/├────────────EN  ENO
                                       10─IN  OUT──频率显示:VW1200
```

符号	地址	注释
DIN1	Q0.0	
DIN2	Q0.1	
DIN3	Q0.2	
频率显示	VW1200	

网络 7

```
 DIN1:Q0.0   DIN2:Q0.1   DIN3:Q0.2        MOV_W
────┤/├────────┤ ├─────────┤/├────────────EN  ENO
                                       25─IN  OUT──频率显示:VW1200
```

符号	地址	注释
DIN1	Q0.0	
DIN2	Q0.1	
DIN3	Q0.2	
频率显示	VW1200	

网络 8

```
 DIN1:Q0.0   DIN2:Q0.1   DIN3:Q0.2        MOV_W
────┤ ├────────┤ ├─────────┤/├────────────EN  ENO
                                       40─IN  OUT──频率显示:VW1200
```

符号	地址	注释
DIN1	Q0.0	
DIN2	Q0.1	
DIN3	Q0.2	
频率显示	VW1200	

图 6-6　编写程序（续）

讲解 MCGS 触摸屏监控画面设计

步骤 9．MCGS 触摸屏监控画面设计

双击 MCGS 触摸屏软件图标，打开软件，单击"新建"按钮，选择触摸屏类型 TPC7062Ti，单击"确定"按钮，如图 6-7 所示。

在工作台界面，单击"主控窗口"，在下方出现主控窗口，如图 6-8 所示。

项目 6 电动机多段速 PLC 控制及 MCGS 监控

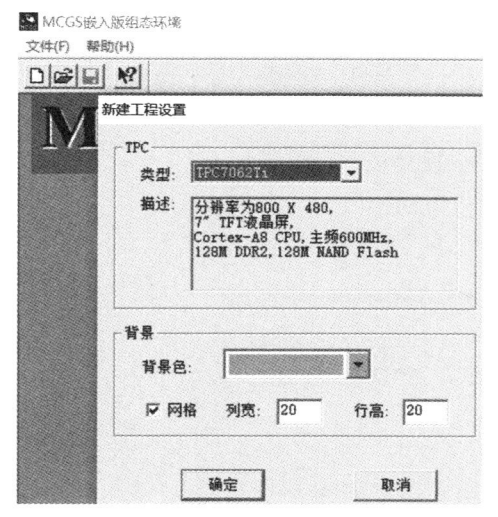

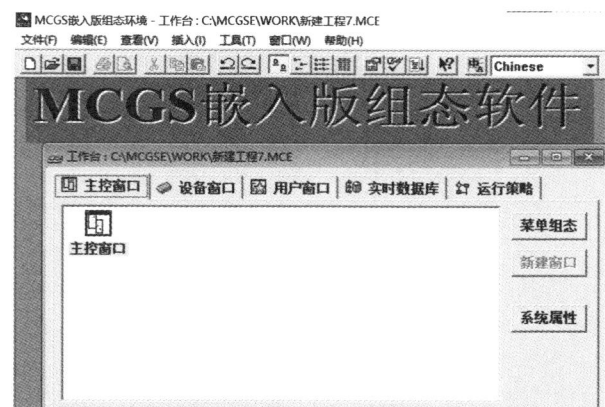

图 6-7 选择触摸屏类型 TPC7062Ti

图 6-8 主控窗口

单击"设备窗口"图标，下方出现设备窗口，如图 6-9 所示。

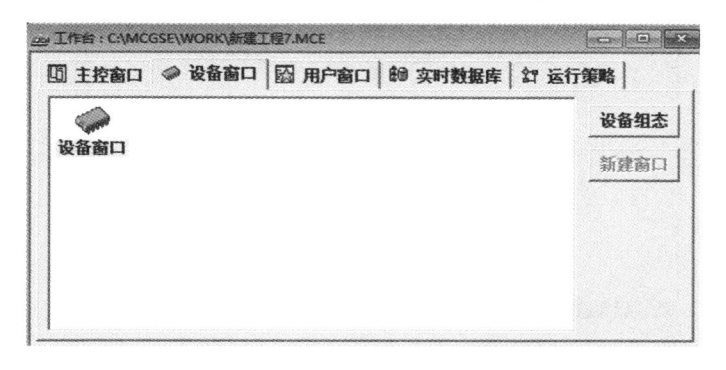

图 6-9 设备窗口

双击"设备窗口"图标，出现"设备组态：设备窗口"对话框，单击工具条中的工具箱图标 ，打开"设备工具箱"窗口，如图 6-10 所示。

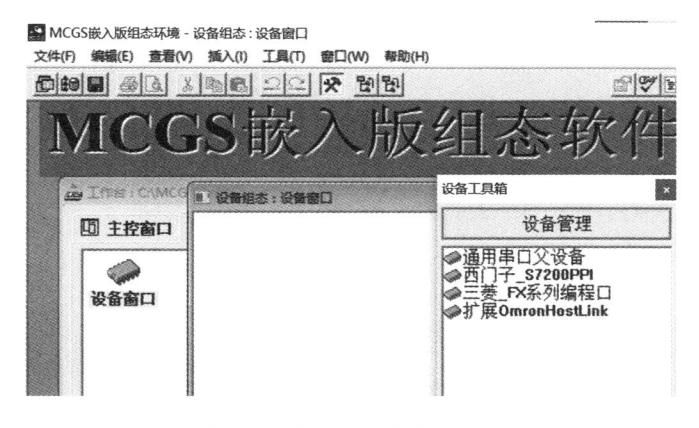

图 6-10 "设备工具箱"窗口

双击"通用串口父设备"项,双击"西门子_S7200PPI"项,会出现"是否使用"西门子_S7200PPI"驱动的默认通讯参数设置串口父设备参数?"提示,单击"是"按钮,设备组态如图 6-11 所示。

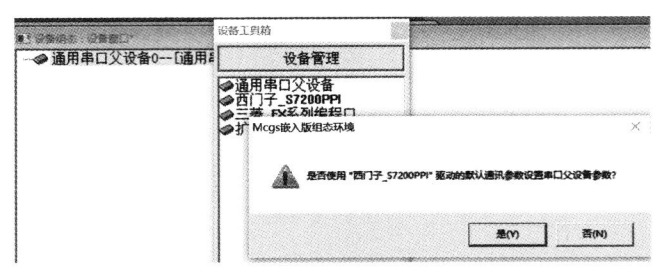

图 6-11 设备组态

双击"通用串口父设备 0"项,通用串口设备属性编辑如图 6-12 所示,参数设置参见 5.3.1 小节。

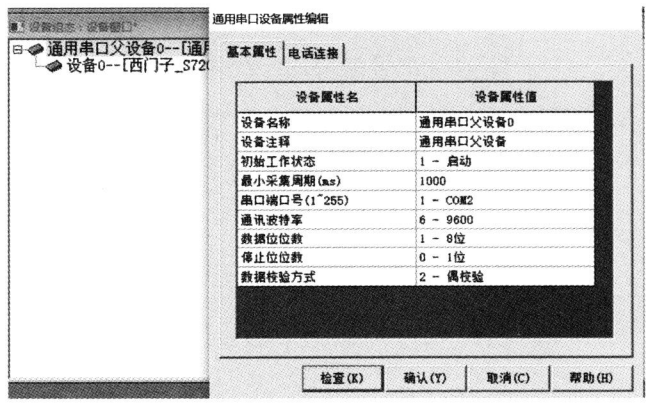

图 6-12 通用串口设备属性编辑

双击"西门子_S7200PPI","设备地址"为 2,单击"删除全部通道"按钮,单击"是"按钮,如图 6-13 所示,参数设置参见 5.3.1 小节。

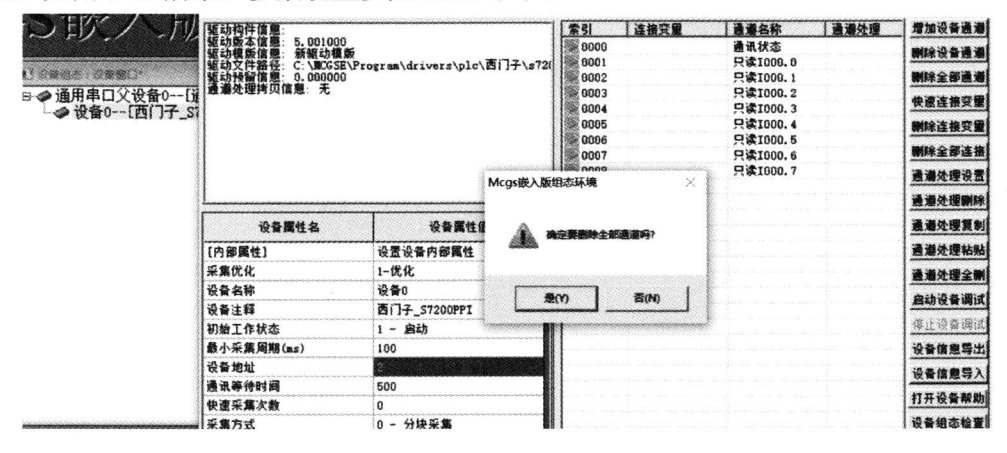

图 6-13 设备属性

项目 6 电动机多段速 PLC 控制及 MCGS 监控

单击"增加设备通道"按钮,建立变量 V1000.0,"通道类型"为"V 寄存器","通道地址"为"1000","数据类型"为"通道的第 00 位","通道个数"为"1","读写方式"选择"读写",单击"确认"按钮,如图 6-14 所示。

图 6-14 建立变量 V1000.0

用同样的方式,根据 MCGS 触摸屏输入信号器件和输出信号器件地址分配表建立变量,如图 6-15 所示。

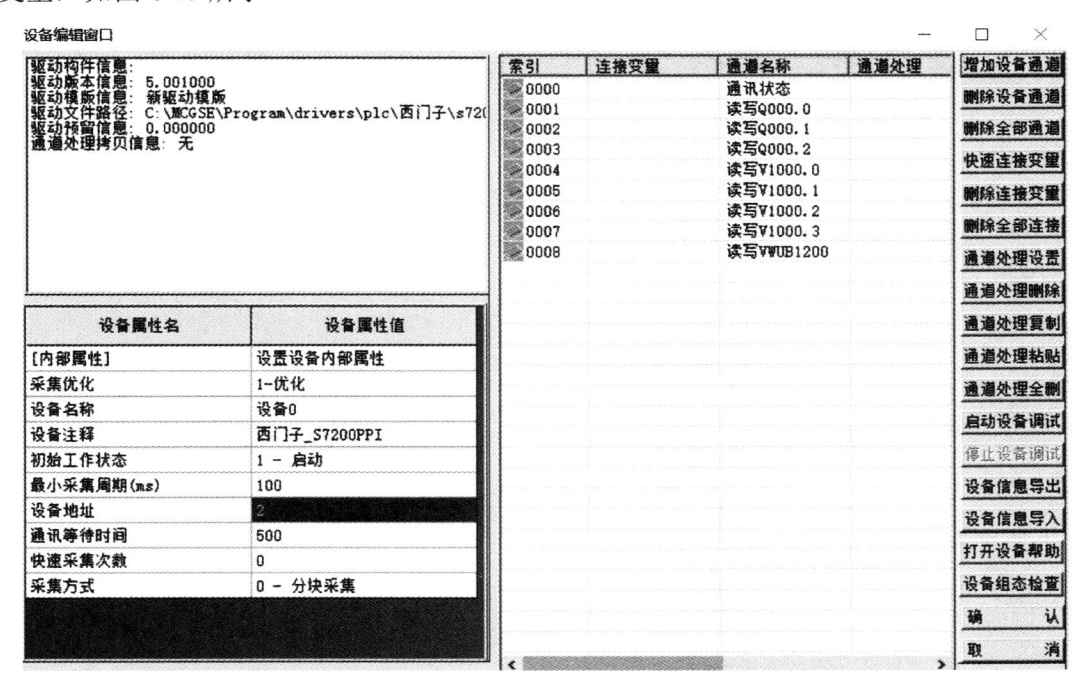

图 6-15 建立变量

单击"工作台"按钮,如图 6-16 所示。
单击"实时数据库",单击"新增对象"按钮 8 次,如图 6-17 所示。

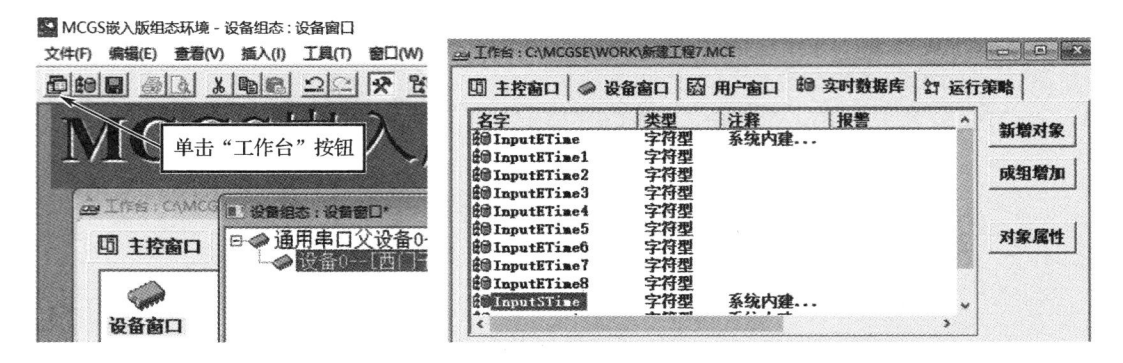

图 6-16 单击"工作台"按钮 1   图 6-17 新增对象

双击"InputETime1"项,单击"基本属性"选项卡,"对象名称"为"触摸屏启动按钮 1","对象类型"选择"开关",单击"确认"按钮,数据对象属性设置如图 6-18 所示。

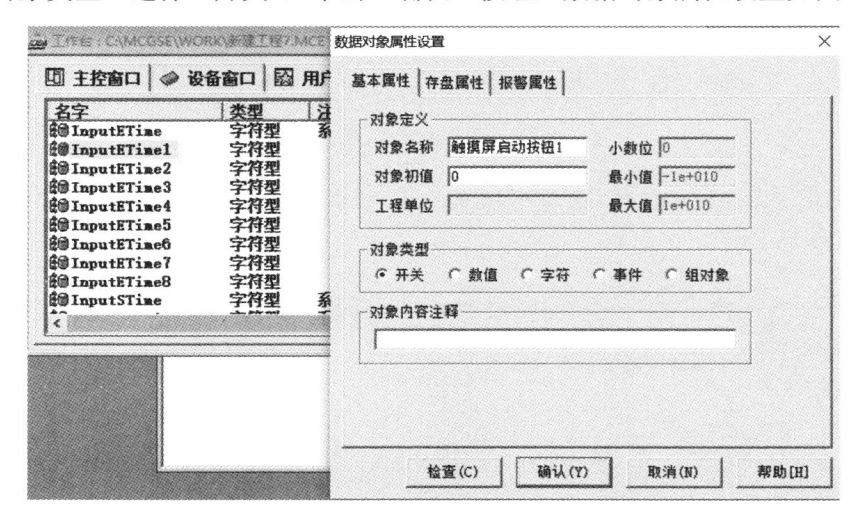

图 6-18 数据对象属性设置

用同样的操作方式,根据表 6-6 触摸屏输入操作变量和输出显示变量分配表,建立实时数据库,如图 6-19 所示。

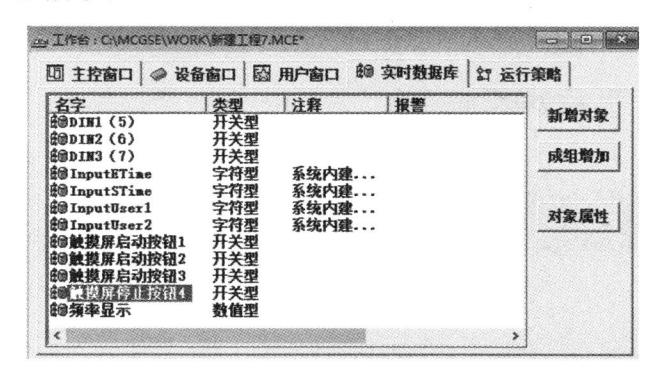

图 6-19 建立实时数据库

项目6 电动机多段速 PLC 控制及 MCGS 监控

单击"工作台"按钮,双击"设备窗口",双击"设备 0--[西门子_S7200PPI]",双击"读写 Q000.0",设备编辑窗口如图 6-20 所示。

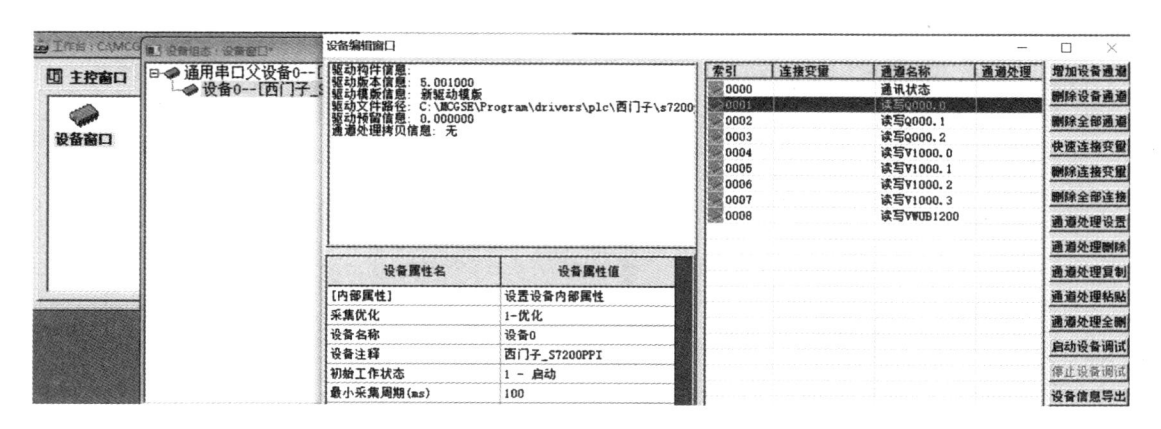

图 6-20 设备编辑窗口 1

"选择变量"为"DIN1(5)",单击"确认"按钮,如图 6-21 所示。

图 6-21 选择变量

用同样的方式进行设备编辑,如图 6-22 所示。

单击"工作台"按钮,如图 6-23 所示。

单击"用户窗口",单击"新建窗口",双击"窗口 0",新建窗口,如图 6-24 所示。

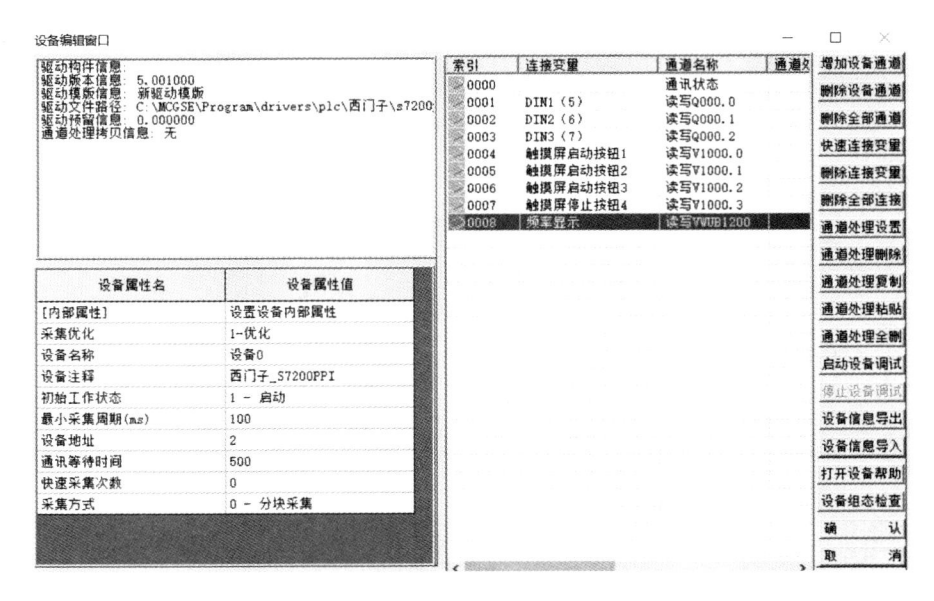

图 6-22 设备编辑窗口 2

图 6-23 单击"工作台"按钮 2

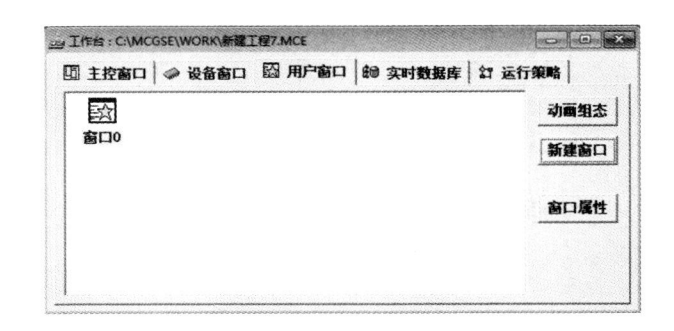

图 6-24 新建窗口

单击标准按钮 ┘，然后按住鼠标左键将窗口 0 拖放至适当大小，松开鼠标左键，得到按钮图形，如图 6-25 所示。

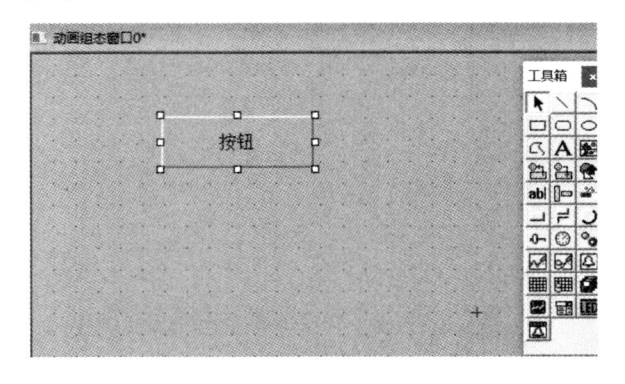

图 6-25 制作按钮

项目6 电动机多段速 PLC 控制及 MCGS 监控

双击"按钮",单击"基本属性"选项卡,在"文本"中输入"触摸屏启动按钮 1",如图 6-26 所示。

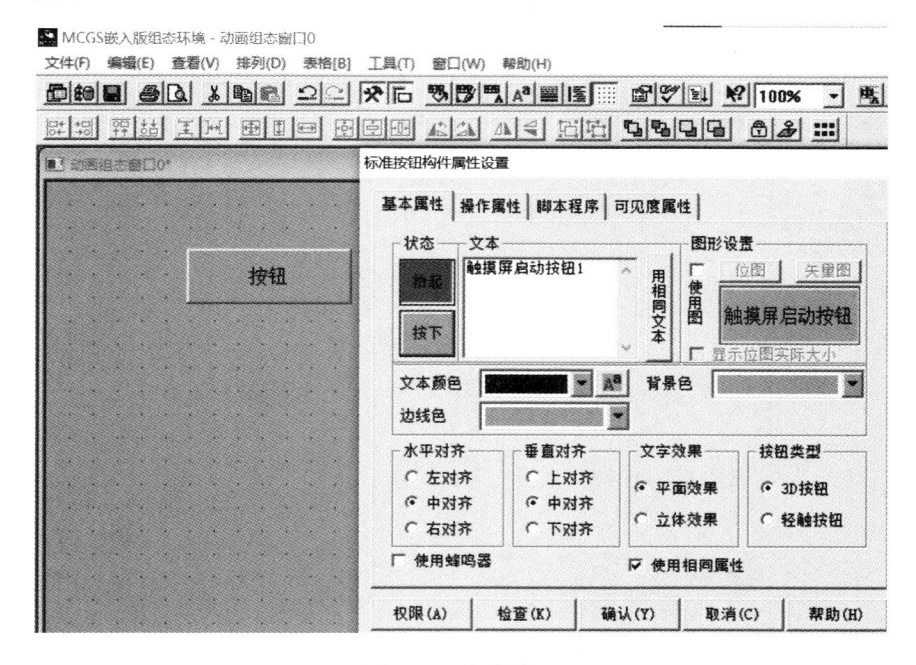

图 6-26 文本输入

单击"操作属性",单击"按下功能"选项卡,勾选"数据对象值操作"复选框,选择"置 1",单击"?"按钮,如图 6-27 所示。

图 6-27 设置按下功能

单击"触摸屏启动按钮 1",单击"确认"按钮,如图 6-28 所示。

图 6-28 变量选择 1

单击"抬起功能",勾选"数据对象值操作"复选框,选择"清 0",单击"?"按钮,如图 6-29 所示。

按照同样的方式制作其他按钮,如图 6-30 所示。

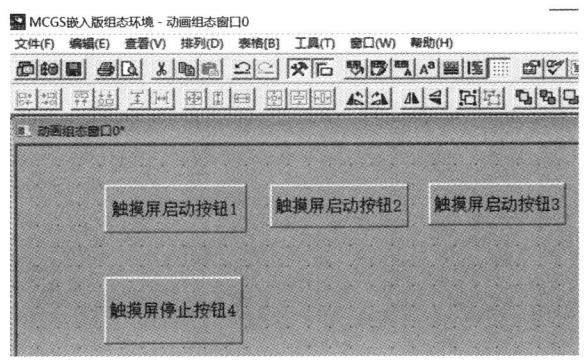

图 6-29 设置抬起功能　　　　　　　　　图 6-30 制作其他按钮

从工具箱中单击"标签 A",文本输入:DIN3(7),如图 6-31 所示。

单击插入变量按钮,如图 6-32 所示。

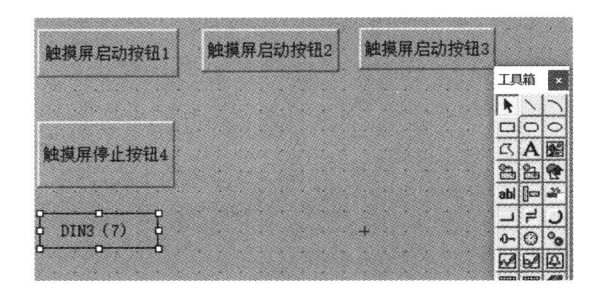

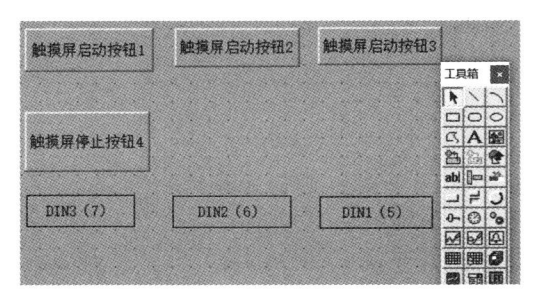

图 6-31 文本输入　　　　　　　　　图 6-32 单击插入变量按钮

项目6 电动机多段速 PLC 控制及 MCGS 监控

单击"指示灯6",单击"确定"按钮,如图 6-33 所示。

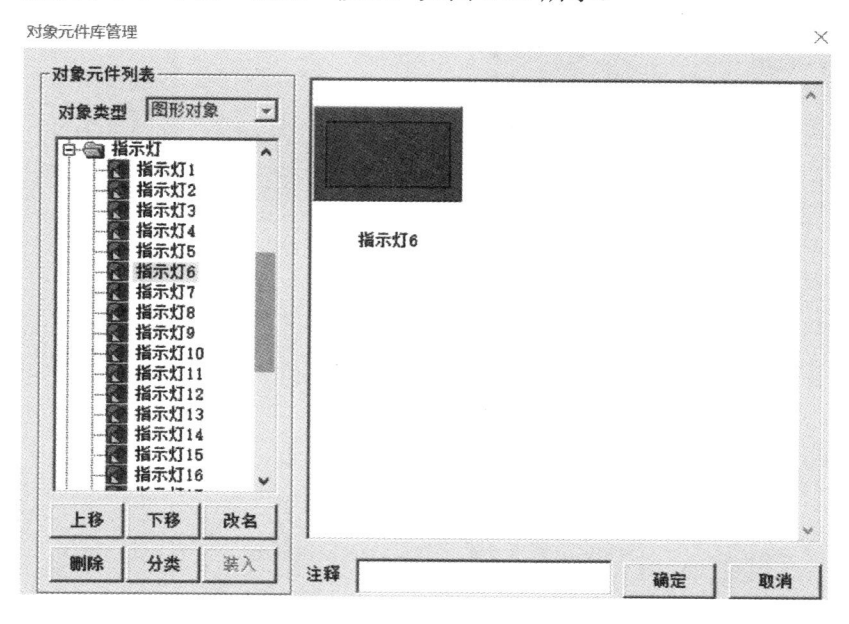

图 6-33 选择指示灯 6

双击"指示灯图形",单击"数据对象",单击"填充颜色",单击"?"按钮,单击"确认"按钮,填充颜色,如图 6-34 所示。

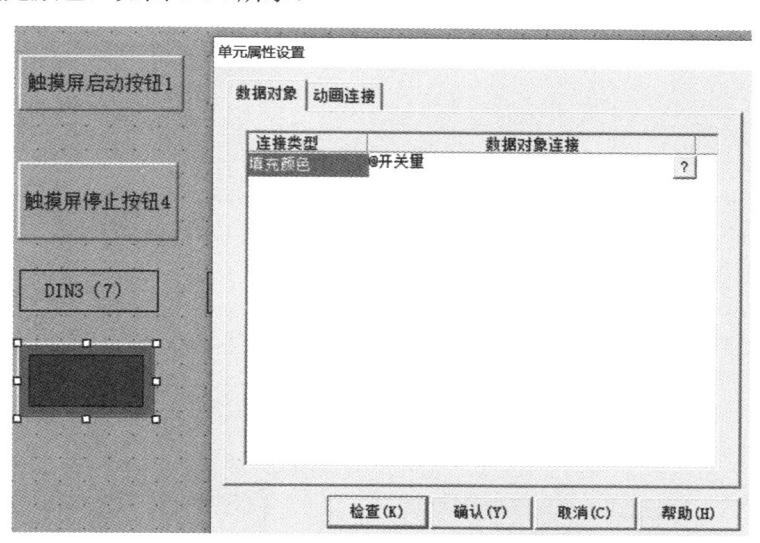

图 6-34 填充颜色 1

选择变量:DIN3(7),单击"确认"按钮,如图 6-35 所示。

单击"动画连接",单击"填充颜色",单击 > 按钮,填充颜色,如图 6-36 所示。

单击"填充颜色",可以双击对应颜色,更改颜色,如图 6-37 所示。采用相同的方式操作,完成 DIN2(6)和 DIN1(5)的颜色填充。

图 6-35　变量选择 2

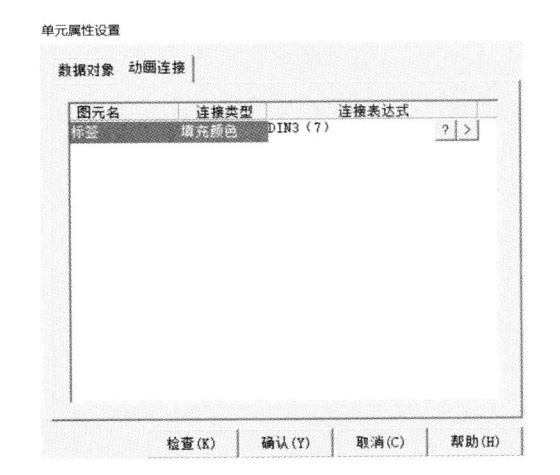

图 6-36　填充颜色 2

图 6-37　更改颜色

单击输入框按钮 **abl**，按住鼠标左键将其拖放到指定区域，输入框如图 6-38 所示。

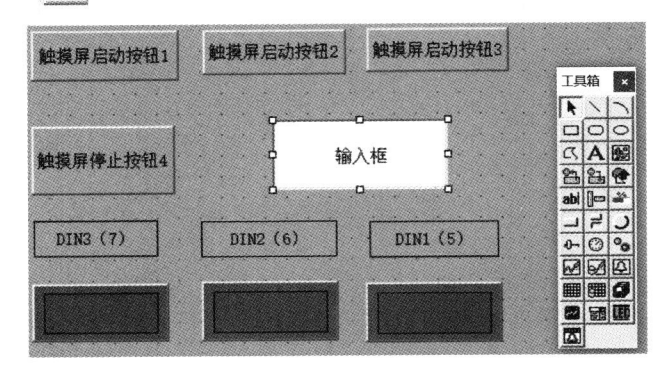

图 6-38　输入框

项目6 电动机多段速 PLC 控制及 MCGS 监控

双击输入框图形 输入框 ，出现"输入框构件属性设置"对话框，单击"操作属性"，单击"？"按钮，如图 6-39 所示。

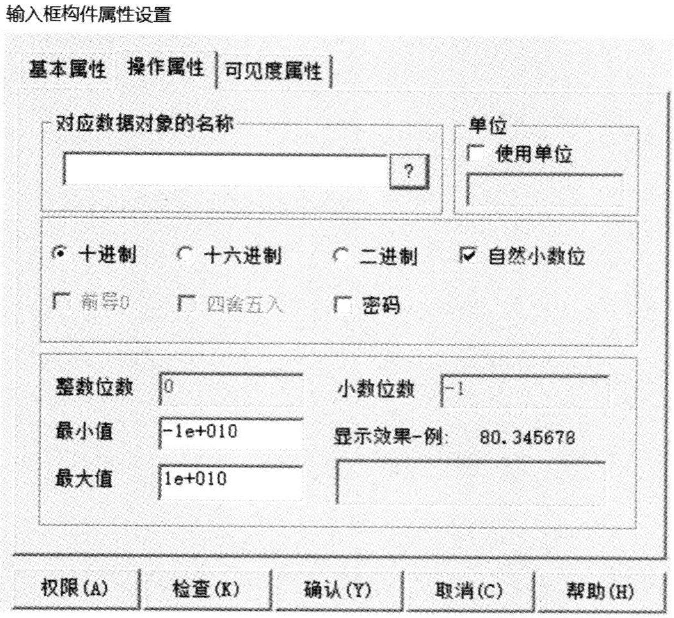

图 6-39 "输入框构件属性设置"对话框

"选择变量"为"频率显示"，单击"确认"按钮，如图 6-40 所示。

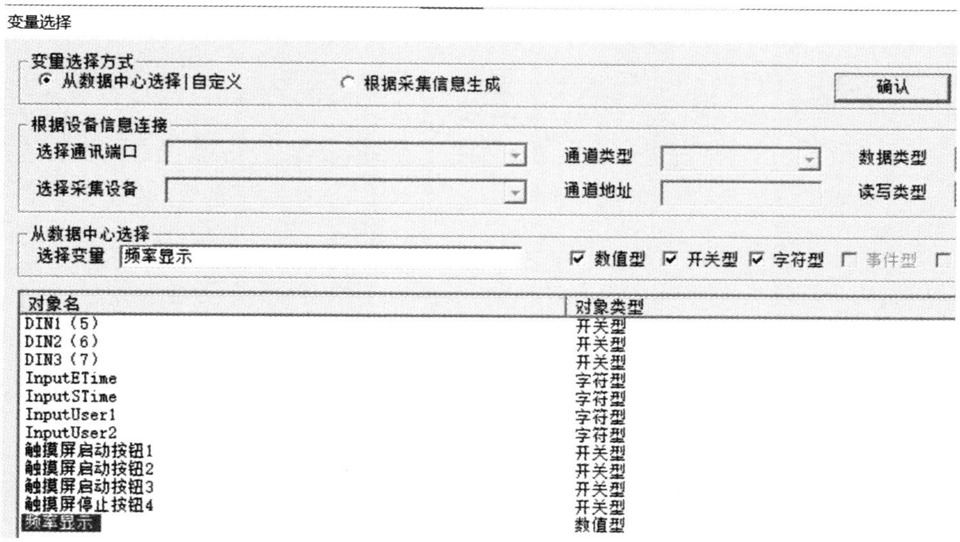

图 6-40 变量选择 3

单击"可见度属性"，单击"？"按钮，如图 6-41 所示。

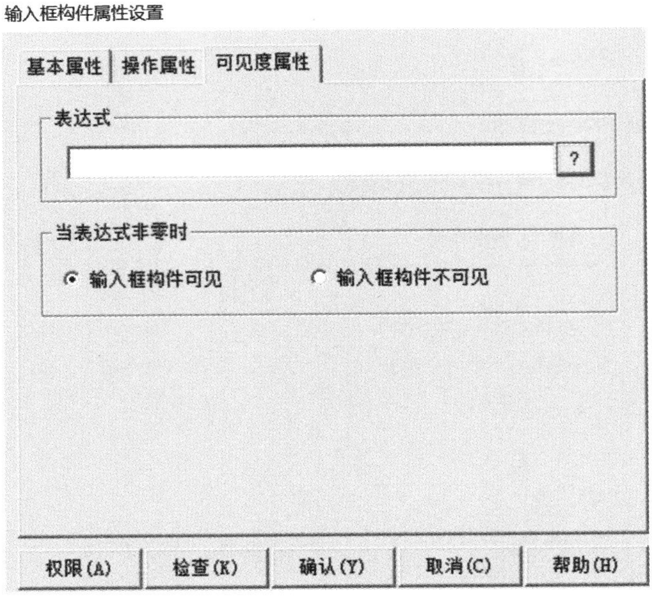

图 6-41 设置可见度属性

"选择变量"为"频率显示",单击"确认"按钮,如图 6-42 所示。

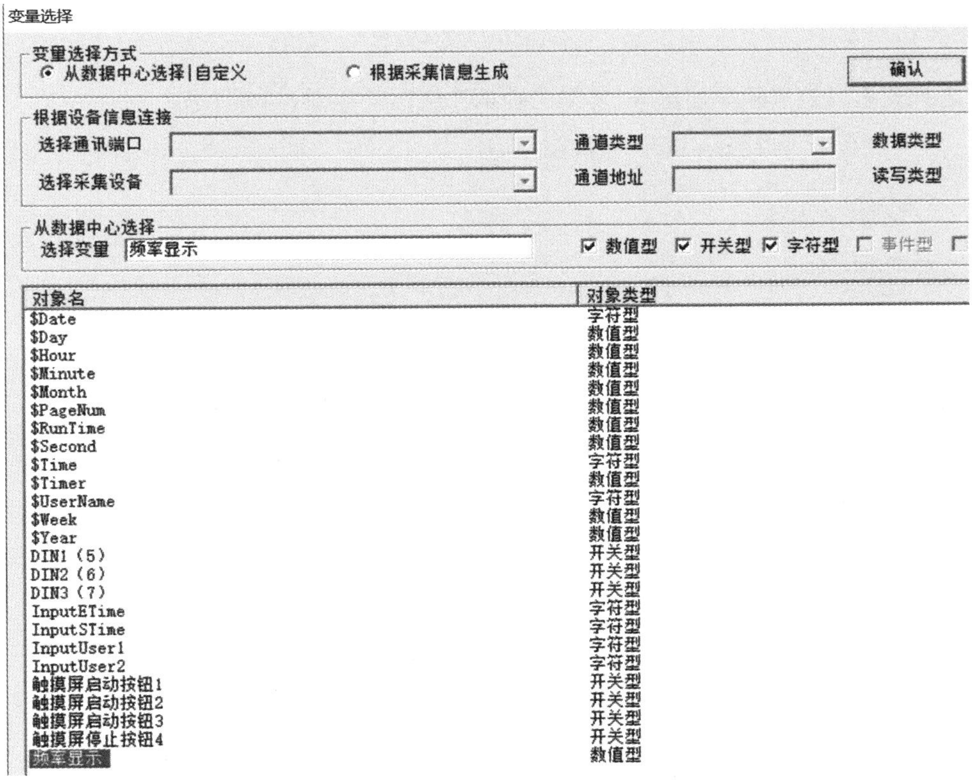

图 6-42 变量选择 4

项目 6 电动机多段速 PLC 控制及 MCGS 监控

如图 6-43 所示，单击"确认"按钮。
如图 6-44 所示，单击"保存"按钮。

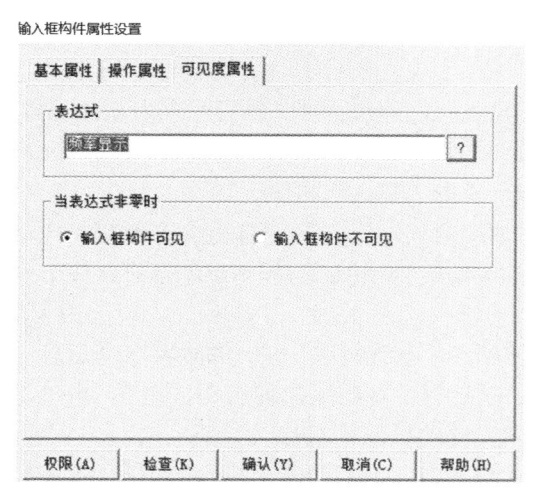

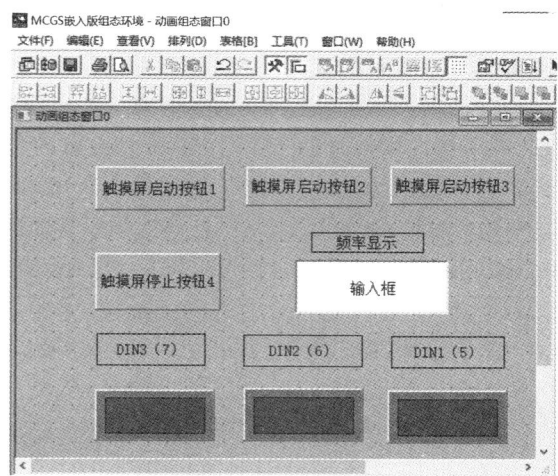

图 6-43 输入框构件属性设置   图 6-44 保存 1

还可以选择工程另存为，修改文件名和保存路径，单击"保存"按钮，如图 6-45 所示。保存，如图 6-46 所示。

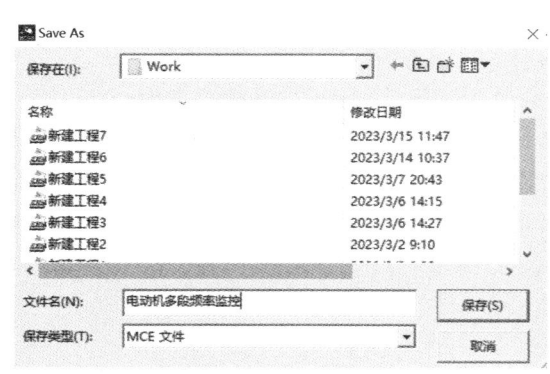

图 6-45 工程另存为   图 6-46 保存 2

如图 6-47 所示，单击"是"按钮，存盘。

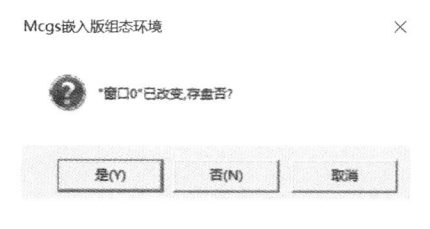

图 6-47 存盘

步骤 10. 联机调试

在断电情况下，根据电动机多段速 PLC 控制图进行 PLC 与外部器件的正确接线，通电。利用 PLC 控制程序下载，PLC 程序下载参考 2.6 节相关知识 4。触摸屏下载参考 5.3.3 小节 MCGS 触摸屏下载。

在程序编辑界面单击"系统块"，PLC 端口 0 的 PLC 地址为 2，通信速率为 9.6kbps。PLC 端口 0 与硬件 PLC 的 PORT0 对应，PORT0 通过通信线连接 MCGS 触摸屏 COM 接口，触摸屏的设备地址为 2，通信速率为 6～9600bps，单击"确认"按钮。

（1）按下启动按钮 SB1，电动机以 10Hz 的频率启动运行；按下启动按钮 SB2，电动机以 25Hz 的频率启动运行；按下启动按钮 SB3，电动机以 40Hz 的频率启动运行；按下停止按钮 SB4，电动机停止运行。

（2）在 MCGS 触摸屏上，按下触摸屏启动按钮 1，电动机以 10Hz 的频率启动运行；按下触摸屏启动按钮 2，电动机以 25Hz 的频率启动运行；按下触摸屏启动按钮 3，电动机以 40Hz 的频率启动运行；按下触摸屏停止按钮 4，电动机停止运行。

（3）在 MCGS 触摸屏上显示电动机的运行频率值，还能通过指示灯颜色变化显示变频器 DIN3（7 号端子）、DIN2（6 号端子）和 DIN1（5 号端子）的状态。

若满足上述要求，则说明联机调试成功。若不能满足上述要求，则检查原因，纠正错误，重新调试，直到满足要求为止。

6.5 巩固练习

1. 完成电动机 5 段速的变频器操作面板的参数设置。
2. 完成电动机 5 段速 PLC 控制及 MCGS 监控，具体要求如下。

按下启动按钮 SB1，电动机以 10Hz 的频率启动运行，10s 后电动机以 20Hz 的频率启动运行，再经过 10s 后电动机以 30Hz 的频率启动运行，再经过 10s 后电动机以 40Hz 的频率启动运行，再经过 10s 后电动机以 50Hz 的频率启动运行，再经过 10s 后电动机以 10Hz 的频率启动运行，按此方式不断循环，按下停止按钮 SB2，电动机停止运行。电动机在不同频率下运行时，在触摸屏上会显示电动机的运行频率。

项目 7　S7-200 PLC 与变频器 MM420 之间的 USS 通信

7.1　项目要求

用一台 CPU224 XP CN 对变频器 MM420 进行 USS 通信，控制一台三相异步电动机。通过状态表可以设定变频器频率，通过按钮启动或停止变频器，还可以改变电动机的旋转方向。

电动机参数：额定电压 380V；额定电流 0.18A；额定功率 0.03kW；额定频率 50Hz；额定转速 1300r/min。

7.2　学习目标

1. 掌握初始化指令 USS-INIT 的应用方法。
2. 掌握控制指令 USS-CTRL 的应用方法。
3. 熟悉 S7-200 PLC 与变频器 MM420 进行 USS 通信的硬件连接方法。
4. 掌握 S7-200 PLC 与变频器 MM420 进行 USS 通信的编程方法。

7.3　相关知识

S7-200 PLC 与西门子 MicroMaster 系列变频器（如 MM440、MM420、MM430、MM3 系列）之间使用 USS 通信协议进行通信。STEP 7-Micro/WIN 软件中必须安装指令库 Toolbox。

使用 USS 指令库必须满足以下需求。

（1）初始化 USS 协议将端口 0 指定用于 USS 通信。使用 USS-INIT 指令为端口 0 选择 USS 协议。选择 USS 协议与驱动器通信后，端口 0 将不能用于其他操作，包括与 STEP 7-Micro/WIN 通信。

（2）应该使用带两个通信端口的 S7-200 CPU，如 CPU226 CN、CPU224 XP CN 等，一个口用 USS 协议，另一个口用 PPI 协议。

西门子自动化产品的小型变频器与 S7-200 PLC 之间的通信只能采用 USS 方式。USS 协议为主从总线结构，S7-200 PLC 作为主站，变频器作为从站，用户使用指令可以方便地对变频器进行控制，包括变频器启动或停止、频率给定、参数读取和修改等。

使用 USS 协议，采用两线制 RS-485 接口，以 USS 协议作为现场监控和调试协议，每台通用变频器都有一个从站号，主站依靠它来识别每台变频器。

7.3.1 初始化指令 USS_INIT

在程序编辑器界面中，在左侧目录树中双击 USS_INIT 指令，会出现指令框图，如图 7-1 所示。初始化指令端子应用如表 7-1 所示。

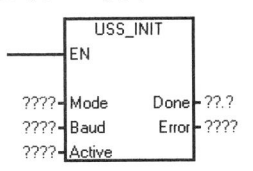

```
        USS_INIT
       ─┤EN
????──┤Mode    Done├──??.?
????──┤Baud    Error├──????
????──┤Active
```

图 7-1　指令框图

表 7-1　初始化指令端子应用

端子	数据类型	功能描述
EN	BOOL	只需要在程序中执行一个周期就能改变通信接口的功能，以及进行其他一些必要的初始设置，因此可以使用 SM0.1 调用 USS_INIT 指令
Mode	BYTE	选择通信协议，设置 1 将 PORT 0 分配给 USS 协议，并启用该协议；设置 0 将 PORT 0 分配给 PPI，并禁止 USS 协议
Baud	DWORD	将通信速率设置为 1200bps、2400bps、4800bps、9600bps、19200bps、38400bps、57600bps、115200bps
Active	DWORD	指出与之通信的变频器的站地址，该参数是一个双字
Done	BOOL	当 USS_INIT 指令完成时，Done 输出打开
Error	BYTE	错误代码

初始化指令用于启用或禁止变频器通信。在使用任何其他 USS 协议指令之前，必须先执行 USS_INIT 指令，且没有错误。只有该指令完成，才能执行下一条指令。

Active 参数确定如表 7-2 所示。

表 7-2　Active 参数确定

D31	…	D13	D12	D11	D10	D9	D8	D7	D6	D5	D4	D3	D2	D1	D0
	…														

D0（0 号）～D31（31 号）代表 32 台变频器，要激活某一台变频器，就将其置为 1，如果将 0 号变频器（Drive=0）激活，其十六进制表示为 16#1（Active=1）。如果将 1 号变频器（Drive=1）激活，其十六进制表示为 16#2（Active=2）；如果将 2 号变频器（Drive=2）激活，其十六进制表示为 16#4（Active=4）；如果将 3 号变频器（Drive=3）激活，其十六进制表示为 16#8（Active=8）；如果将 0～3 号变频器（Drive=0，Drive=1，Drive=2，Drive=3）全部激活，其十六进制表示为 16#F（Active=F）；其他以此类推。

7.3.2 控制指令 USS_CTRL

控制指令 USS_CTRL 用于控制变频器，在 USS_INIT 指令的 Active 参数中选择该变频

项目 7 S7-200 PLC 与变频器 MM420 之间的 USS 通信

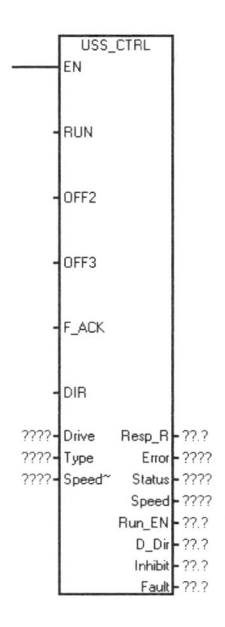

器,仅限为每台变频器指定一条 USS_CTRL 指令,USS_CTRL 指令如图 7-2 所示。USS_CTRL 指令端子应用如表 7-3 所示。

图 7-2 USS_CTRL 指令

表 7-3 USS_CTRL 指令端子应用

端子	数据类型	功能描述
EN	BOOL	使能,启用 USS_CTRL 指令,该指令应当始终启用
RUN	BOOL	运行,表示变频器是打开(1)还是关闭(0)。当 RUN 运行时,变频器收到一条命令,按指定的速度和方向开始运行。为了使变频器运行,必须符合 3 个条件,分别是 Drive(变频器)在 USS_INIT 中必须被选为 Active 激活;OFF2、OFF3 必须被设为 0;Fault(故障)、Inhibit(禁止)必须为 0。当 RUN 关闭时,会向变频器发出一条指令,将速度降低,直至电动机停止
OFF2	BOOL	命令变频器迅速停止
OFF3	BOOL	允许变频器滑行至停止,也称惯性自由停止
F_ACK	BOOL	故障确认。驱动器发生故障,如果造成故障的原因已排除,那么使用此输入端(从"0"转到"1")清除驱动装置的报警状态
DIR	BOOL	运行方向位:DIR=1,顺时针旋转;DIR=0,逆时针旋转
Drive	BYTE	通信变频器的编号,向该地址发送 USS_CTRL 指令,有效地址:D0(0 号)~D31(31 号)变频器
Type	BYTE	变频器类型,3 版本(或更早版本)变频器的类型为 0;4 版本变频器的类型为 1
Speed_SP	REAL	速度设定值,作为全速百分比的变频器速度,负值会使驱动器反向旋转,其范围为 -200.0%~200%
Resp_R	BOOL	确认变频器收到应答,对所有激活的变频器进行轮询,查找最新变频器状态信息
Error	BYTE	最新通信请求结果的错误字节
Status	WORD	变频器返回的状态字原始数值

续表

端　子	数据类型	功能描述
Speed	REAL	全速百分比的驱动器速度，范围为-200.0%~200%
Run_EN		表示变频器是运行（1），还是停止（0）
D_Dir	BOOL	表示变频器的旋转方向
Inhibit	BOOL	表示变频器的禁止位状态，0是不禁止，1是禁止。要清除禁止位，必须关闭"故障"位，也必须关闭RUN（运行）、OFF2、OFF3
Fault	BOOL	故障位状态，"0"为无故障，"1"为故障

7.4　项目解决步骤

步骤1．硬件和软件配置

硬件配置如下。

（1）S7-200 PLC（CPU224 XP CN）1台。

（2）变频器MM420和三相异步电动机各一台。

（3）带编程口的DP头1个。

（4）PROFIBUS电缆1根。

（5）USB/PPI编程电缆（S7-200 PLC下载线）1根。

（6）装有STEP 7-Micro/WIN软件的计算机（也称编程器）1台。

软件配置如下。

STEP 7-Micro/WIN V4.0 SP6及其以上版本的编程软件（含指令库）。

步骤2．通信的硬件连接

一根PROFIBUS电缆与DP头相连，将DP头插入S7-200 CPU224 XP CN的PORT0口，将DP头的第3针所连的线插入变频器的14号端子（P+），将第8针所连的线插入变频器的15号端子（N-）。通信的硬件连接如图7-3所示。因为S7-200 PLC上的DP头处于PROFIBUS电缆的终端位置，所以DP头的开关拨向ON。

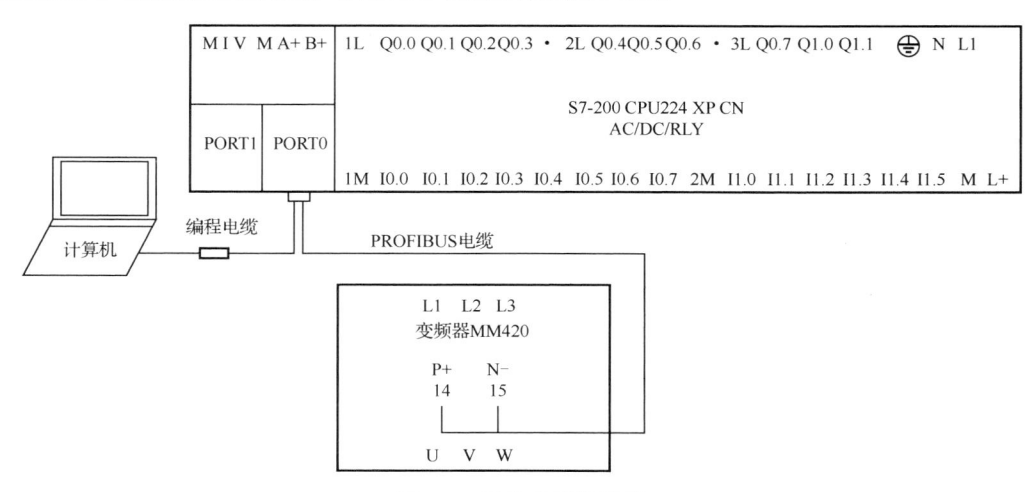

图7-3　通信的硬件连接

项目 7 S7-200 PLC 与变频器 MM420 之间的 USS 通信

步骤 3．变频器参数设置

在 MM420 变频器上进行参数设置，如表 7-4 所示。

表 7-4 变频器参数设置

序 号	变频器参数	设 置 值	功 能 说 明
1	P0010	30	恢复出厂设置
2	P0970	1	
3	P0004	0	显示全部参数
4	P0003	3	用户访问级为专家级
5	P0010	1	启动快速调试
6	P0100	0	欧洲地区，功率用 kW 表示，频率为 50 Hz
7	P0304	380	电动机额定电压（V），以使用的电动机的铭牌说明为准
8	P0305	0.18	电动机额定电流（A），以使用的电动机的铭牌说明为准
9	P0307	0.03	电动机额定功率（kW），以使用的电动机的铭牌说明为准
10	P0310	50.00	电动机额定频率（Hz），以使用的电动机的铭牌说明为准
11	P0311	1300	电动机额定转速（r/min），以使用的电动机的铭牌说明为准
12	P0010	0	结束快速调试
13	P0700	5	选择命令源（COM 链路的 USS 设置）
14	P1000	5	频率源（COM 链路的 USS 设置）
15	P2009	0	USS 通信规格化
16	P2010	7	设置通信速率为 19200bps
17	P2011	0	设置变频器的站地址，使用 D0 个变频器
18	P2012	2	USS 协议 PZD 长度
19	P2013	127	USS 协议 PKW 长度

步骤 4．输入地址分配

输入地址分配表如表 7-5 所示。

表 7-5 输入地址分配表

序 号	输入信号器件名称	编程元件地址	序 号	输入信号器件名称	编程元件地址
1	启动变频器按钮 SB1（常开触点）	I0.0	4	清除故障按钮 SB4（常开触点）	I0.3
2	快速停止按钮 SB2（常开触点）	I0.1	5	改变方向按钮 SB5（常开触点）	I0.4
3	惯性自由停止按钮 SB3（常开触点）	I0.2			

步骤 5．接线图

接线图如图 7-4 所示。

图 7-4 接线图

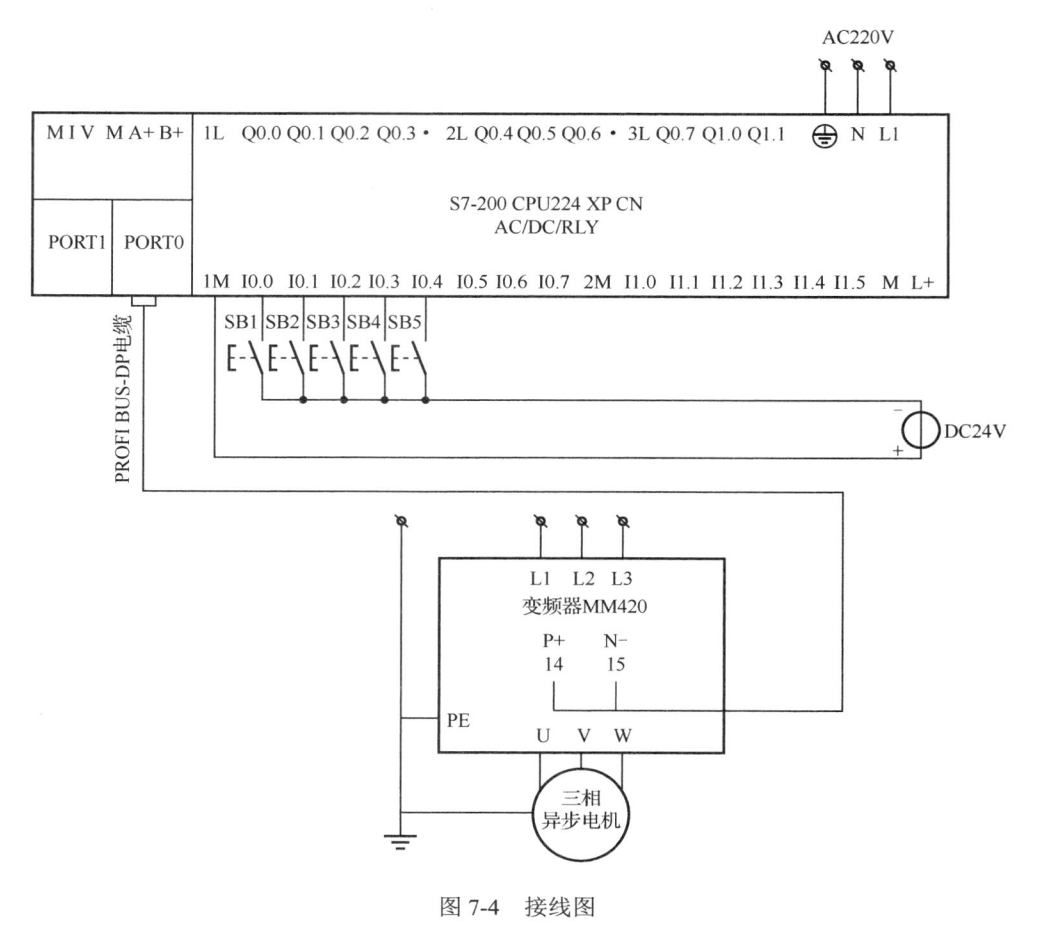

步骤 6. 符号表

符号表如图 7-5 所示。

符号	地址
启动变频器	I0.0
快速停止	I0.1
惯性自由停止	I0.2
清除故障	I0.3
改变方向	I0.4

图 7-5 符号表

步骤 7. 编写程序

控制程序如图 7-6 所示。

在编译程序前,右击"程序块",单击"库存储区分配",单击"建议地址",单击"确定"按钮,为指令库分配存储区。

特别说明:如果 VD120 中设置的是 40.0,那么其含义是变频器以 40%的基准频率运行,若变频器的基准频率是 50Hz,则变频器将以 50Hz×40%=20Hz 的频率运行。VD120 是实数,输入的数据要有小数点。

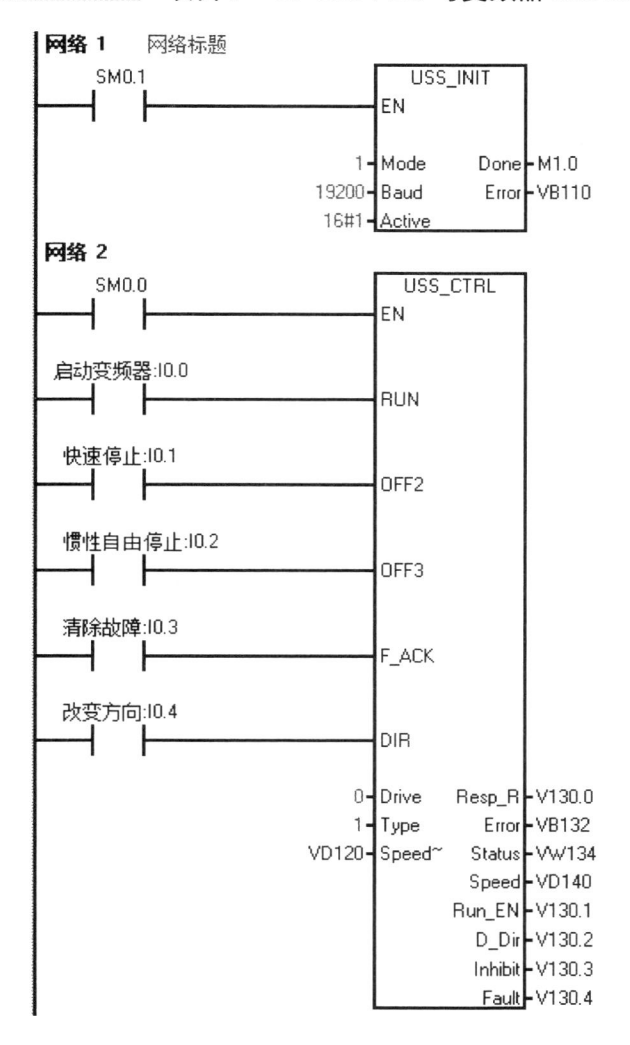

项目 7　S7-200 PLC 与变频器 MM420 之间的 USS 通信

```
网络 1    网络标题
    SM0.1              USS_INIT
    ─┤ ├─              EN
                  1 ─ Mode    Done ─ M1.0
              19200 ─ Baud    Error ─ VB110
               16#1 ─ Active

网络 2
    SM0.0              USS_CTRL
    ─┤ ├─              EN

  启动变频器:I0.0
    ─┤ ├─              RUN

  快速停止:I0.1
    ─┤ ├─              OFF2

  惯性自由停止:I0.2
    ─┤ ├─              OFF3

  清除故障:I0.3
    ─┤ ├─              F_ACK

  改变方向:I0.4
    ─┤ ├─              DIR

                  0 ─ Drive   Resp_R ─ V130.0
                  1 ─ Type    Error  ─ VB132
              VD120 ─ Speed~  Status ─ VW134
                              Speed  ─ VD140
                              Run_EN ─ V130.1
                              D_Dir  ─ V130.2
                              Inhibit─ V130.3
                              Fault  ─ V130.4
```

图 7-6　控制程序

步骤 8．联机调试

在确保连线正确的情况下，送电、保存、编译、下载程序。

通过状态表把频率值（实数值）写入 VD120，通过 USS 通信改变频率值，状态表如图 7-7 所示。

	地址	格式	当前值	新值
1	VD120	浮点数		40.0
2		有符号		

图 7-7　状态表

在不同频率下，按下启动变频器按钮，可看到三相异步电动机启动。

按下惯性自由停止按钮或快速停止按钮，可看到三相异步电动机停止。

按下改变方向按钮，可看到三相异步电动机的旋转方向改变。

若满足上述情况，则调试成功。若不能满足上述情况，则检查原因，纠正错误，重新调试，直到满足上述情况为止。

7.5 巩固练习

1. 用一台 CPU224 XP CN 对两台变频器 MM420 进行 USS 通信，控制两台三相异步电动机。通过变量表可以设定变频器的频率，通过按钮启动或停止两台电动机。可以改变电动机的旋转方向，应注意 Active 和 Drive 的设置。

电动机参数：额定电压 380V；额定电流 0.18A；额定功率 0.03kW；额定频率 50Hz；额定转速 1300r/min。

2. 用一台 CPU224 XP CN 对三台变频器 MM420 进行 USS 通信，控制三台三相异步电动机。通过变量表可以设定变频器的频率，通过按钮启动或停止三台电动机。可以改变电动机的旋转方向，应注意 Active 和 Drive 的设置。

电动机参数：额定电压 380V；额定电流 0.18A；额定功率 0.03kW；额定频率 50Hz；额定转速 1300r/min。

项目8 分拣站的安装与调试

8.1 项目要求（分拣站的结构与动作过程）

8.1.1 分拣站的结构

分拣站由传送和分拣机构、传送带驱动机构、电动机、传感器、气缸、编码器及底板等结构组成。分拣站装置侧主要结构如图 8-1 所示。

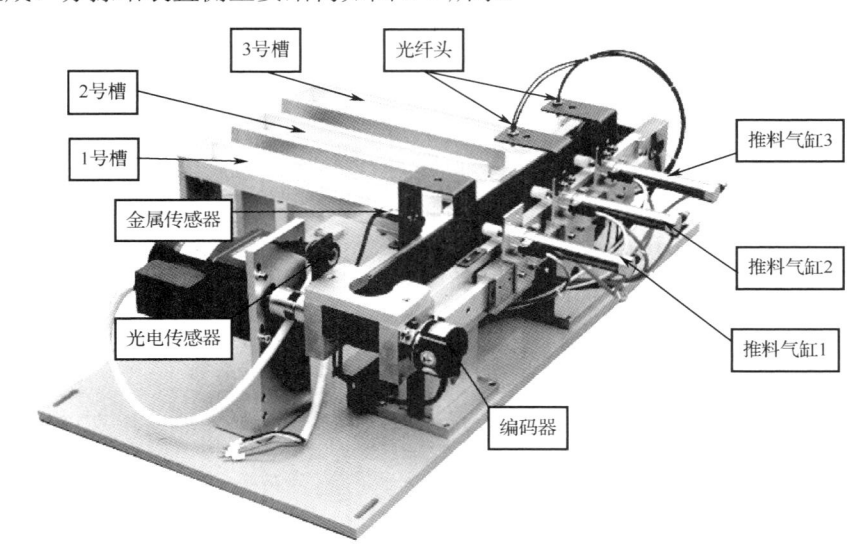

图 8-1 分拣站装置侧主要结构

（1）传送和分拣机构。

传送和分拣机构主要由传送带、出料滑槽、推料（分拣）气缸、漫射式光电传感器、光纤传感器、电感传感器组成。传送带对机械手输送过来的工件进行传输，将其输送至分拣区。导向器用于纠偏机械手输送过来的工件。推料（分拣）气缸将工件推到相应的出料滑槽中。漫射式光电传感器检测进料口是否有工件。光纤传感器检测工件外壳颜色。电感传感器检测工件外壳是否为金属。

（2）传送带驱动机构。

传送带驱动机构如图 8-2 所示，采用三相减速电动机，用于拖动传送带输送物料，它主要由电动机安装支架、三相减速电动机、联轴器等组成。

三相减速电动机是传送带驱动机构的主要部分，电动机转速的快慢由变频器控制，其作用是带动传送带输送工件。电动机安装支架用于固定电动机。联轴器把电动机的轴和传送带主动轮的轴连接起来，从而组成一个传动机构。

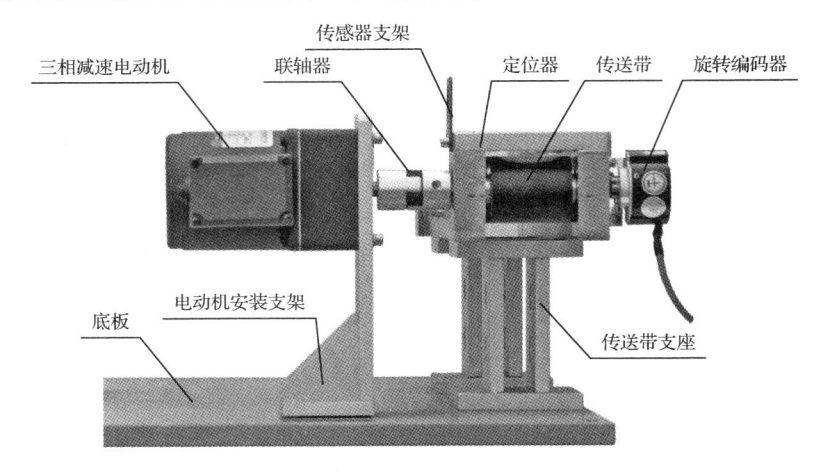

图 8-2 传送带驱动机构

8.1.2 分拣站的动作过程

分拣站是生产线中的末站，本项目对分拣任务进行了简化，分拣 3 种工件，分别是塑料芯金属外壳工件、塑料芯白色塑料外壳工件和塑料芯黑色塑料外壳工件，如图 8-3 所示。

图 8-3 3 种工件

分拣站动作过程：当传送带进料口检测传感器检测到有工件时，将信号传输给 PLC，通过 PLC 的程序启动变频器，变频器立即以 10Hz 的频率启动，驱动传动电动机将货物带往分拣区。为了在分拣时准确推出工件，要求使用旋转编码器进行定位检测。设备上电和气源接通后，假设工作单元的 3 个气缸均处于缩回位置。若进入分拣区的为塑料芯金属外壳工件，则 1 号槽推料气缸启动，将此工件推到 1 号槽里；若进入分拣区的为塑料芯白色塑料外壳工件，则 2 号槽推料气缸启动，将其推到 2 号槽里；若进入分拣区的为塑料芯黑色塑料外壳工件，则 3 号槽推料气缸启动，将其推到 3 号槽里。

进料口的光电传感器检测工件是否被放到进料口，此外，还有检测颜色的光纤传感器和检测是否为金属的电感传感器，传感器安装位置如图 8-4 所示。

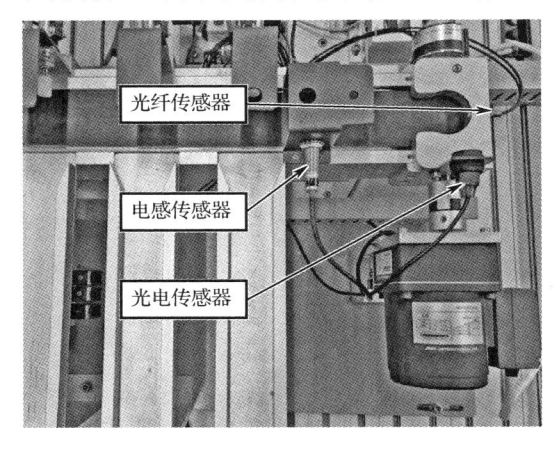

图 8-4 传感器安装位置

8.2 学习目标

1．了解分拣站的结构，了解分拣站的动作过程，并且能够叙述其安装与调试过程。
2．掌握变频器的安装和接线方法，理解其基本参数的含义，并且能够运用操作面板进行参数设置。
3．掌握旋转编码器的结构，能正确进行安装与调试。掌握高速计数器的选用方法及向导组态编程方法，并能正确使用。
4．掌握电感传感器、光电传感器及光纤传感器的安装与调试方法。
5．能够完成分拣站的安装，能够进行程序编写和调试，最终联机调试成功。

8.3 相关知识（旋转编码器）

光电旋转编码器简称旋转编码器，是通过光电转换，将输出至轴上的机械位移量和几何位移量转换成脉冲信号或数字信号的传感器，主要用于速度或位置（角度）的检测。典型的旋转编码器是由光栅盘和光电检测装置组成的。光栅盘在一定直径的圆板上等分开若干个长方形狭缝。由于光栅盘与电动机同轴，因此电动机旋转时，光栅盘与电动机同速旋转，经由发光二极管等电子元件组成的检测装置检测输出若干脉冲信号。旋转编码器原理示意图如图 8-5 所示。通过计算每秒旋转编码器输出脉冲的个数就能反映当前电动机的转速。

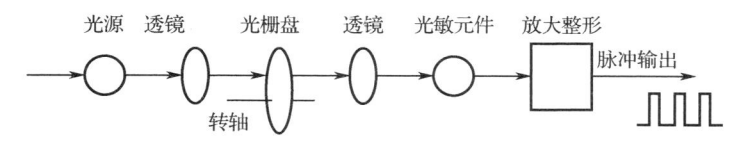

图 8-5 旋转编码器原理示意图

一般来说，根据旋转编码器产生脉冲方式的不同，可以将其分为增量式、绝对式及复合式三大类。自动化生产线上常采用的是增量式旋转编码器。

增量式旋转编码器直接利用光电转换原理输出 3 组方波脉冲：A 相、B 相和 Z 相；A 相、B 相两组脉冲的相位差为 90°，用于辨向，当 A 相脉冲超前 B 相脉冲时为正转方向，而当 B 相脉冲超前 A 相脉冲时为反转方向。Z 相用于每转一个脉冲的基准点定位，如图 8-6 所示。

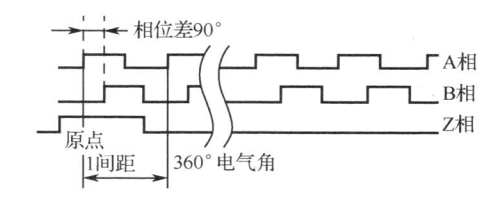

图 8-6 增量式旋转编码器输出的 3 组方波脉冲

自动化生产线的分拣站使用了这种 A、B 两相的相位差为 90°的通用型旋转编码器，用于计算工件在传送带上的位置。旋转编码器直接连接到传送带主动轴上。该旋转编码器的三相脉冲采用 NPN 型集电极开路输出，分辨率为 500 线，工作电源为 DC12～24V。本工作站没有使用 Z 相脉冲，A、B 两相输出端直接连接到 PLC 的高速计数器输入端，在实际应用中,为提高分辨率,在软件设计中采用 4 倍频方法,这样旋转编码器旋转一周输出 2000 个脉冲。

当计算工件在传送带上的位置时,需要确定两个脉冲之间的距离,即脉冲当量。脉冲当量是每个脉冲对应的位移量。若分拣站主动轴的直径 d=43mm,则减速电动机每旋转一周,皮带上工件的移动距离 $L=\pi d$=3.14×43mm=135.02mm。脉冲当量 $\mu=L/(500×4)$=3.14×43mm/2000≈67.5μm。

旋转编码器在分拣站中的应用:一是精确定位被分拣的工件在 3 个分拣槽中的位置;二是精确定位工件在金属、光纤等传感器检测范围内的具体位置。

如果已知 PLC 高速计数器的脉冲计数值,就可以确定工件的位移量,同理,如果已知工件的位移量,就可以确定 PLC 高速计数器所需要的脉冲个数。

按图 8-7 中的安装尺寸,当工件从下料口中心线移至传感器中心时,旋转编码器约发出 1740 个脉冲;当工件移至第一个推杆中心点时,约发出 2481 个脉冲;当工件移至第二个推杆中心点时,约发出 3896 个脉冲;当工件移至第三个推杆中心点时,约发出 5192 个脉冲。

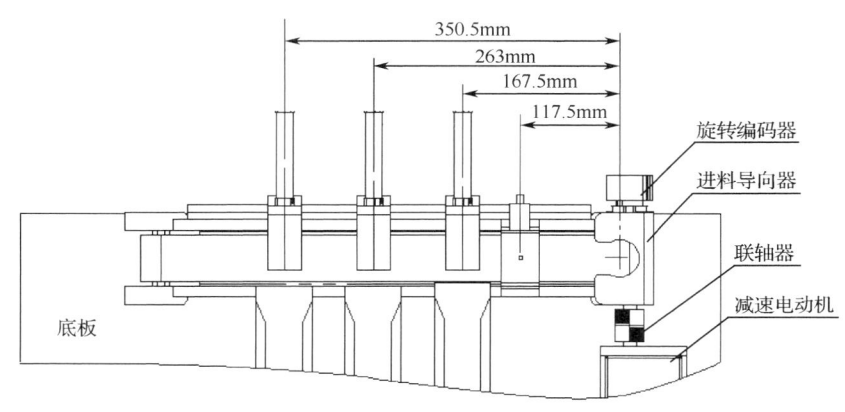

图 8-7 传送带位置计算用图

应该指出的是,上述脉冲当量的计算只是理论上的。实际上,各种误差因素不可避免,如传送带主动轴直径(包括皮带厚度)的测量误差,传送带的安装偏差,松紧度,分拣站整体在工作台面上的定位偏差等,都将影响理论计算值。因此理论计算值只能作为估算值。由脉冲当量的误差引起的累积误差会随着工件在传送带上运动距离的增大而迅速增加,甚至达到不可容忍的地步。因此在对分拣站进行安装与调试时,除了要仔细调整,尽量减少安装偏差,还应现场测试脉冲当量值,根据实际情况对脉冲数进行调整。

8.4 项目解决步骤

步骤 1. 机械安装

分拣站机械装配可按如下 4 个阶段进行。

(1)完成传送机构组件的安装,装配传送带装置及其支座,将其安装到底板上,如图 8-8 所示。

项目 8 分拣站的安装与调试

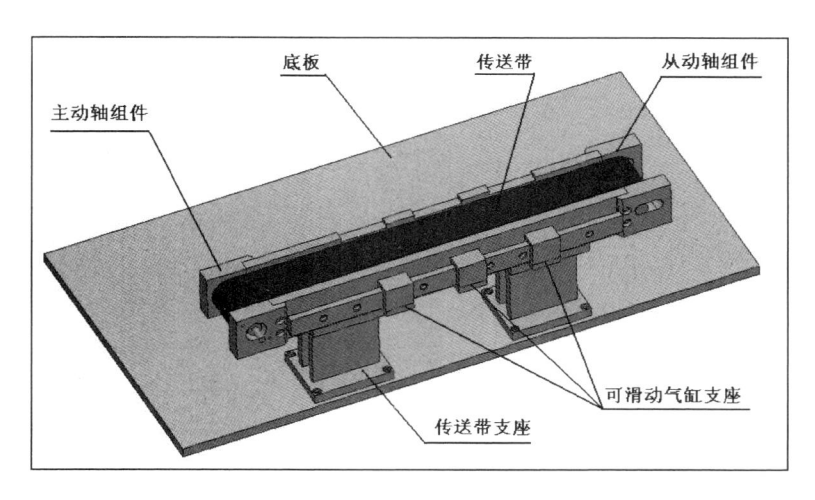

图 8-8 传送机构组件的安装

（2）完成驱动电动机组件的安装，进一步装配联轴器，把驱动电动机组件与传送机构相连并固定在底板上，如图 8-9 所示。

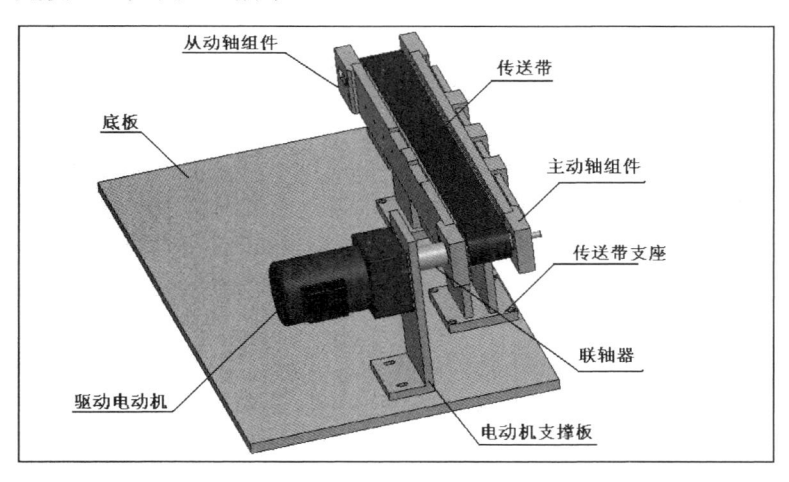

图 8-9 驱动电动机组件的安装

（3）继续完成推料气缸支架、推料气缸、传感器支架、出料槽及支撑板等的安装，机械部件安装完成时的效果图如图 8-10 所示。

（4）最后完成各传感器、电磁阀组件、装置侧接线端口等的装配。

（5）安装注意事项如下。

① 皮带托板与传送带两侧板的固定位置应调整好，以免安装皮带后凹进侧板表面，造成推料被卡住的现象。

② 主动轴和从动轴的安装位置不能错，主动轴和从动轴的安装板的位置不能相互调换。

③ 皮带的松紧度应适中。

④ 要保证主动轴和从动轴平行。

⑤ 为了使传动部分平稳可靠，噪声减小，特使用滚动轴承作为动力回转件，但滚动轴

承及其安装配件均为精密结构件，对其进行拆装需要一定的技能和专用的工具，建议不要自行拆卸。

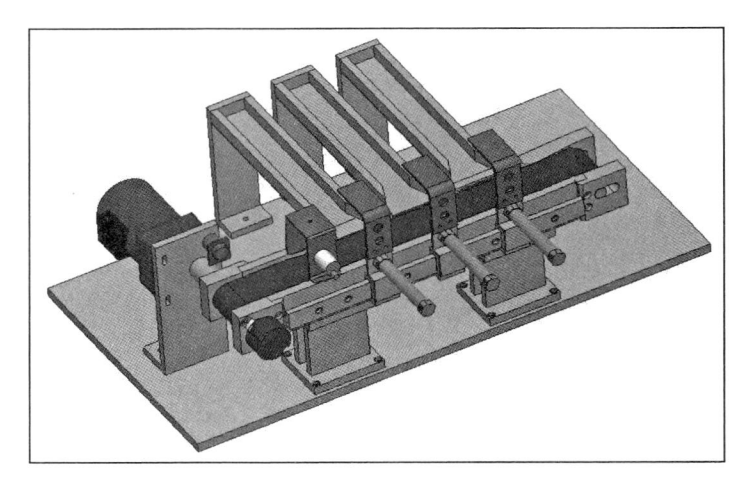

图 8-10 机械部件安装完成时的效果图

步骤 2．气路连接和调试（参见项目 2 气路连接和调试）

分拣站的电磁阀组使用了 3 个二位五通的带手控开关的单电控电磁阀，将它们安装在汇流板上。这 3 个电磁阀用于控制气缸的伸缩动作。

分拣站气动控制回路的工作原理图如图 8-11 所示，图中有分拣气缸 1、分拣气缸 2 和分拣气缸 3。1B1、2B1 和 3B1 分别为安装在各分拣气缸的前极限工作位置的磁感应接近开关。1Y1、2Y1 和 3Y1 分别为控制 3 个分拣气缸电磁阀的电磁控制端。

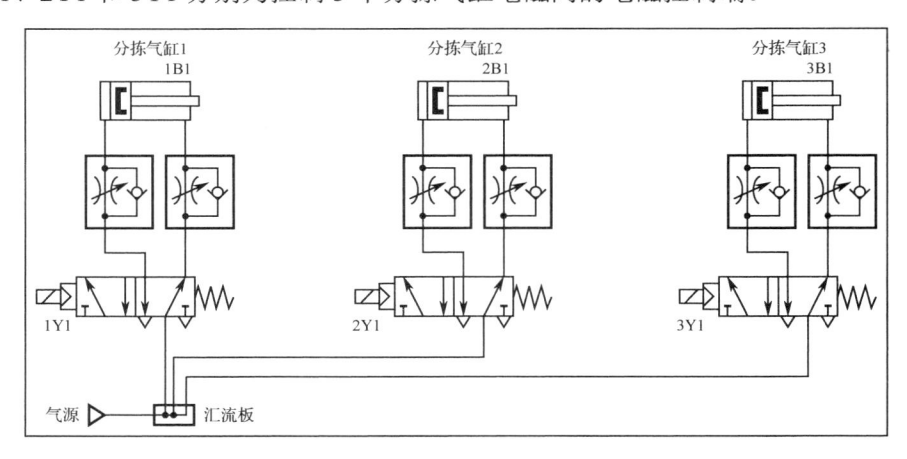

图 8-11 分拣站气动控制回路的工作原理图

步骤 3．变频器参数设置

根据项目要求和所使用的电动机，变频器参数设置如表 8-1 所示。

项目 8 分拣站的安装与调试

表 8-1 变频器参数设置

一、基础设置			
P0010=30 P0970=1	复位和恢复出厂设置		
P004=0	不过滤任何参数		
P0003=3	专家级		
P0010=1	快速调试		
二、电动机参数设置（以实际使用的电动机的铭牌说明为准）			
P0100=0	设置使用地区，0=欧洲，功率以 kW 表示，频率为 50Hz		
P304=380V	电动机的额定电压（以电动机的铭牌说明为准）	P305=0.13A	电动机的额定电流（以电动机的铭牌说明为准）
P307=0.025kW	电动机的额定功率（以电动机的铭牌说明为准）	P311=1300r/min	电动机的额定转速（以电动机的铭牌说明为准）
P310=50Hz	电动机的额定频率		
P0010=0	结束快速调试		
三、固定频率			
P003=3	专家级		
P0004=0	不过滤任何参数		
P0700=2	端子排输入		
P0701=17	二进制编码选择+ON 命令（P0701～P0703=17）		
P0702=17			
P0703=17			
P1000=3	固定频率		
P1001=10Hz			

步骤 4．输入信号器件和输出信号器件分析

输入信号器件分析如下：

旋转编码器 B 相。
旋转编码器 A 相。
旋转编码器 Z 相。
进料口检测光电接近开关 SC1（常开触点）。
光纤传感器 SC2（常开触点）。
金属传感器 SC3（常开触点）。
推杆 1 推出到位检测开关 1B（常开触点）。
推杆 2 推出到位检测开关 2B（常开触点）。
推杆 3 推出到位检测开关 3B（常开触点）。
启动按钮 SB1（常开触点）。

停止按钮 SB2（常开触点）。

输出信号器件分析如下：

变频器 DIN1（5）。

推杆 1 电磁阀 YV1 线圈。

推杆 2 电磁阀 YV2 线圈。

推杆 3 电磁阀 YV3 线圈。

步骤 5．硬件 PLC 配置

分拣单元 PLC 选用 S7-200 系列 CPU224 XP CN　AC/DC/RLY，共 14 点输入和 10 点继电器输出。

步骤 6．输入信号器件和输出信号器件地址分配

输入信号器件地址分配如下：

旋转编码器 B 相：I0.0。

旋转编码器 A 相：I0.1。

旋转编码器 Z 相：I0.2。

进料口检测光电接近开关 SC1（常开触点）：I0.3。

光纤传感器 SC2（常开触点）：I0.4。

金属传感器 SC3（常开触点）：I0.5。

推杆 1 推出到位检测开关 1B（常开触点）：I0.7。

推杆 2 推出到位检测开关 2B（常开触点）：I1.0。

推杆 3 推出到位检测开关 3B（常开触点）：I1.1。

启动按钮 SB1（常开触点）：I1.3。

停止按钮 SB2（常开触点）：I1.2。

输出信号器件地址分配如下：

变频器 DIN1（5）：Q0.0。

推杆 1 电磁阀 YV1 线圈：Q0.4。

推杆 2 电磁阀 YV2 线圈：Q0.5。

推杆 3 电磁阀 YV3 线圈：Q0.6。

步骤 7．绘制接线图

分拣站接线图如图 8-12 所示。

讲解分拣站接线图

电气接线包括在工作站装置侧完成各传感器、电磁阀、电源端子等引线到装置侧接线端口之间的接线，在 PLC 侧进行电源连接、I/O 点接线等。

接线时应注意，在装置侧接线端口中，输入信号端子的上层端子（+24V）只能作为传感器的正电源端，切勿用于电磁阀等执行元件的负载。电磁阀等执行元件的正电源端和 0V 端应连接到输出信号端子下层的相应端子上。完成装置侧接线后，应用扎带绑扎，力求整齐美观。

电气接线的工艺应符合国家职业标准规定，如导线连接到端子时，采用压紧端子压接方法；连接线应有符合规定的标号；每个端子连接的导线不得超过 2 根等。

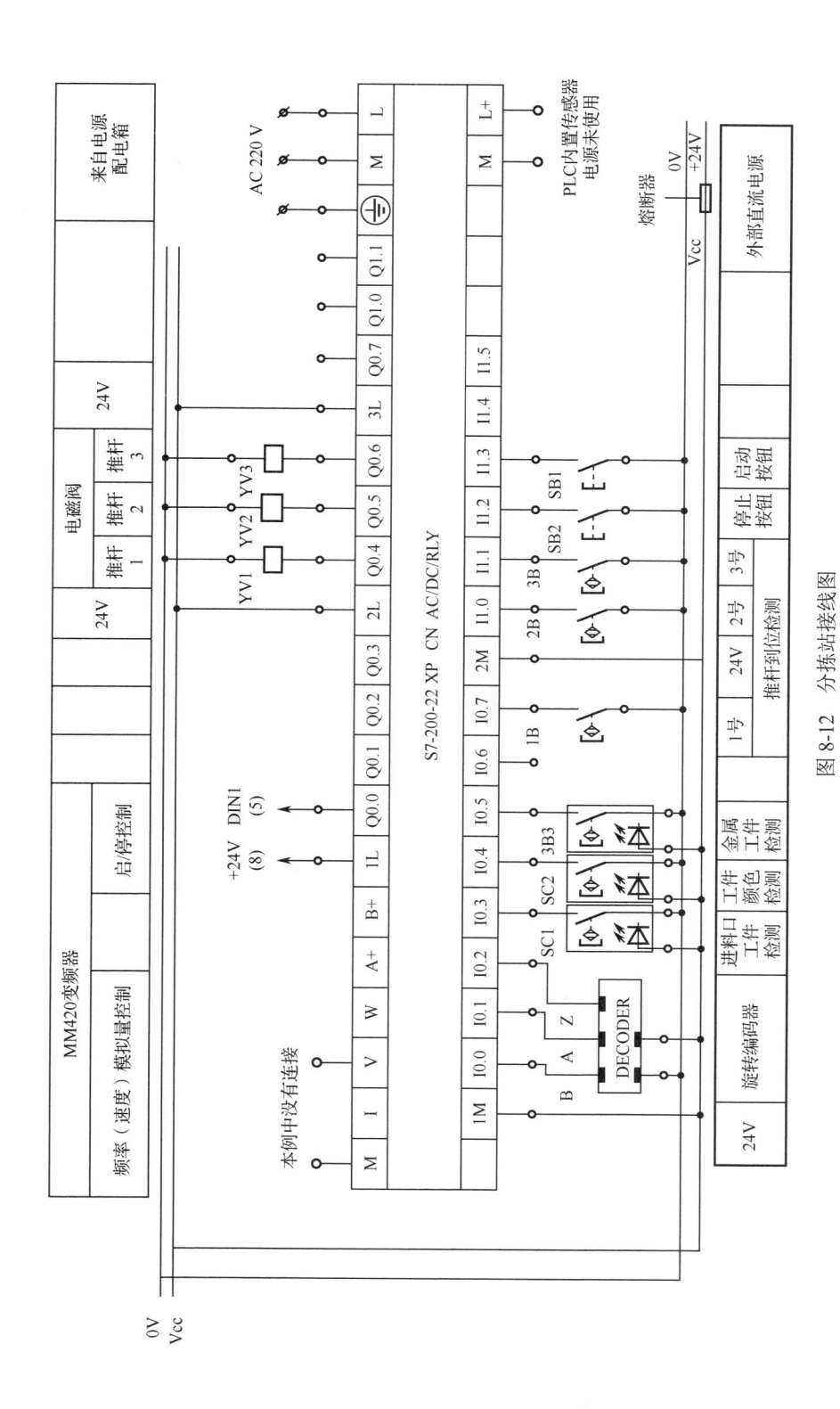

图 8-12 分拣站接线图

步骤 8. 符号表

		符号	地址
1		进料口检测	I0.3
2		金属检测	I0.4
3		颜色检测	I0.5
4		杆1到位	I0.7
5		杆2到位	I1.0
6		杆3到位	I1.1
7		停止SB2	I1.2
8		启动SB1	I1.3
9		运行状态	M0.0
10		停止指令	M1.1
11		准备就绪	M2.0
12		浅色工件	M4.1
13		初态检查	M5.0
14		电动机启动	Q0.0
15		槽1电磁阀	Q0.4
16		槽2电磁阀	Q0.5
17		槽3电磁阀	Q0.6

图 8-13 分拣站符号表

分拣站符号表如图 8-13 所示。

步骤 9. 编写控制程序

高速计数器的编程可以通过 STEP 7-Micro/WIN 编程软件的"指令向导"进行，根据计数输入信号的形式和要求确定计数方式，选择计数编号，确定输入地址。根据分拣站旋转编码器输出的脉冲信号形式（A 相、B 相正交脉冲，Z 相脉冲不使用，无外部复位和启动信号），所采用的计数模式为 9，选用计数器位 HSC0，B 相脉冲从 I0.0 输入，A 相脉冲从 I0.1 输入，将计数倍频设定为 4 倍频，分拣站高速计数器编程的要求不高，不用考虑中断子程序、预置值等。

使用向导方式编程，很容易自动生成符号地址为"HSC_INIT"的高速计数器初始化子程序，具体方法如下。

第一步：在 STEP 7-Micro/WIN 编程界面中，单击"工具"按钮，在下拉菜单中选择"指令向导"命令，如图 8-14 所示。

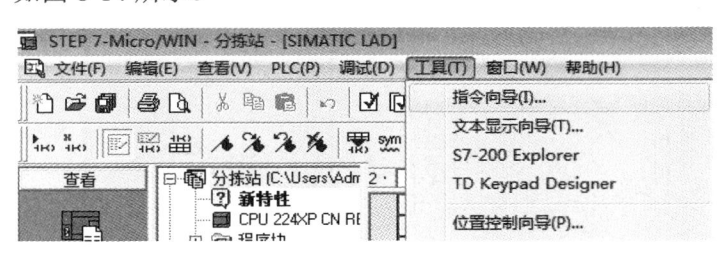

图 8-14 选择"指令向导"命令

第二步：在"指令向导"对话框中选择"HSC"选项，单击"下一步"按钮，如图 8-15 所示。

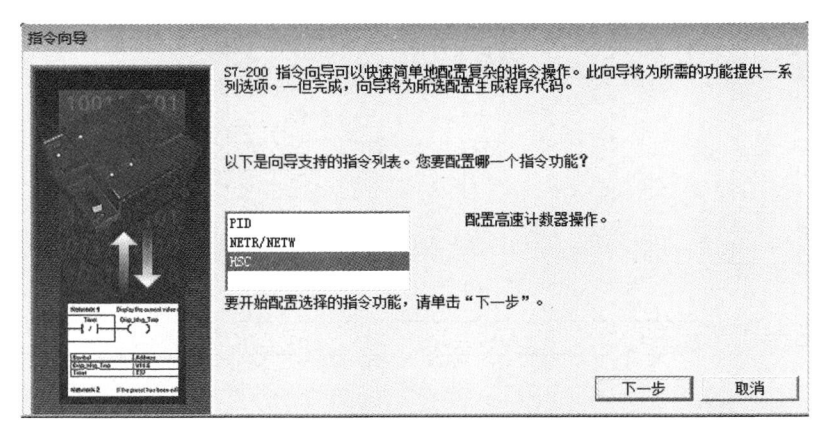

图 8-15 选择"HSC"选项

项目 8　分拣站的安装与调试

第三步：在"HSC 指令向导"对话框中配置"HC0"计数器，然后选择"模式 9"，单击"下一步"按钮，如图 8-16 所示。

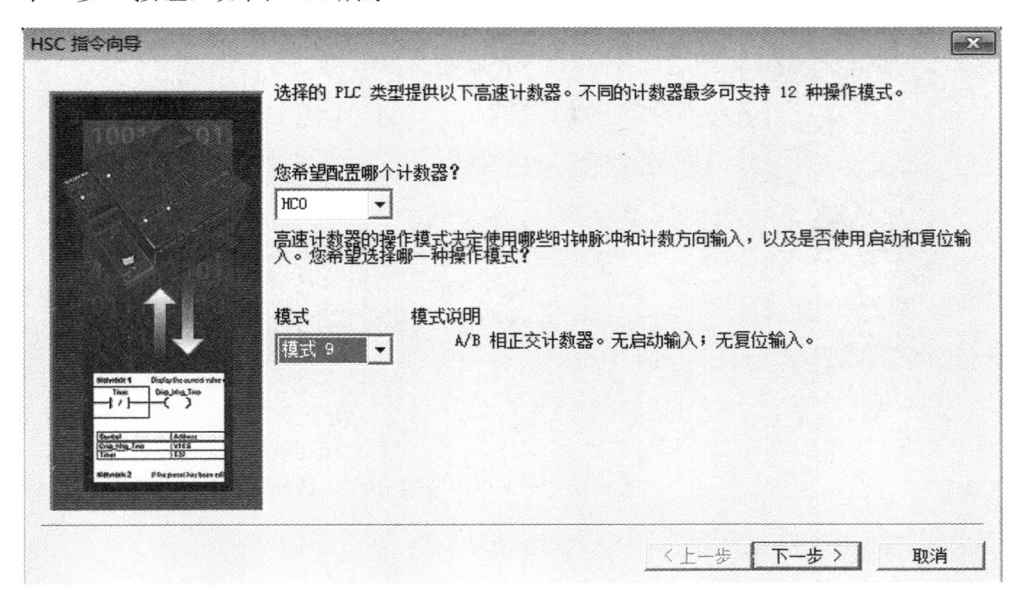

图 8-16　配置"HC0"计数器

第四步：在"HSC 指令向导"对话框中保留默认模式（"输入初始计数方向"为"增"，并采用 4 倍频计数），单击"下一步"按钮，如图 8-17 所示。

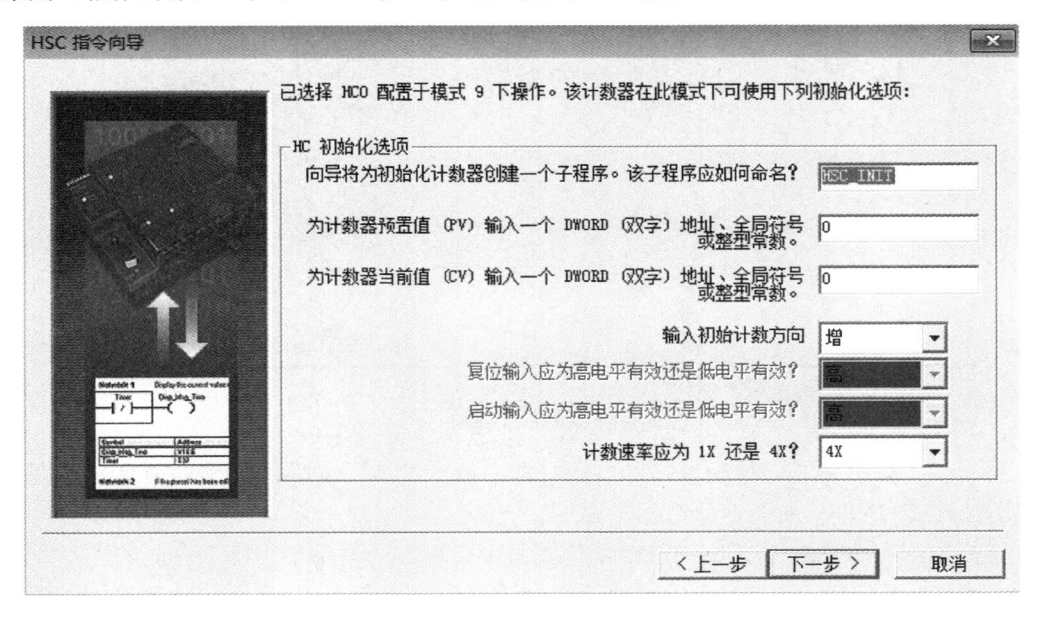

图 8-17　保留默认模式

第五步：不采用中断模式，直接单击"下一步"按钮，如图 8-18 所示。

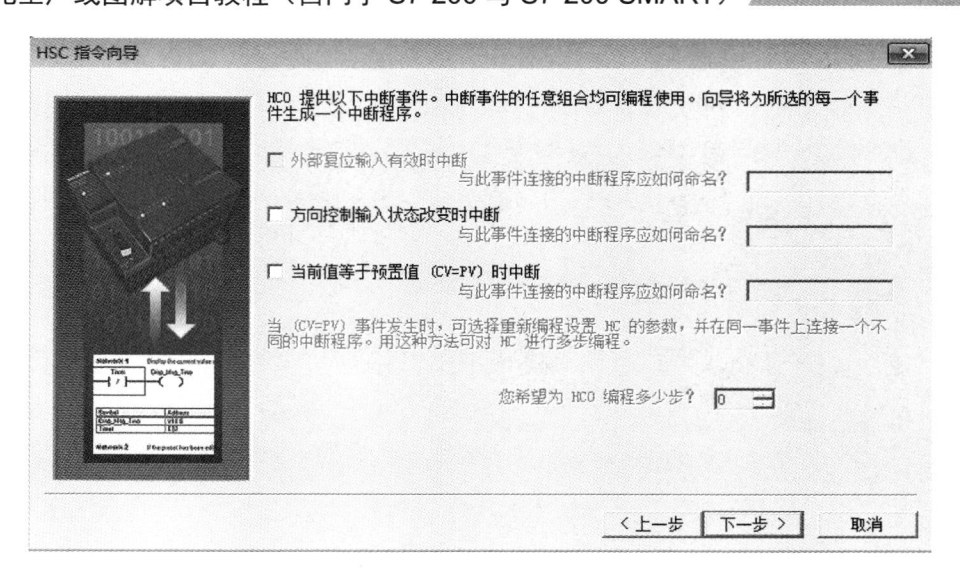

图 8-18 不采用中断模式

第六步：单击"完成"按钮，如图 8-19 所示。

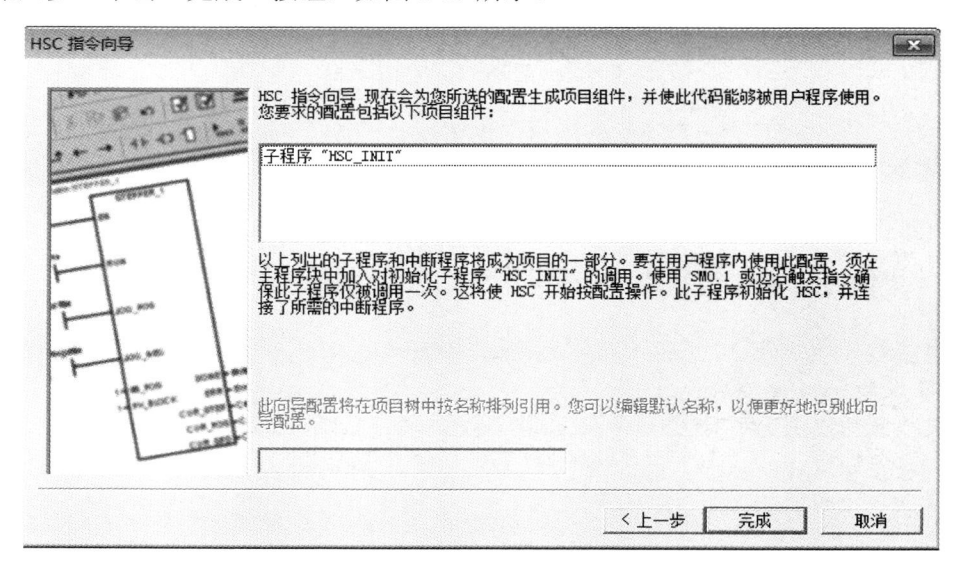

图 8-19 完成

第七步：在"完成向导配置吗？"提示框中单击"是"按钮，如图 8-20 所示，即可生成名为"HSC_INIT"的高速计数器子程序。

第八步：在 STEP 7-Micro/WIN 编程界面中，单击"调用子程序"左面的"+"，可以看到名为"HSC_INIT(SBR1)"的高速计数器子程序，如图 8-21 所示，将其直接拖放到程序中，如图 8-22 所示。

根据分拣站的项目要求以及输入信号器件和输出信号器件地址分配表，编写分拣站主程序，如图 8-23 所示。

项目 8　分拣站的安装与调试

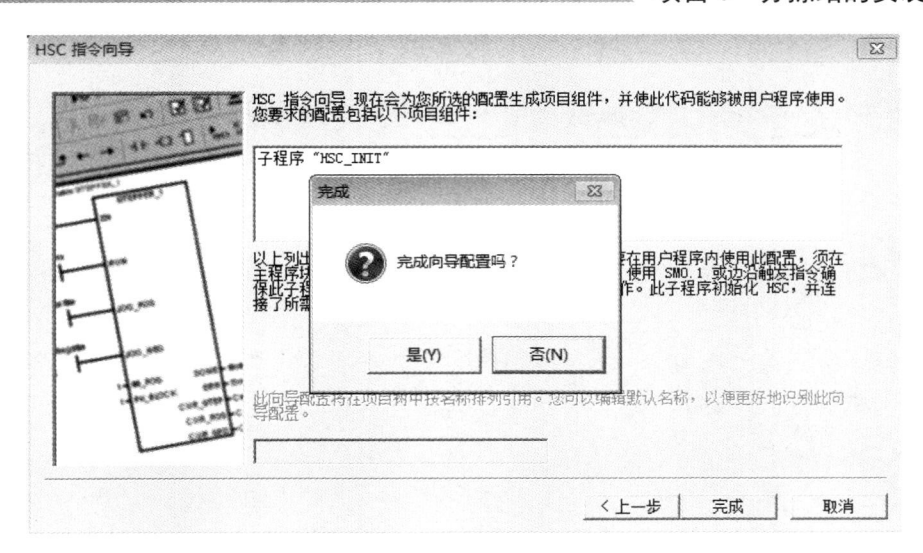

图 8-20　完成向导配置

图 8-21　高速计数器子程序

图 8-22　将 HCS_INIT 拖放到程序中

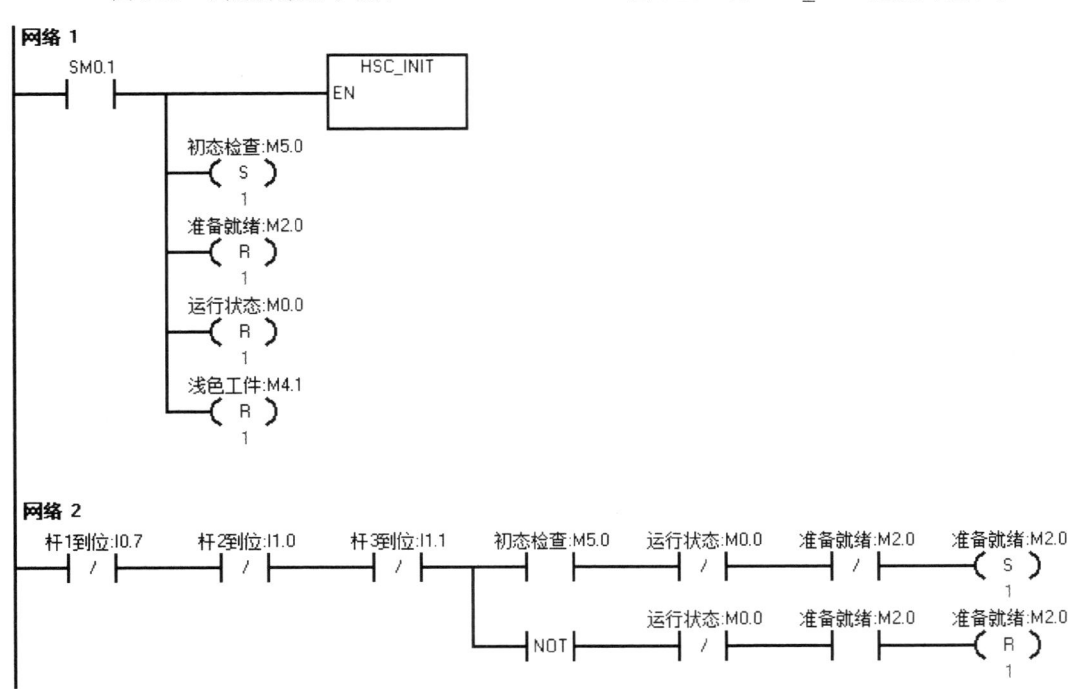

图 8-23　分拣站主程序

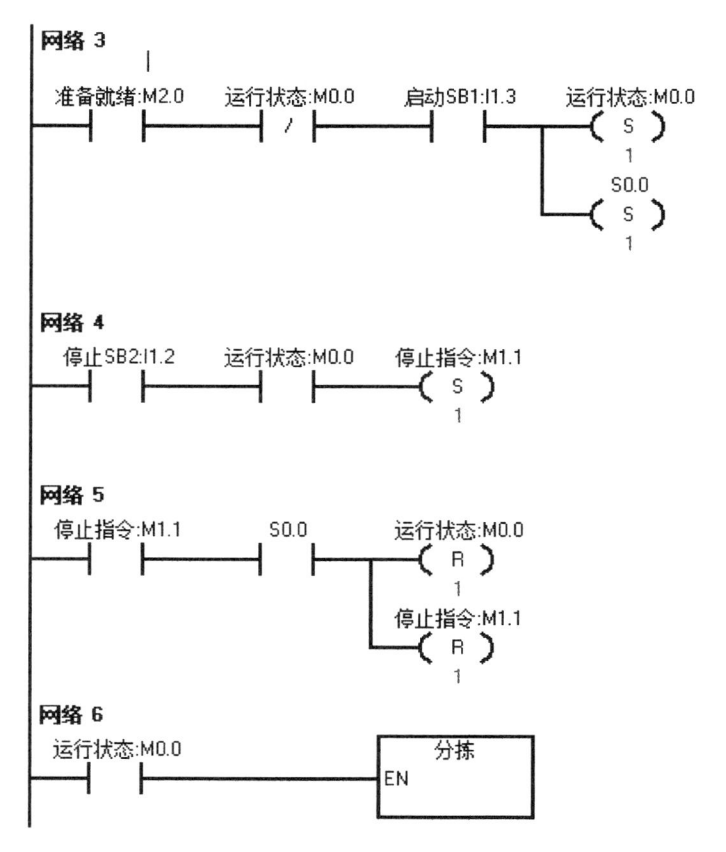

```
网络 3
准备就绪:M2.0   运行状态:M0.0   启动SB1:I1.3   运行状态:M0.0
   ├─┤ ├────────┤/├────────┤ ├──────────( S )
                                            1
                                          S0.0
                                          ( S )
                                            1

网络 4
停止SB2:I1.2   运行状态:M0.0   停止指令:M1.1
   ├─┤ ├────────┤ ├──────────( S )
                                1

网络 5
停止指令:M1.1   S0.0   运行状态:M0.0
   ├─┤ ├────────┤ ├──────( R )
                            1
                         停止指令:M1.1
                          ( R )
                            1

网络 6
运行状态:M0.0       分拣
   ├─┤ ├──────────┤EN
```

图 8-23 分拣站主程序（续）

根据分拣站的项目要求以及输入信号器件和输出信号器件地址分配表编写分拣站子程序，如图 8-24 所示。

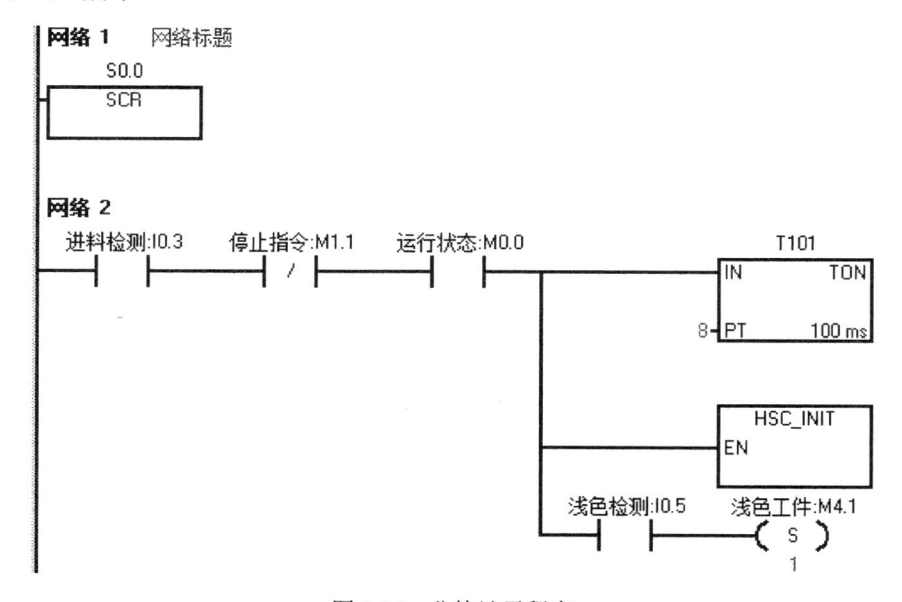

```
网络 1  网络标题
   S0.0
   SCR

网络 2
进料检测:I0.3  停止指令:M1.1  运行状态:M0.0            T101
   ├─┤ ├────────┤/├──────────┤ ├──────────────┤IN    TON
                                              8┤PT   100 ms

                                              HSC_INIT
                                              ┤EN

                              浅色检测:I0.5  浅色工件:M4.1
                                 ├─┤ ├──────( S )
                                              1
```

图 8-24 分拣站子程序

项目 8 分拣站的安装与调试

网络 3

```
T101        电机启动:Q0.0
─┤ ├──────────( S )
                1
              S0.1
             (SCRT)
```

网络 4

```
──(SCRE)
```

网络 5

```
┌─────┐
│ S0.1│
│ SCR │
└─────┘
```

网络 6

```
 HC0      HC0     浅色工件:M4.1  金属检测:I0.4   S0.2
 >=D      <D      ─┤ ├──────────┤ ├────────(SCRT)
 1780    1840                   金属检测:I0.4  S1.0
                                ─┤/├────────(SCRT)
                  浅色工件:M4.1    S2.0
                  ─┤/├──────────(SCRT)
```

网络 7

```
──(SCRE)
```

网络 8

```
┌─────┐
│ S0.2│
│ SCR │
└─────┘
```

网络 9

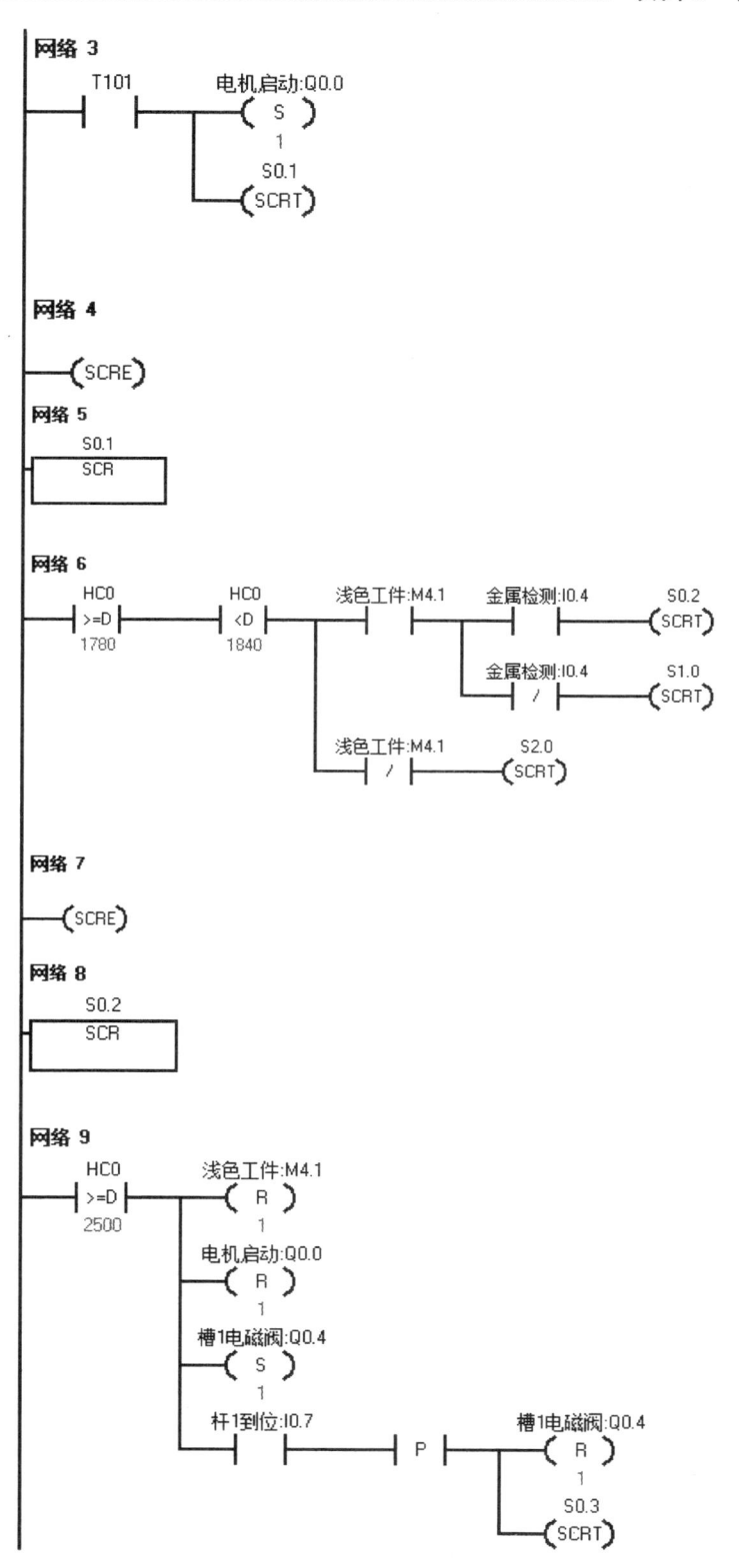

```
 HC0     浅色工件:M4.1
 >=D     ─( R )
 2500       1
         电机启动:Q0.0
         ─( R )
            1
         槽1电磁阀:Q0.4
         ─( S )
            1
         杆1到位:I0.7           槽1电磁阀:Q0.4
         ─┤ ├────────┤P├──────( R )
                                 1
                              S0.3
                             (SCRT)
```

图 8-24 分拣站子程序（续）

网络 10

—(SCRE)

网络 11

```
  S1.0
  SCR
```

网络 12

HC0 >=D 4000 — 浅色工件:M4.1 (R) 1

电机启动:Q0.0 (R) 1

槽2电磁阀:Q0.5 (S) 1

杆2到位:I1.0 —| |— —|P|— 槽2电磁阀:Q0.5 (R) 1

S0.3 (SCRT)

网络 13

—(SCRE)

网络 14

```
  S2.0
  SCR
```

网络 15

HC0 >=D 5400 — 浅色工件:M4.1 (R) 1

电机启动:Q0.0 (R) 1

槽3电磁阀:Q0.6 (S) 1

杆3到位:I1.1 —| |— —|P|— 槽3电磁阀:Q0.6 (R) 1

S0.3 (SCRT)

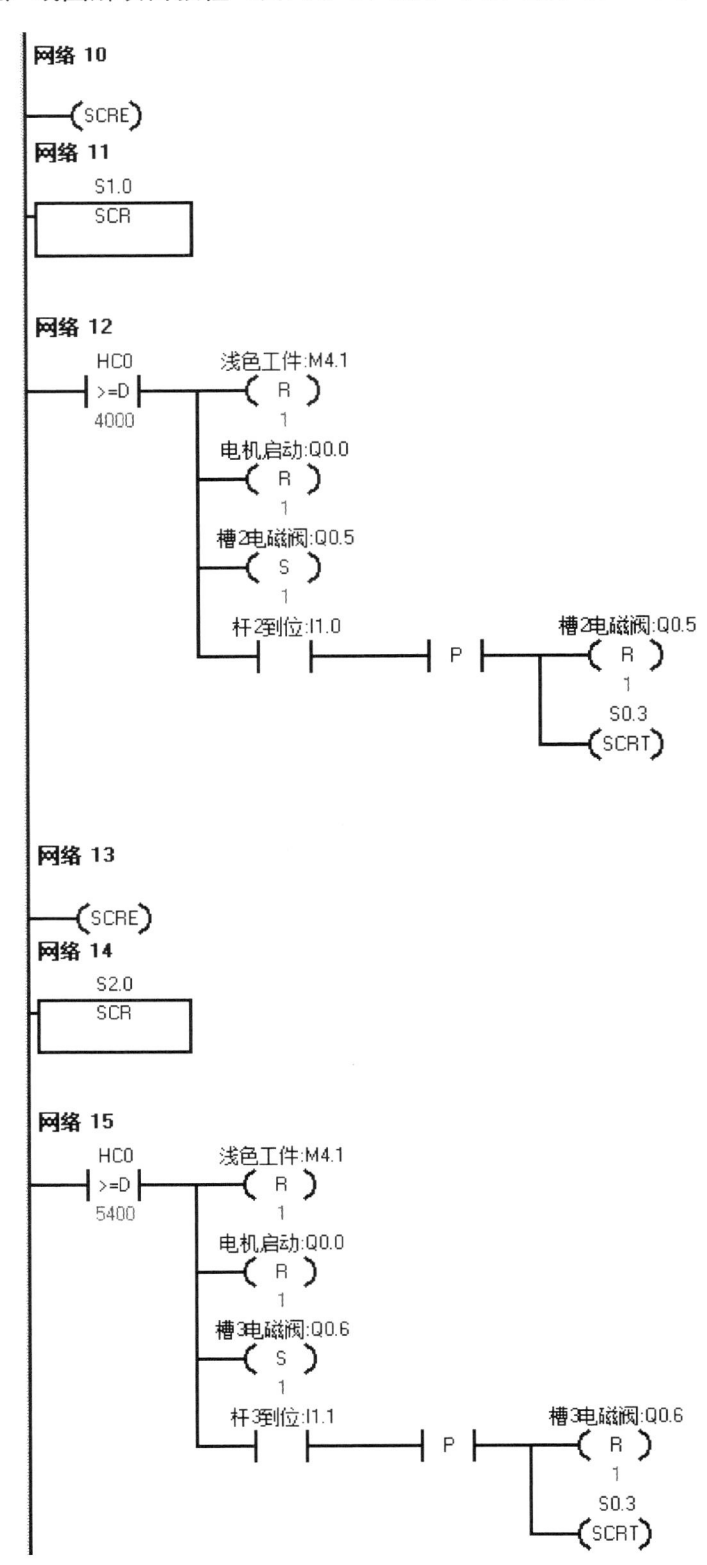

图 8-24　分拣站子程序（续）

项目 8 分拣站的安装与调试

网络 16
—(SCRE)

网络 17
S0.3
SCR

网络 18
SM0.0   T102
——| |——————————————IN   TON
                10—PT   100 ms

          T102   S0.0
         ——| |——————(SCRT)

网络 19
—(SCRE)

图 8-24 分拣站子程序（续）

高速计数器子程序如图 8-25 所示。

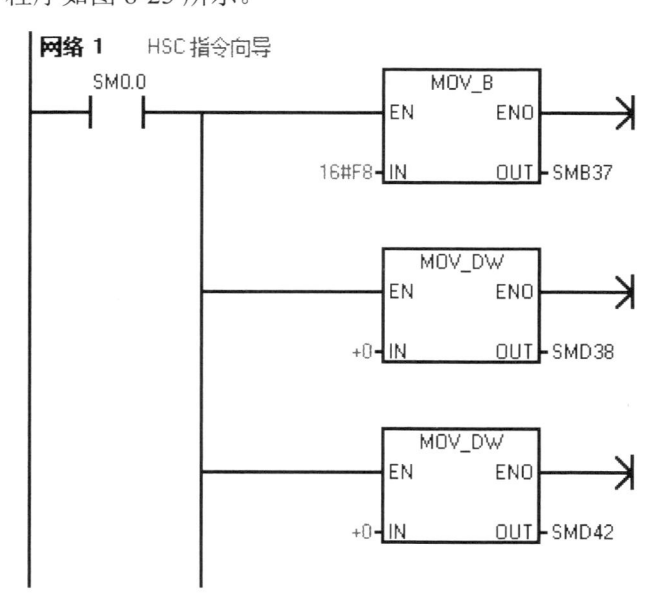

网络 1   HSC 指令向导
SM0.0   MOV_B
——| |—————————EN   ENO
           16#F8—IN   OUT—SMB37

                   MOV_DW
              ————EN   ENO
              +0—IN   OUT—SMD38

                   MOV_DW
              ————EN   ENO
              +0—IN   OUT—SMD42

图 8-25 高速计数器子程序

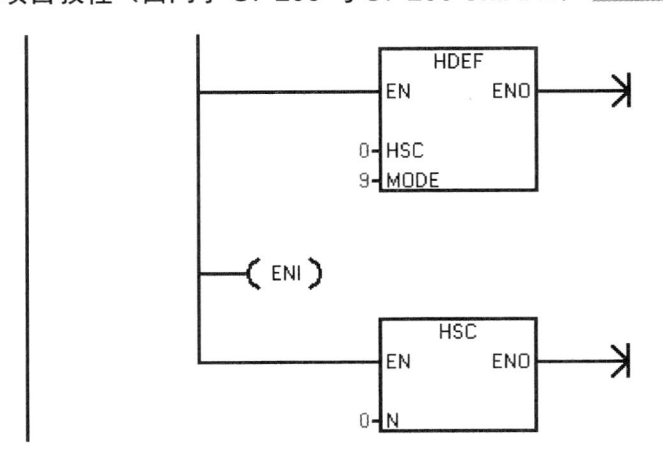

图 8-25　高速计数器子程序（续）

步骤 10．联机调试

第一步：指示灯联机调试。

在断电情况下，连接电源线，输入信号器件接线，输出信号器件暂时不接线，确保在接线正确的情况下进行送电、程序下载等操作。

调试过程参考项目 2 联机调试中的指示灯调试。

若指示灯调试满足要求，则调试成功。若不能满足要求，则检查原因，修改程序，重新调试，直到满足要求为止。

第二步：分拣站联机调试。

在断电情况下，全部接线，确保在接线正确的情况下送电。

只考虑分拣站作为独立设备运行的情况，分拣站是生产线中的末站，本项目对分拣任务进行了简化，分拣 3 种工件，分别是塑料芯金属外壳工件、塑料芯白色塑料外壳工件和塑料芯黑色塑料外壳工件。

当输送站送来工件放到传送带上并被进料口漫射式光电传感器检测到时，将信号传输给 PLC，通过 PLC 的程序启动变频器，电动机运转，驱动传送带工作，把工件带进分拣区。为了在分拣时准确推出工件，要求使用旋转编码器进行定位检测。设备上电和气源接通后，假设工作单元的 3 个气缸均处于缩回位置。若进入分拣区的为塑料芯金属外壳工件，则 1 号槽推料气缸启动，将此工件推到 1 号槽里。若进入分拣区的为塑料芯白色塑料外壳工件，则 2 号槽推料气缸启动，将此工件推到 2 号槽里。若进入分拣区的为塑料芯黑色塑料外壳工件，则 3 号槽推料气缸启动，将此工件推到 3 号槽里。

若分拣站调试满足要求，则调试成功。若不能满足要求，则检查原因，修改程序，重新调试，直到满足要求为止。

8.5　巩固练习

1．当在传送带进料口放下已装配的工件时，变频器立即启动，驱动传动电动机以触摸屏给定的速度把工件带往分拣区，频率为 40~50Hz，可调节。各料槽的工件累计数据可以在触摸屏上显示，且数据在触摸屏上可以清零。根据以上要求完成人机界面组态和分拣程序的编写。

2．叙述气动连线、传感器接线、I/O 检测及故障排除方法。

3．如果在分拣过程中出现意外情况，应如何处理？

4．思考分拣站各种可能会出现的问题。

5．设计一个货物分拣控制系统，产品有塑料芯塑料外壳、塑料芯金属外壳和金属芯塑料外壳 3 种，塑料芯塑料外壳进 1 号仓位、塑料芯金属外壳进 2 号仓位、金属芯塑料外壳进 3 号仓位，当每种产品进入对应仓位时，该仓位的货物数量加 1。

（1）设备初始化，设备上电和气源接通后，按下设备复位按钮，3 个仓位的推料气缸均处于缩回位置，电动机、变频器均处于停止状态，"设备正常"指示灯 HL1 常亮，表示设备已准备好，否则，该指示灯以 1Hz 的频率闪烁。

（2）若设备已准备好，按下启动按钮，系统启动，"设备运行"指示灯 HL2 常亮。当传送带进料口检测传感器检测到有货物时，变频器立即以 15Hz 的频率启动，驱动传动电动机将货物带往分拣区。

（3）当货物为塑料芯塑料外壳时，电动机带动传送带以 25Hz 的频率运行；当货物为塑料芯金属外壳时，电动机带动传送带以 35Hz 的频率运行；当货物为金属芯塑料外壳时，电动机带动传送带以 45Hz 的频率运行。

（4）当货物由传送带运送到分拣位置时停止，经过 1s 延时后，启动推料气缸，将货物推入相应仓位。

（5）按下停止按钮，设备完成相应货物的分拣工作后传送带停止运行。在传送带运行过程中，设备运行指示灯 HL2 以 1Hz 的频率闪烁。

（6）若在分拣过程中出现设备故障，则按下急停按钮，设备立即停止。待故障解除后，继续完成当前货物的分拣。

项目 9 输送站的安装与调试

9.1 项目要求（输送站的结构与动作过程）

9.1.1 输送站的结构

输送站由抓取机械手装置、直线运动传动组件、拖链、PLC 模块、电磁阀组、气缸、传感器、伺服驱动器、伺服电机、接线端口及按钮和指示灯模块等部件组成。

输送站装置侧主要结构如图 9-1 所示。

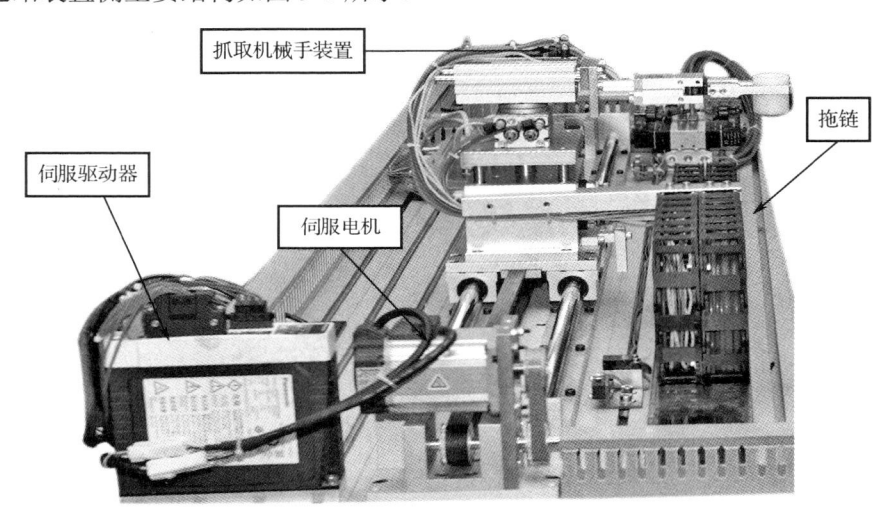

图 9-1 输送站装置侧主要结构

1）抓取机械手装置

抓取机械手装置是一个能实现升降、伸缩、气动手爪夹紧/松开，且沿垂直轴旋转的工作站，该装置整体安装在直线运动传动组件的滑动溜板上，在传动组件的带动下整体进行直线往复运动，定位到其他各工作站的物料台，完成抓取和放下工件的动作，图 9-2 所示为抓取机械手装置实物图。

抓取机械手装置的具体构成如下。

（1）气动手爪：用于在各个工作站物料台上夹紧（抓取）/松开（放下）工件。由一个二位五通双向电控阀控制。

（2）伸缩气缸：用于驱动手臂伸出/缩回。由一个二位五通单向电控阀控制。

（3）回转气缸：用于驱动手臂正/反向 90°旋转，由一个二位五通双向电控阀控制。

（4）提升气缸：用于驱动整个抓取机械手提升与下降，由一个二位五通单向电控阀控制。

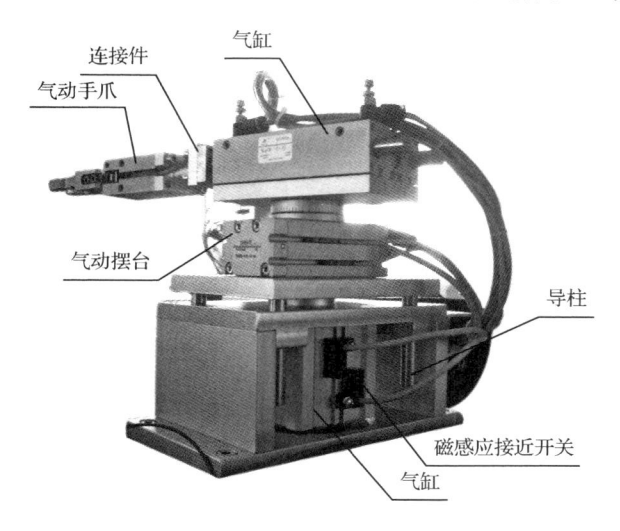

图 9-2 抓取机械手装置实物图

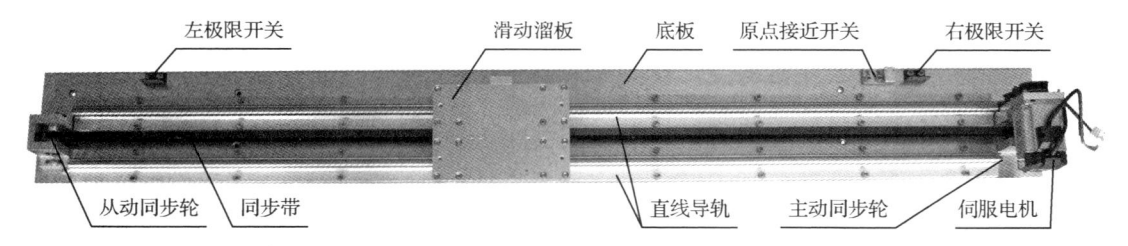

2）直线运动传动组件

直线运动传动组件用于拖动抓取机械手装置进行直线往复运动，完成精确定位，如图 9-3 所示。

图 9-3 直线运动传动组件

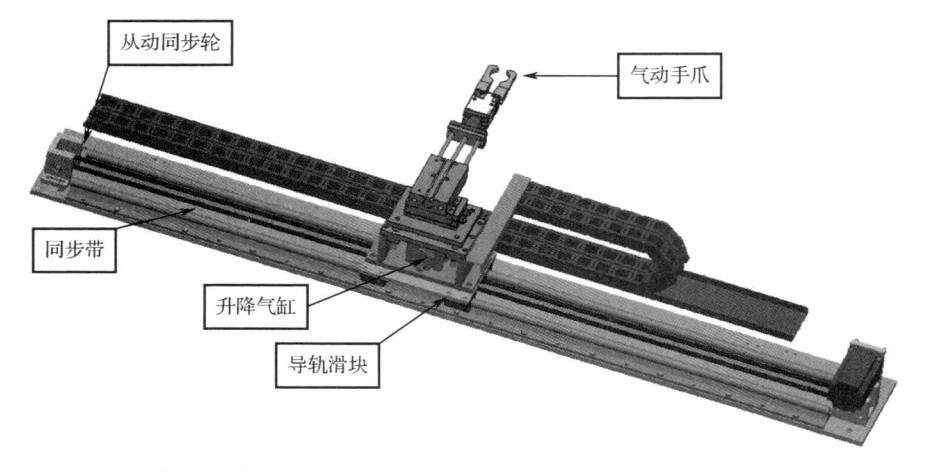

图 9-4 所示为直线运动传动组件和抓取机械手装置。

图 9-4 直线运动传动组件和抓取机械手装置

直线运动传动组件由底板、伺服电机、同步轮、同步带、直线导轨、滑动溜板、原点接近开关、左/右极限开关等组成。

伺服电机由伺服放大器驱动，通过同步轮和同步带带动滑动溜板沿直线导轨进行直线往复运动。从而带动固定在滑动溜板上的抓取机械手装置进行直线往复运动。同步轮的齿距为 5mm，共 12 个齿，同步轮旋转一周，搬运机械手的位移为 60mm。

抓取机械手装置上所有的气管和导线沿拖链敷设，进入线槽后分别连接到电磁阀组和接线端口上。

原点接近开关和右极限开关安装在直线运动传动组件底板上，如图 9-5 所示。

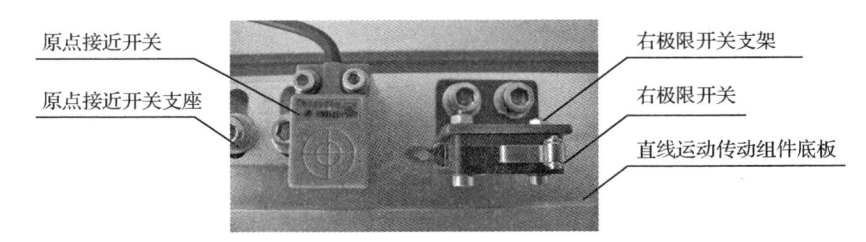

图 9-5　原点接近开关和右极限开关

原点接近开关是一个无触点的电感式接近开关，用来提供直线运动的起始点信号。左/右极限开关均是有触点的微动开关，用来提供越程故障时的保护信号：当滑动溜板在运动过程中越过左/右极限位置时，左/右极限开关会动作，从而向系统发出越程故障信号。

9.1.2　输送站的动作过程

驱动抓取机械手装置精确定位到指定站的物料台，在物料台上抓取工件，把抓取到的工件输送到指定地点放下。

输送站在网络系统中担任着主站的角色，它接收来自触摸屏的系统主令信号，读取网络上各从站的状态信息，加以综合后，向各从站发送控制要求，协调整个系统的工作。

输送站的动作过程：输送站运行的目标是测试设备传送工件的功能，要求其他各工作站已经就位，功能测试如图 9-6 所示，在供料站的出料台上放置了工件，具体测试要求如下。

（1）输送站在通电后，按下复位按钮 SB1，执行复位操作，使抓取机械手装置回到原点位置。在复位过程中，"正常工作"指示灯 HL1 以 1Hz 的频率闪烁。当抓取机械手装置回到原点位置，且输送单元的各个气缸满足初始位置要求时，表示复位完成，"正常工作"指示灯 HL1 常亮。按下启动按钮 SB2，设备启动，"设备运行"指示灯 HL2 常亮，开始进行功能测试。

（2）正常功能测试。

① 抓取机械手装置从供料站出料台抓取工件，抓取顺序：手臂伸出→手爪夹紧抓取工件→提升台上升→手臂缩回。

② 抓取动作完成后，伺服电机驱动抓取机械手装置向加工站移动，移动速度不得低于 300mm/s。

③ 当抓取机械手装置移动到加工站物料台的正前方后，把工件放到加工站物料台上。抓取机械手装置在加工站放下工件的顺序：手臂伸出→提升台下降→手爪松开放下工件→手臂缩回。

④ 放下工件动作完成 2s 后，抓取机械手装置执行抓取加工站的工件的操作，其抓取顺序与在供料站抓取工件的顺序相同。

⑤ 抓取动作完成后，伺服电机驱动抓取机械手装置移动到装配站物料台的正前方，把工件放到装配站物料台上，其动作顺序与在加工站放下工件的顺序相同。

⑥ 放下工件动作完成 2s 后，抓取机械手装置执行抓取装配站的工件的操作，其抓取顺序与在供料站抓取工件的顺序相同。

⑦ 机械手手臂缩回后，摆台逆时针旋转 90°，伺服电机驱动抓取机械手装置从装配站向分拣站运送工件，到达分拣站传送带上方进料口后把工件放下，其动作顺序与在加工站放下工件的顺序相同。

⑧ 放下工件动作完成后，抓取机械手装置的手臂缩回，执行返回原点的操作。伺服电机驱动抓取机械手装置以 400mm/s 的速度返回，返回 900mm 后，摆台顺时针旋转 90°，以 100mm/s 的速度低速返回原点。当抓取机械手装置返回原点后，一个测试周期结束。当在供料站的出料台上放置了工件时，按一次启动按钮 SB2，开始新一轮的测试。

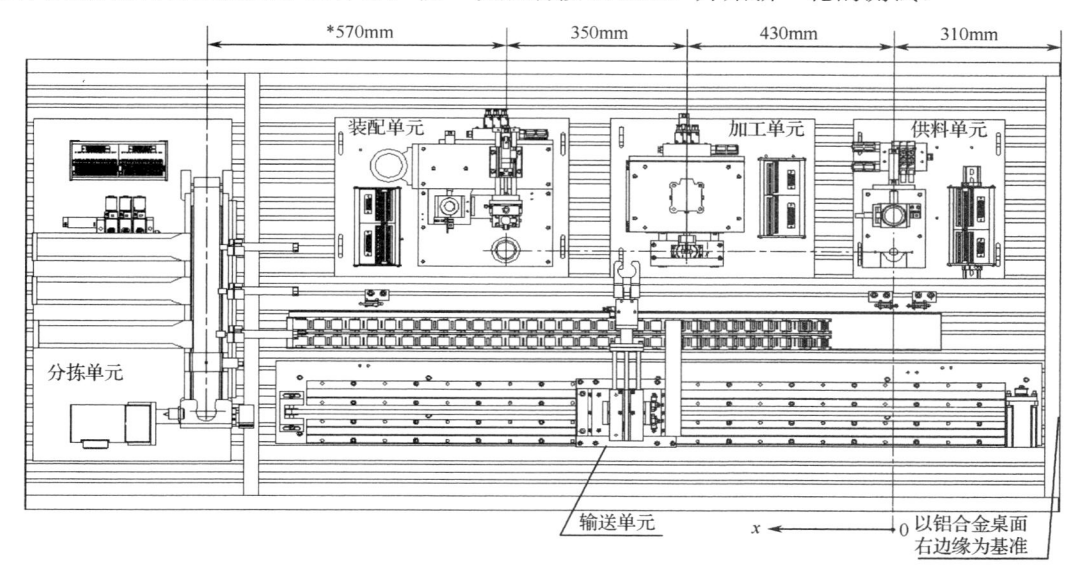

图 9-6 功能测试

（3）非正常运行的功能测试。

若在工作过程中按下急停按钮，则系统立即停止运行。在急停复位后，应从急停前的断点开始继续运行。若按下急停按钮时，输送站的抓取机械手装置正在向某一目标点移动，则急停复位后输送站的抓取机械手装置应先返回原点位置，再向原目标点移动。在急停状态下，绿色指示灯 HL2 以 1Hz 的频率闪烁，直到急停复位后恢复正常运行，HL2 才恢复常亮。

9.2 学习目标

1. 了解输送站的结构，了解输送的动作过程，并且能够叙述其安装与调试过程。

2. 掌握 A5 系列伺服电机的安装和接线方法，理解其基本参数的含义。能够用伺服驱动器对伺服电机进行控制，会设置伺服驱动器的参数。

3. 掌握 PLC 运动控制指令的使用和编程方法，能够实现伺服电机的定位控制。
4. 掌握输送站的安装过程，能够进行程序编写和调试。

9.3 相关知识（伺服技术）

9.3.1 伺服电机与伺服驱动器

高性能的伺服系统大多数为永磁交流伺服系统，包括永磁同步交流伺服电机和全数字交流永磁同步伺服驱动器两部分。

在 YL-335B 输送站中，采用了松下 MHMD022G1U 永磁同步交流伺服电机及 MADHT1506E 全数字交流永磁同步伺服驱动器作为运输机械手的运动控制装置，伺服电机结构如图 9-7 所示。

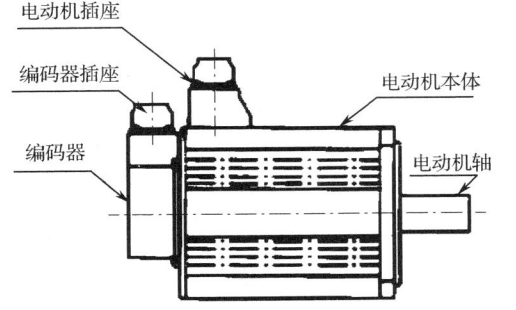

图 9-7 伺服电机结构

1. 伺服电机及伺服驱动器型号的含义

MHMD022G1U 的含义：MHMD 表示电动机类型为大惯量，02 表示电动机的额定功率为 200W，2 表示电压规格为 200V，G 表示编码器为增量式编码器，输出信号线数为 5。

MADHT1506E 的含义：MADH 表示松下 A5 系列 A 型驱动器，T1 表示最大瞬时输出电流为 10A，5 表示电源电压规格为单相 200V，06 表示电流监测器的额定电流为 6.5A。

伺服驱动器的外观和面板如图 9-8 所示。

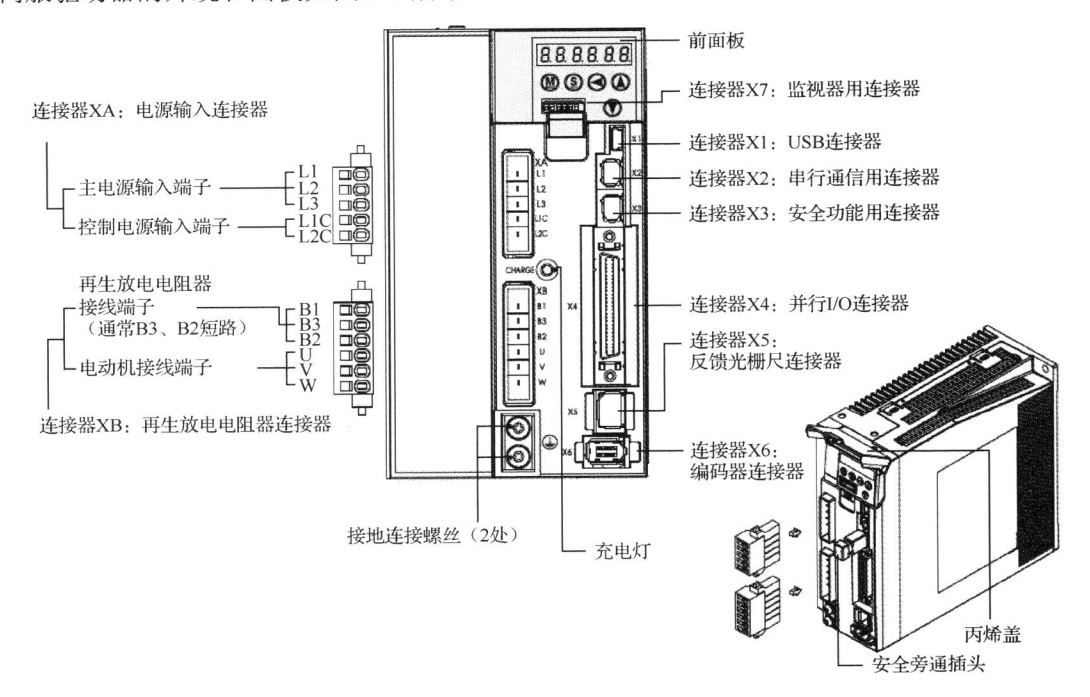

图 9-8 伺服驱动器的外观和面板

项目9 输送站的安装与调试

2．接线

MADHT1506E 伺服驱动器面板上有多个接口，具体如下。

① XA：电源输入接口，AC220V 电源连接到 L1、L3 主电源输入端子上，同时连接到控制电源输入端子 L1C、L2C 上。

② XB：电动机接口和再生放电电阻器接口。U、V、W 端子用于连接电动机。注意，电源电压必须按照驱动器铭牌上的指示电压供电，电动机接线端子（U、V、W、E）不可以接地或短路，交流伺服电机的旋转方向不像感应电动机那样可以通过交换三相相序来改变，必须保证驱动器上的 U、V、W、E 接线端子与电动机主回路接线端子按规定的次序一一对应，否则可能会造成驱动器损坏。必须保证电动机接线端子和驱动器接地端子及滤波器接地端子可靠连接到同一个接地点上，机身也必须接地。B1、B3、B2 是再生放电电阻器接线端子，YL-335B 没有使用。

③ X6：连接伺服电机编码器的信号接口，连接电缆应选用带有屏蔽层的双绞电缆，屏蔽层应连接到电动机侧的接地端子上，并且应确保将编码器电缆屏蔽层连接到插头的外壳（FG）上。

④ X4：I/O 控制信号接口，包括脉冲输送控制信号（OPC1）、伺服电机旋转方向控制信号（OPC2）、伺服使能输入信号（SERV-ON）、左/右限位保护信号（CCWL/CWL）、伺服报警输出信号（ALM+、ALM-）及本模块的工作电源输入信号（COM+、COM-）。

在 YL-335B 输送站中，伺服电机用于定位控制，选用位置控制模式，伺服驱动器电气接线图如图 9-9 所示。

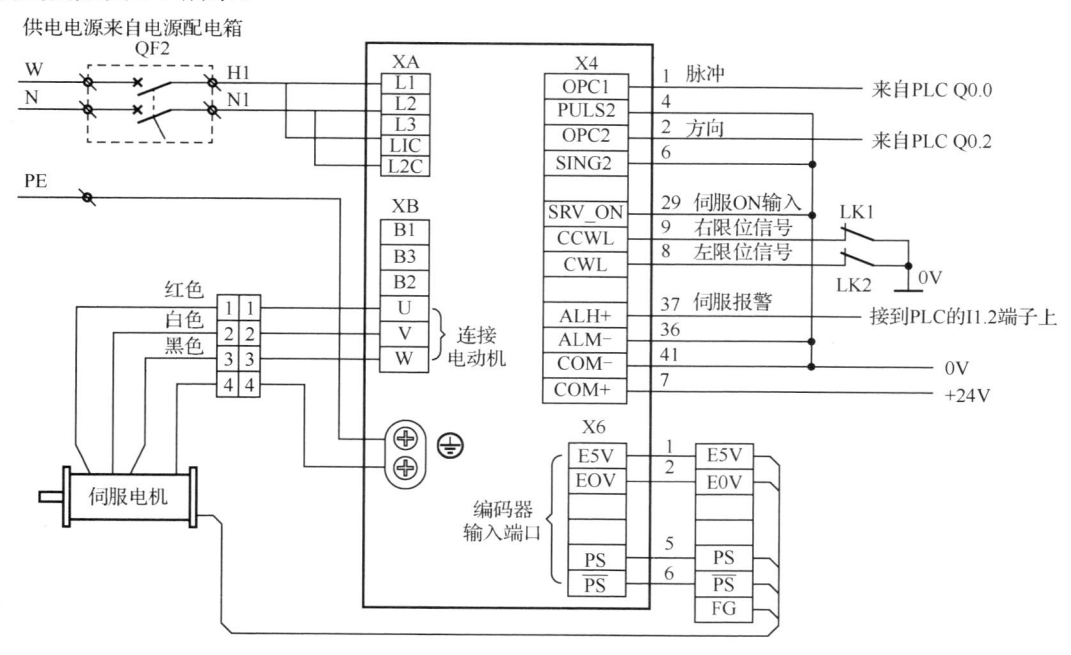

图 9-9 伺服驱动器电气接线图

3．控制方式

松下的伺服驱动器有 7 种控制方式，即位置控制、速度控制、转矩控制、位置/速度控制、位置/转矩控制、速度/转矩控制、全闭环控制。位置控制方式通过输入脉冲串来使电动机定位运行，电动机转速与脉冲串频率相关，电动机转动的角度与脉冲个数相关。速度控制方式有两种，一种是通过输入直流（-10V～+10V）指令电压调速，另一种是选用驱动器内设置的内部速度来调速。转矩控制方式通过输入直流（-10V～+10V）指令电压调节电动机的输出转矩，在这种方式下运行必须要进行速度限制，有如下两种方法：设置驱动器内的参数来限制速度及输入模拟量电压来限制速度。

4．伺服参数设置

MADHT1506E 伺服驱动器的参数为 Pr000～Pr639，可以在驱动器的面板上进行设置，如图 9-10 所示，伺服驱动器面板按钮说明如表 9-1 所示。

显示用LED（6位）
发生错误时转换为错误显示画面，LED呈闪烁状态（频率约为2Hz）。
警报发生时LED呈缓慢闪烁状态（频率约为1Hz）。

模式转换键（在模式显示时有效）
可转换为4种模式：
①监视器模式。
②参数设定模式。
③EEPROM写入模式。
④辅助功能模式。

设置键（一直有效）
用来在模式显示和执行显示之间切换。

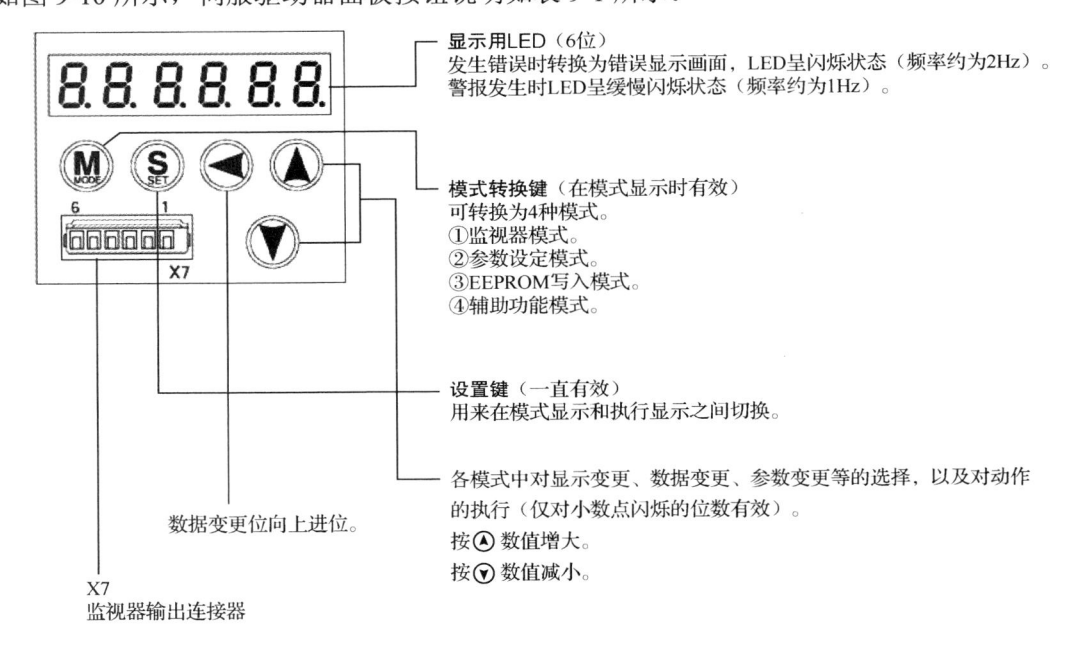

各模式中对显示变更、数据变更、参数变更等的选择，以及对动作的执行（仅对小数点闪烁的位数有效）。
按 ▲ 数值增大。
按 ▼ 数值减小。

数据变更位向上进位。

X7 监视器输出连接器

图 9-10 设置伺服驱动器面板参数

表 9-1 伺服驱动器面板按钮说明

按键说明	激活条件	功　能
M (MODE)	在模式显示时有效	在以下4种模式之间切换： （1）监视器模式； （2）参数设定模式； （3）EEPROM写入模式； （4）辅助功能模式
S (SET)	一直有效	用来在模式显示和执行显示之间切换
▲ ▼	仅对小数点闪烁的位数有效	改变显示内容，更改参数，选择参数或执行选中的操作
◀		把移动的小数点移到更高位数

项目 9 输送站的安装与调试

面板操作说明如下。

（1）恢复出厂值：驱动器上电后，按一次设置键 S 进入 d01.Spd；按 3 次模式键 M 进入辅助模式 AF_ACL，按 6 次向上键直到出现 AF_ini 为止；按一次设置键 S 进入 ini-模式；再按住向上键约 3s 后，显示 ini- - -逐渐增加，直到显示 FINISH 为止，设置参数恢复出厂值完毕。

（2）参数设置：先按"SET"键，再按"MODE"键选择"Pr0.00"，按向上、向下或向左的方向键选择通用参数的项目，按"SET"键进入。按向上、向下或向左的方向键调整参数，调整完后，长按"S"键返回。随后可选择其他项进行调整。

（3）参数保存：按"M"键选择"EE-SET"后按"SET"键确认，出现"EEP-"，按向上键 5s，出现"FINISH"或"reset"，重新上电即可保存。

（4）部分参数说明如下。

在 YL-335B 型自动化生产线中需要设置伺服系统的参数。YL-335B 型自动化生产线中的伺服系统工作在位置控制模式下，PLC 的高速脉冲输出端输出脉冲作为伺服驱动器的位置指令，脉冲数量决定了伺服电机的旋转位移，即机械手的直线位移，脉冲频率决定了伺服电机的旋转速度，即机械手的运动速度。PLC 的另一个输出点作为伺服驱动器的方向指令。伺服系统的参数设置应满足控制要求，并与 PLC 的输出相匹配。

① 指定伺服电机旋转的正方向。设定参数为 Pr0.00，若设定值为 0，则在发出正向指令时，伺服电机的旋转方向为 CCW 方向（从轴侧看伺服电机为逆时针方向旋转），若设定值为 1，则发出正向指令时，伺服电机的旋转方向为 CW 方向（从轴侧看伺服电机为顺时针方向旋转）。

YL-335B 型自动生产线的输送站要求抓取机械手装置运动的正方向是远离伺服电机的方向。这时要求伺服电机的旋转方向为 CW 方向，从轴侧看伺服电机为顺时针方向旋转，因此 Pr0.00 的设定值为 1。

② 指定伺服系统的运行模式。设定参数为 Pr0.01，该参数的设定范围为 0～6，默认值为 0，指定定位控制模式。

③ 设定运行中发生越程故障时的保护策略。设定的参数为 Pr5.04，设定的范围为 0～2，数值含义如下。

0：当发生正方向或负方向的越程故障时，驱动禁止，但不发生报警。

1：POT、NOT 驱动禁止无效（默认值）。

2：POT/NOT 任意方向的输入将发生 Err38.0 出错报警。

在抓取机械手装置运动时，如果发生越程故障，可能会导致设备损坏，因此该参数应设定为 2，此时发生越程故障，伺服电机将立即停止，只有越程信号复位，且在驱动器断电后重新上电，报警装置才能复位。

④ 设定驱动器接收指令脉冲信号的形态，以适应 PLC 输出信号。

指令脉冲信号的形态包括指令脉冲信号极性和指令脉冲输入模式两方面，分别用 Pr0.06 和 Pr0.07 两个参数设置。

Pr0.06 用于设定指令脉冲信号极性，将其设定为 0 时为正逻辑，输入信号为高电平，有电流输入为"1"；将其设定为 1 时为负逻辑。PLC 的定位控制指令都采用正逻辑，因此 Pr0.06 的设定值为 0。

Pr0.07 用来确定指定指令脉冲输入模式,旋转方向可用两相正交脉冲、正向旋转脉冲和反向旋转脉冲、指令脉冲加指令方向 3 种方式来表征,当设定 Pr0.07=3 时,只能选择指令脉冲加指令方向的方式。

⑤ 设置电子齿轮比,以设置指令脉冲的行程。

伺服驱动器配置了 Pr0.08 这一参数,其含义为伺服电机每旋转一周的指令脉冲数。在 YL-335B 型自动生产线中,伺服电机所连接的同步轮齿数为 12,齿距为 5mm,因此伺服电机每旋转一周,抓取机械手装置移动 60mm。为了便于编程计算,希望脉冲当量为 0.01mm,即伺服电机旋转一周需要 PLC 发送 6000 个脉冲,因此把 Pr0.08 设置为 6000。

⑥ 设置前面板显示 LED 的初始状态,设定参数为 Pr5.28,参数设定范围为 0~35,默认值为 1,显示电动机实际转速。

以上 6 个参数是 YL-335B 型自动生产线的伺服系统在正常运行时所必需的。应注意的是,对这 6 个参数的设置修改必须在控制电源断电重启之后才能生效。

9.3.2 MAP 指令库安装及指令应用

利用 S7-200 PLC 的 MAP 指令库可以实现脉冲输出。S7-200 PLC 提供了 MAP SERV Q0.0 和 MAP SERV Q0.1 两个定位控制指令库,分别用于 Q0.0 和 Q0.1 的脉冲串输出,其功能完全相同。

1. MAP 指令库的安装

由于 MAP 指令库不包含在 STEP 7-Micro/WIN 编程软件的基本指令库中,所以使用前需要先到西门子官方网站下载文件"MAP SERV.zip",再进行安装。安装时,打开 STEP 7-Micro/WIN 软件,在指令目录树下,右击"库",单击"添加/删除库"按钮,添加下载的库文件即可,安装后指令库所在位置如图 9-11 所示。使用该库时,必须为该库分配 68Byte(每个库)的全局变量。右击"程序块"项,在弹出的快捷菜单中选择"库存储区"选项,如图 9-12 所示。单击"建议地址"按钮,即可对 Q0.0 和 Q0.1 的 MAP 指令库分配存储区,如图 9-13 所示。

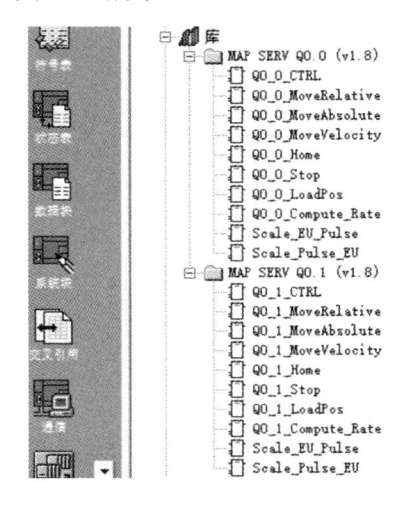

图 9-11 安装后指令库所在位置　　图 9-12 右击"程序块"

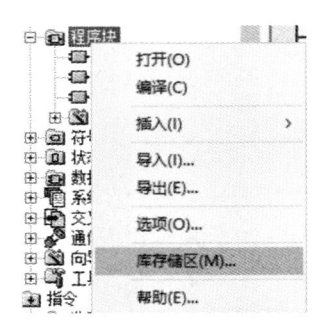

项目 9 输送站的安装与调试

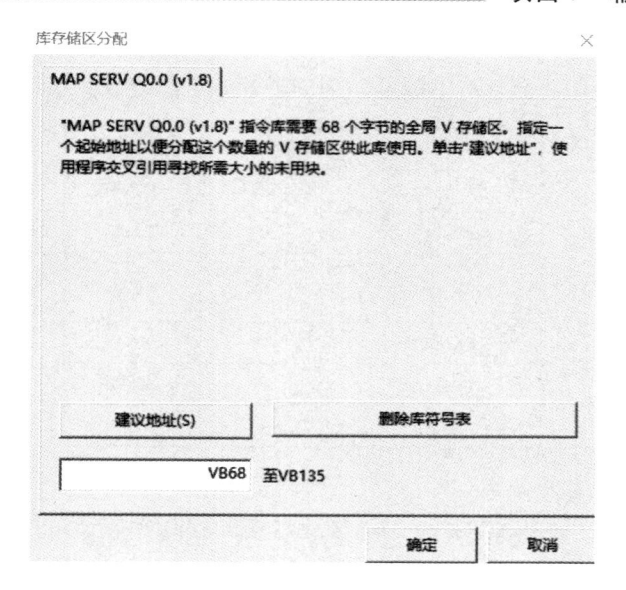

图 9-13 分配存储区

2．MAP 指令库各功能块的功能

MAP SERV Q0.x 指令库包括 9 个功能块，MAP SERV Q0.x 指令库功能块及其功能如表 9-2 所示。

表 9-2 MAP SERV Q0.x 指令库功能块及其功能

功 能 块	功 能
Q0_x_CTRL	参数定义和控制
Q0_x_MoveRelative	执行一次相对位移运动
Q0_x_MoveAbsolute	执行一次绝对位移运动
Q0_x_MoveVelocity	按预设的速度运动
Q0_x_Home	寻找参考点位置
Q0_x_Stop	停止运动
Q0_x_LoadPos	重新装载当前位置
Scale_EU_Pulse	将距离值转换为脉冲数
Scale_Pulse_EU	将脉冲数转换为距离值

（1）Q0_x_CTRL 功能块。

该功能块用于传递全局参数，每个扫描周期都需要被调用，Q0_x_CTRL 指令格式与功能描述如表 9-3 所示。

表 9-3　Q0_x_CTRL 指令格式与功能描述

梯形图	参数	类型	格式	单位	意义
Q0_0_CTRL EN ???? — Velocit~　C_Pos — ???? ???? — Velocit~ ???? — accel_d~ ??.? — Fwd_Lim~ ??.? — Rey_Lim~	Velocity_SS	IN	DINT	Pulse/sec.	启动/停止频率
	Velocity_Max	IN	DINT	Pulse/sec.	最大频率
	accel_dec_time	IN	REAL	sec.	最大加/减速时间
	Fwd_Limit	IN	BOOL		正向限位开关
	Rey_Limit	IN	BOOL		反向限位开关
	C_Pos	OUT	DINT	Pulse	当前绝对位置

Q0_x_CTRL 指令说明如下。

① Velocity_SS 是最小脉冲频率，是加速过程的起点和减速过程的终点，即电动机启动/停止频率。

② Velocity_Max 是最大脉冲频率，受限于电动机最大频率和 PLC 的最大输出频率，与在高速脉冲输出向导设置过程中指定电动机转速的 Max_SPEED 参数的设置相同。在程序中如果输入超出(Velocity_SS, Velocity_Max)范围的脉冲频率，将会被 Velocity_SS 或 Velocity_Max 取代。

③ accel_dec_time 是由最小频率加速到最大频率所用的时间或由最大频率减速到最小频率所用的时间，两者相等，其范围被规定为 0.02～32.0s。

注意：超出 accel_dec_time 范围的值仍可以被写入功能块，但会导致定位过程出错。

④ Fwd_Limit 为正向限位开关，Rev_Limit 为反向限位开关。

⑤ C_Pos 为脉冲绝对值输出（当前绝对位置）。

（2）Q0_x_MoveRelative 功能块。

该功能块用于让轴按照指定的方向，以指定的速度，移动指定的相对位移。Q0_x_MoveRelative 指令格式与功能描述如表 9-4 所示。

表 9-4　Q0_x_MoveRelative 指令格式与功能描述

梯形图	参数	类型	格式	单位	意义
Q0_0_MoveRelative EN —EXECUTE ???? — Num_Pul~　Done — ??.? ???? — Velocity ??.? — Directi~	EXECUTE	IN	BOOL		相对位置运动的执行位
	Num Pulses	IN	DINT	Pulse	相对位移（必须>1）
	Velocity	IN	DINT	Pulse/sec	预置频率
	Direction	IN	BOOL		预置方向 0=反向 1=正向
	Done	OUT	BOOL		完成位（1=完成）

（3）Q0_x_MoveAbsolute 功能块。

该功能块用于让轴以指定的速度运动到指定的绝对位置。Q0_x_MoveAbsolute 指令格式与功能描述如表 9-5 所示。

表 9-5 Q0_x_MoveAbsolute 指令格式与功能描述

梯 形 图	参 数	类 型	格 式	单 位	意 义
Q0_0_MoveAbsolute EN —EXECUTE ????—Position Done—??.? ????—Velocity	EXECUTE	IN	BOOL		绝对位移运动的执行位
	Position	IN	DINT	Pulse	绝对位移
	Velocity	IN	DINT	Pulse/sec.	预置频率
	Done	OUT	BOOL		完成位（1=完成）

（4）Q0_x_MoveVelocity 功能块。

该功能块用于让轴按照指定的方向和频率运动，在运动过程中可对频率进行更改，Q0_x_MoveVelocity 指令格式与功能描述如表 9-6 所示。

表 9-6 Q0_x_MoveVelocity 指令格式与功能描述

梯 形 图	参 数	类 型	格 式	单 位	意 义
Q0_0_MoveVelocity EN —EXECU~ —Veloc~ Error— —Direc~ C_Pos—	EXECUTE	IN	BOOL		执行位
	Velocity	IN	DINT	Pulse/sec.	预置频率 Velocity_SS≤Velocity≤Velocity_Max
	Direction	IN	BOOL		预置方向（0=反方向，1=正方向）
	Error	OUT	BYTE		故障标识（0=无故障，1=立即停止，3=执行错误）
	C-Pos	OUT	DINT	Pulse	当前绝对位置

Q0_x_MoveVelocity 指令说明：Q0_x_MoveVelocity 功能块只能通过 Q0_x_Stop 功能块来停止轴运动。

（5）Q0_x_Home 功能块。

该功能块用于寻找参考点，Q0_x_Home 指令格式与功能描述如表 9-7 所示。

表 9-7 Q0_x_Home 指令格式与功能描述

梯 形 图	参 数	类 型	格 式	单 位	意 义
Q0_0_Home EN —EXECUTE ????—Position Done—??.? ??.?—Start_D~ Error—??.?	EXECUTE	IN	BOOL		寻找参考点的执行位
	Position	IN	DINT	Pulse	参考点的绝对位移
	Star Dir	IN	BOOL		寻找参考点的起始方向（0=反向，1=正向）
	Done	OUT	BOOL		完成位（1=完成）
	Error	OUT	BOOL		故障位（1=故障）

Q0_x_Home 指令说明：该功能块用于寻找参考点，在寻找过程的起始，电动机首先以 Start_Dir 的方向、Homing_Fast_Spd 的速度开始寻找；在碰到 Limit Switch（Fwd_Limit 或 Rev_Limit）后，减速至停止，开始以相反方向寻找；当碰到参考点开关（I0.0 或 I0.1）的上升沿时，开始减速到"Homing_Slow_Spd"。若此时的方向与"Final_Dir"相同，则在碰

到参考点开关的下降沿时停止运动,并且将计数器 HC0 的计数值设为"Position"中所定义的值。若当前方向与"Final_Dir"不同,则要改变运动方向,这样就可以保证参考点始终在参考点开关的同一侧,具体是哪一侧取决于"Final_Dir"。

(6) Q0_x_Stop 功能块。

该功能块用于使轴减速,直至停止,Q0_x_Stop 指令格式与功能描述如表 9-8 所示。

表 9-8 Q0_x_Stop 指令格式与功能描述

梯形图	参数	类型	格式	单位	意义
Q0_0_Stop EN EXECUTE Done — ??.?	EXECUTE	IN	BOOL		执行位
	Done	OUT	BOOL		完成位(1=完成)

(7) Q0_x_LoadPos 功能块。

该功能块用于将当前位置的绝对位置设置为预置值,Q0_x_LoadPos 指令格式与功能描述如表 9-9 所示。

表 9-9 Q0_x_LoadPos 指令格式与功能描述

梯形图	参数	类型	格式	单位	意义
Q0_0_LoadPos EN EXECUTE ???? — New_Pos Done — ??.? Error — ???? C_Pos — ????	EXECUTE	IN	BOOL		设置绝对位置的执行位
	New Pos	IN	DINT	Pulse	预置绝对位置
	Done	OUT	BOOL		完成位(1=完成)
	Error	OUT	BYTE		故障位(1=故障)
	C Pos	OUT	DINT	Pulse	当前绝对位置

说明:使用该功能块将使原参考点失效。

(8) Scale_EU_Pulse 功能块。

该功能块用于将一个位置量转换为一个脉冲量,可用于将一段位移转换为脉冲数,或将速度转换为脉冲频率。

(9) Scale_Pulse_EU 功能块。

该功能块用于将一个脉冲量转换为一个位置量,可用于将一段脉冲数转换为位移,或将脉冲频率转换为速度。

9.3.3 MAP 指令库使用注意事项

(1) MAP 指令库的输入输出点。

MAP 指令库的输入输出点由指令库事先定义,用户无法变更。因此,在使用 MAP 指令库时,必须按照预先定义的输入输出点接线,否则系统不会按要求运行。预先定义的输入输出点如表 9-10 所示。

表 9-10 预先定义的输入输出点

名　称	MAP SERV Q0.0	MAP SERV Q0.1
脉冲输出	Q0.0	Q0.1
方向输出	Q0.2	Q0.3
参考点输入	I0.0	I0.1
所用的高速计数器	HC0	HC3
高速计数器预置值	SMD 42	SMD 142
手动速度	SMD 172	SMD 182

(2) 限位开关的意义。

为了更好地应用 MAP 指令库进行位移控制,需要在运动轨迹上添加 3 个限位开关,它们是参考点接近开关(Home)、正向限位开关(Fwd_Limit)和反向限位开关(Rev_Limit),如图 9-14 所示。

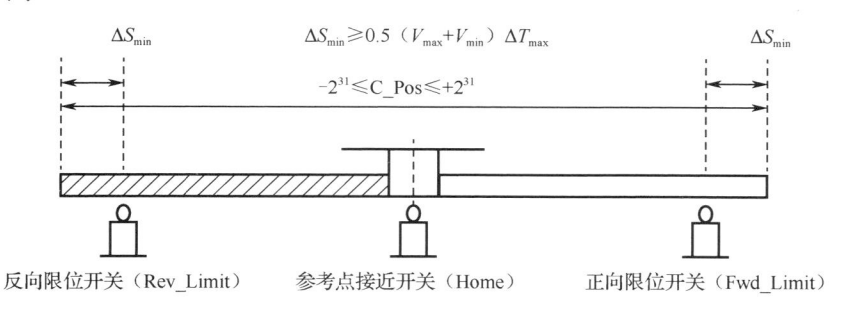

图 9-14 限位开关位置

图中标注:ΔS_{min},$\Delta S_{min} \geq 0.5(V_{max}+V_{min})\Delta T_{max}$,$-2^{31} \leq C\_Pos \leq +2^{31}$

反向限位开关(Rev_Limit)　　参考点接近开关(Home)　　正向限位开关(Fwd_Limit)

参考点接近开关(Home)用于定义绝对位置(C_Pos)的零点。系统运行以绝对位置为参考点,通过加减计数实现定位控制,其计数范围为(-2147483648~+2147483647)。若反向限位开关被运动设备触碰,则该运动设备会减速停止,因此,限位开关的安装位置应当留出足够的裕量 ΔS_{min},以免运动设备滑出轨道尽头。

9.4 项目解决步骤

步骤 1. 机械安装

为了提高安装的速度和准确性,对本站的安装同样遵循先组装成组件、再进行总装的原则。

(1) 组装直线运动组件的步骤如下。

① 在底板上装配直线导轨。直线导轨是精密机械运动部件,其安装、调试都要遵循一定的方法和步骤,而且该站中使用的直线导轨的长度较长,要快速、准确地调整好直线导

轨的位置，使其运动平稳、受力均匀、运动噪声小。

② 装配大溜板、4个滑块组件：将大溜板与两个直线导轨上的4个滑块的位置找准并进行固定，在拧紧固定螺栓的时候，应一边推动大溜板左右运动，一边拧紧螺栓，直到滑动顺畅为止。

③ 连接同步带：将连接了4个滑块的大溜板从直线导轨的一端取出。由于用于滚动的滚珠嵌在滑块的橡胶套内，因此一定要避免橡胶套受到破坏或因用力太大致使钢球掉落。将两个同步带固定座安装在大溜板的反面，用于固定同步带的两端。

接下来分别将调整端同步轮安装支架组件、电动机侧同步轮安装支架组件上的同步轮套入同步带的两端，在此过程中应注意电动机侧同步轮安装支架组件的安装方向及两个组件的相对位置，并将同步带两端分别固定在各自的同步带固定座内，同时要注意保持安装好后的同步带平顺一致。完成以上安装任务后，将滑块套在柱形导轨上，套入时，一定不能损坏滑块内的滑动滚珠及滚珠的保持架。

④ 同步轮安装支架组件装配：先将伺服电机侧同步轮安装支架组件用螺栓固定在导轨安装底板上，再将调整端同步轮安装支架组件与底板连接，调整好同步带的松紧度，锁紧螺栓。

⑤ 伺服电机安装：将伺服电机安装板固定在伺服电机侧同步轮安装支架组件的相应位置，将伺服电机与伺服电机安装板连接，并在主动轴、电动机轴上分别套接同步轮，安装好同步带，调整电动机位置，锁紧连接螺栓，安装左/右限位及原点传感器支架。

注意：在以上各组件中，轴承及轴承座均为精密机械零部件，进行拆卸及组装时需要较熟练的技能和专用工具，因此，不可轻易对其进行拆卸或维修工作。

（2）组装机械手装置，装配步骤如下。

① 提升机构组装如图9-15所示。

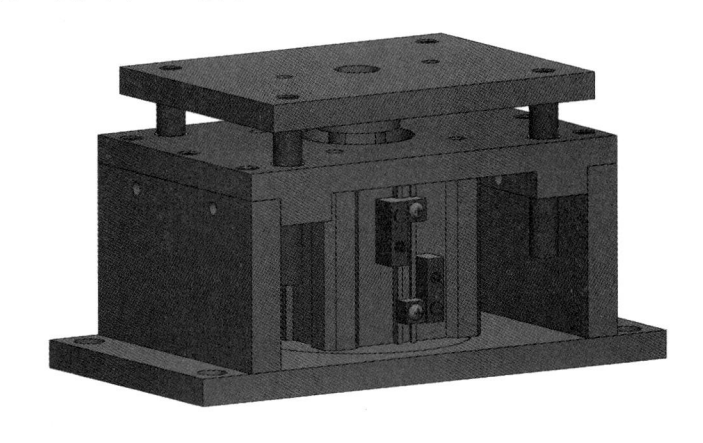

图9-15 提升机构组装

② 先把气动摆台固定在组装好的提升机构上，再在气动摆台上固定导杆气缸安装板，安装时注意要先找好导杆气缸安装板与气动摆台连接的原始位置，以便有足够的回转角度。

③ 连接气动手爪和导杆气缸，把导杆气缸固定到导杆气缸安装板上，完成抓取机械手装置的装配。

（3）把抓取机械手装置固定到直线运动组件的大溜板上，装配完成的抓取机械手装置如图 9-16 所示。检查气动摆台上的导杆气缸、气动手爪组件的回转位置是否满足在其余各工作站上抓取和放下工件的要求，可以进行适当的调整。

图 9-16　装配完成的抓取机械手装置

（4）气路连接和电气配线敷设。

当抓取机械手装置进行直线往复运动时，连接到抓取机械手装置上的气管和电气连接线也随之运动。应确保这些气管和电气连接线运动顺畅，不至于在移动过程中拉伤或脱落，这是安装过程中重要的一环。

先将连接到抓取机械手装置上的管线绑扎在拖链安装支架上，再沿拖链敷设，进入管线线槽。绑扎管线时要注意管线引出端到绑扎处之间应保持足够的长度，以免机构运动时将其拉紧造成脱落。沿拖链敷设时应注意管线间不要相互交叉。装配完成的输送站装配侧如图 9-17 所示。

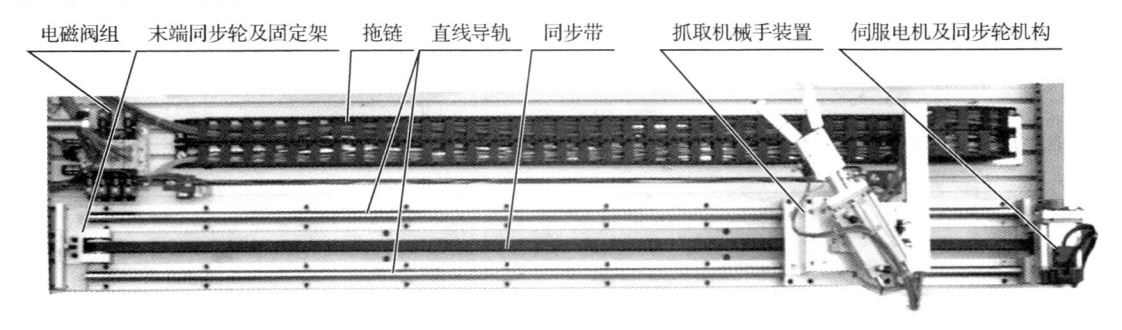

图 9-17　装配完成的输送站装配侧

输送站单站运行的目标是测试传送工件的功能，要求其他各工作站已经就位，并且在供料站的出料台上放置了工件。自动化生产线设备俯视图如图 9-18 所示。

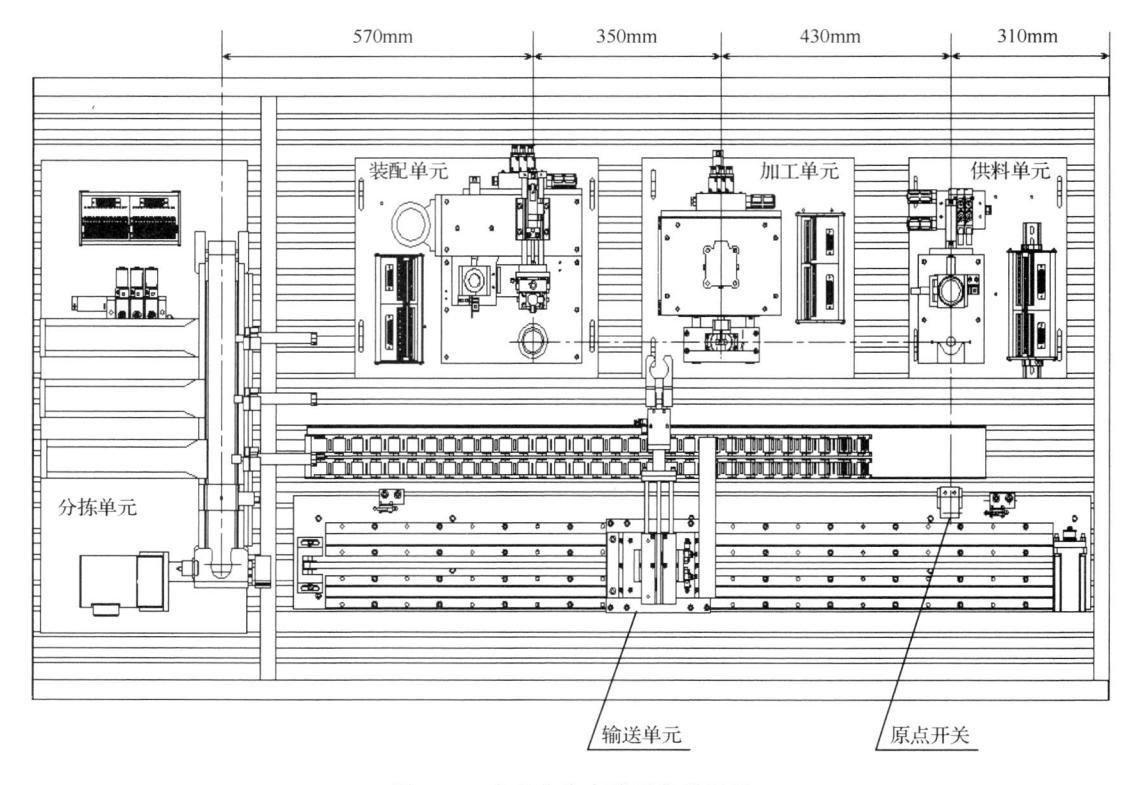

图 9-18 自动化生产线设备俯视图

步骤 2．气路连接和调试（参见项目 2 气路连接和调试）

将输送站的抓取机械手装置上的所有气缸连接的气管沿拖链敷设，插接到电磁阀组上，输送站气动控制回路原理图如图 9-19 所示。

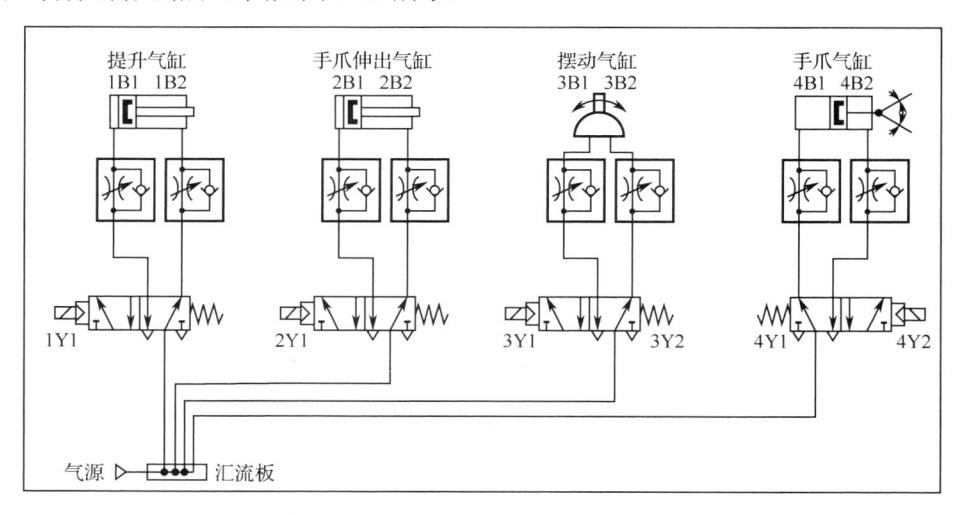

图 9-19 输送站气动控制回路原理图

在输送站气动控制回路中，驱动摆动气缸和手爪气缸的电磁阀采用的是二位五通双电控电磁阀，双电控电磁阀示意图如图 9-20 所示。

项目 9　输送站的安装与调试

双电控电磁阀与单电控电磁阀的区别在于，对于单电控电磁阀，在无电控信号时，阀芯在弹簧力的作用下会复位；而对于双电控电磁阀，在两端都无电控信号时，阀芯的位置取决于前一个电控信号。

注意：双电控电磁阀的两个电控信号不能同时为"1"，即在控制过程中不允许两个线圈同时得电，否则，可能会造成电磁阀线圈烧毁，当然，在这种情况下，阀芯的位置是不确定的。

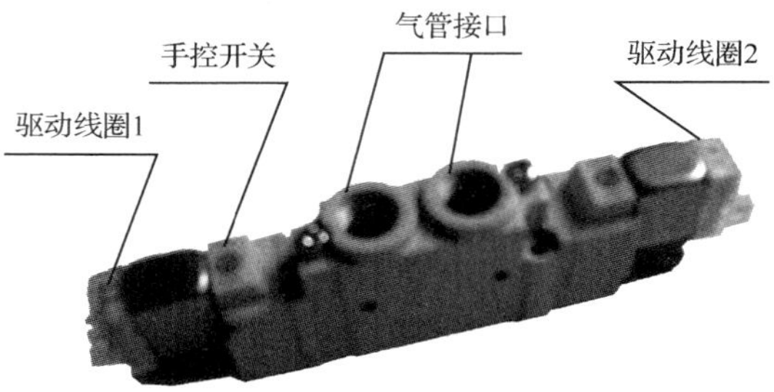

图 9-20　双电控电磁阀示意图

步骤 3．输入信号器件和输出信号器件分析

输入信号器件分析如下：

原点检测传感器 SC1（常开触点）。
右限位保护 SQ1（常开触点）。
左限位保护 SQ2（常开触点）。
机械手提升下限检测 1B1（常开触点）。
机械手提升上限检测 1B2（常开触点）。
机械手旋转左限检测 2B1（常开触点）。
机械手旋转右限检测 2B2（常开触点）。
机械手伸出检测 3B1（常开触点）。
机械手缩回检测 3B2（常开触点）。
手爪夹紧检测 4B（常开触点）。
伺服报警（常开触点）。
启动按钮 SB1（常开触点）。
复位按钮 SB2（常开触点）。
急停按钮 SB3（常闭触点）。
方式选择（单站/全线）SA（常开触点）。

输出信号器件分析如下：

脉冲。
方向。
机械手提升电磁阀 YV1 线圈。
回转气缸左旋电磁阀 YV2 线圈。
回转气缸右旋电磁阀 YV3 线圈。
手爪伸出电磁阀 YV4 线圈。
手爪夹紧电磁阀 YV5 线圈。
手爪放松电磁阀 YV6 线圈。
报警指示。
运行指示。

停止指示。

步骤 4. 硬件 PLC 配置

因为需要输出驱动伺服电机的高速脉冲，所以 PLC 应采用晶体管输出型。另外，输送站所需的 I/O 点数较多。基于上述考虑，选用西门子 S7-226 CPU DC/DC/DC 型 PLC，共 24 点输入、16 点晶体管输出。

步骤 5. 输入信号器件和输出信号器件地址分配

输入信号器件地址分配如下：
原点检测传感器 SC1（常开触点）：I0.0。
右限位保护 SQ1（常开触点）：I0.1。
左限位保护 SQ2（常开触点）：I0.2。
机械手提升下限检测 1B1（常开触点）：I0.3。
机械手提升上限检测 1B2（常开触点）：I0.4。
机械手旋转左限检测 2B1（常开触点）：I0.5。
机械手旋转右限检测 2B2（常开触点）：I0.6。
机械手伸出检测 3B1（常开触点）：I0.7。
机械手缩回检测 3B2（常开触点）：I1.0。
手爪夹紧检测 4B（常开触点）：I1.1。
伺服报警（常开触点）：I1.2。
启动按钮 SB1（常开触点）：I2.4。
复位按钮 SB2（常开触点）：I2.5。
急停按钮 SB3（常闭触点）：I2.6。
方式选择（单站/全线）SA（常开触点）：I2.7。

输出信号器件地址分配如下：
脉冲：Q0.0。
方向：Q0.2。
机械手提升电磁阀 YV1 线圈：Q0.3。
回转气缸左旋电磁阀 YV2 线圈：Q0.4。
回转气缸右旋电磁阀 YV3 线圈：Q0.5。
手爪伸出电磁阀 YV4 线圈：Q0.6。
手爪夹紧电磁阀 YV5 线圈：Q0.7。
手爪放松电磁阀 YV6 线圈：Q1.0。
报警指示 HL1：Q1.5。
运行指示 HL2：Q1.6。
停止指示 HL3：Q1.7。

步骤 6. 绘制接线图

输送站接线图如图 9-21 所示。

讲解输送站接线图

项目9 输送站的安装与调试

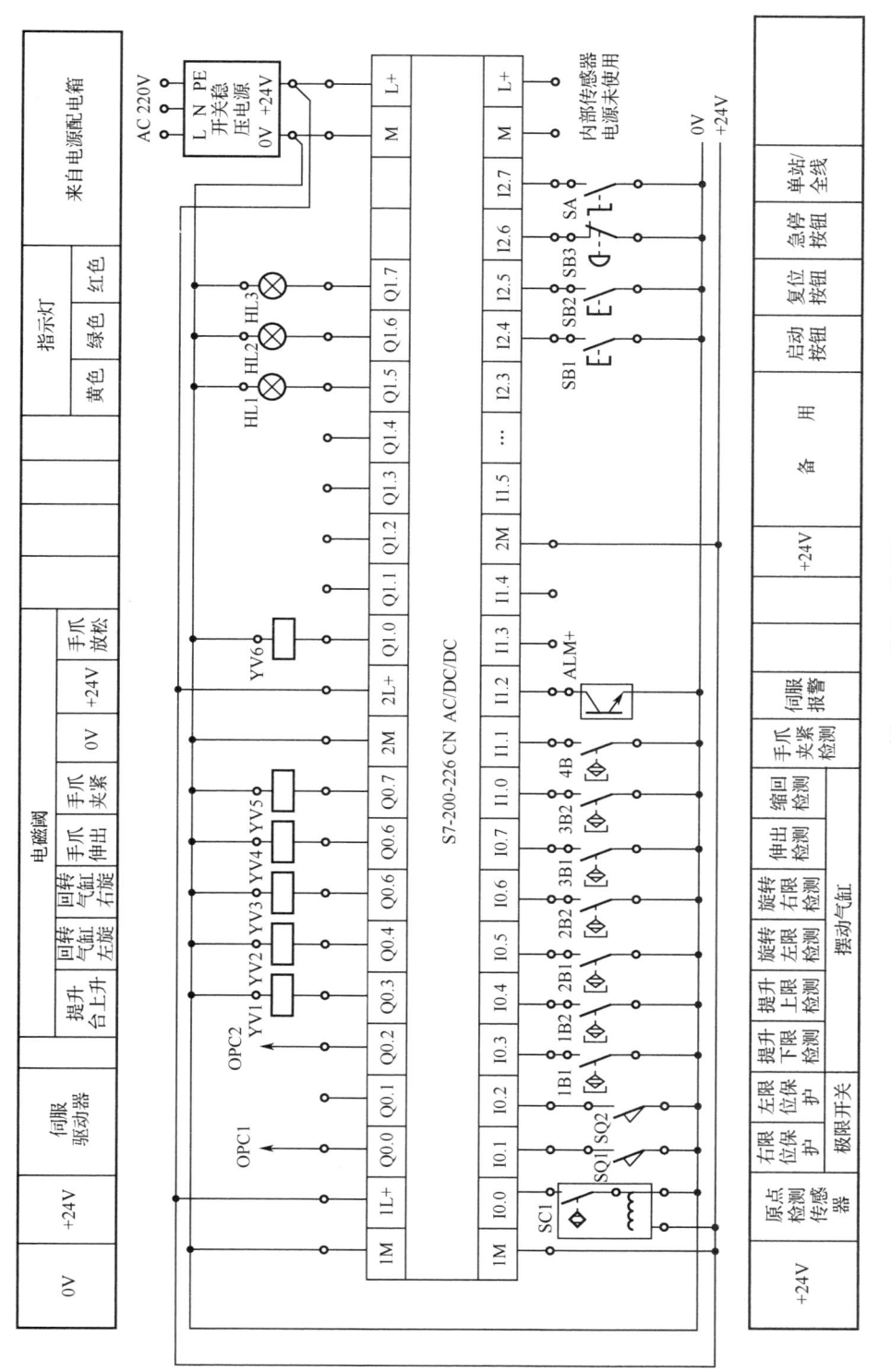

图 9-21 输送站接线图

左/右极限开关 LK2 和 LK1 的动合触点分别连接 PLC 输入点 I0.2 和 I0.1。必须注意的是，LK2、LK1 均提供一对转换触点，它们的静触点应连接公共点 COM，而动触点必须连接伺服驱动器的控制端口的 CCWL（9 号引脚）和 CWL（8 号引脚）作为硬件联锁保护（见图 9-9），目的是防止由程序错误引起冲极限故障而造成设备损坏。接线时务必注意：晶体管输出的 S7-200 系列 PLC，供电电源采用 DC24V 的直流电源，与前面各工作单元的继电器输出的 PLC 不同。接线时也请注意：千万不要把 AC220V 电源连接到其电源输入端上。

电气接线包括在工作站装置侧完成各传感器、电磁阀、电源端子等引线到装置侧接线端口之间的接线，以及在 PLC 侧进行电源连接、I/O 点接线等。

接线时应注意，在装置侧接线端口中，输入信号端子的上层端子（+24V）只能作为传感器的正电源端，切勿用于电磁阀等执行元件的负载。电磁阀等执行元件的正电源端和 0V 端应连接到输出信号端子下层的相应端子上。完成装置侧接线后，应用扎带绑扎，力求整齐美观。

电气接线的工艺应符合国家职业标准规定，如导线连接到端子时，采用压紧端子压接方法；连接线应有符合规定的标号；每个端子连接的导线不得超过 2 根等。

步骤 7. 伺服驱动器参数设置

在 YL-335B 上，伺服驱动装置工作于位置控制模式下，S6-226 的 Q0.0 输出脉冲作为伺服驱动器的位置指令，脉冲数量决定伺服电机的旋转位移，即机械手的直线位移，脉冲频率决定了伺服电机的旋转速度，即机械手的运动速度，S7-226 的 Q0.2 输出脉冲作为伺服驱动器的方向指令。根据上述要求，伺服驱动器参数设置如表 9-11 所示。

表 9-11 伺服驱动器参数设置

序号	参数号	参数名	设置值	默认值	功能
1	Pr0.01	控制模式	0	0	位置控制
2	Pr0.02	实时自动增益	1	1	为 1 时是标准模式，实时自动增益调整有效，是重视稳定性的模式
3	Pr0.03	实时自动增益的机械刚性选择	13	13	实时自动增益调整有效时的机械刚性设定，此参数值设得越大，响应速度越快，也越容易产生振动
4	Pr0.04	惯量比	1352		实时自动增益调整有效时，实时推断惯量比
5	Pr0.06	指令脉冲旋转方向设置	0	0	设置为指令脉冲输入的旋转方向
6	Pr0.07	指令脉冲输入方式	3	1	设置为指令脉冲+指令方向
7	Pr0.08	旋转一圈的脉冲数	6000	10000	设置电动机旋转一周所需的脉冲数
8	Pr5.04	行程限位禁止输入无效设置	2	1	若左限位动作或右限位动作，则发生 Err38 行程限位禁止输入信号出错报警
9	Pr5.28	LED 初始状态	1	1	显示电动机的速度

步骤 8. 编写程序参考方法

输送站的输送控制子程序是一个步进程序,可以用顺序继电器指令(SCR 指令)来编程,绘制程序流程图,如图 9-22 所示。根据该流程图编写程序,可以使编程思路清晰,编程更容易。

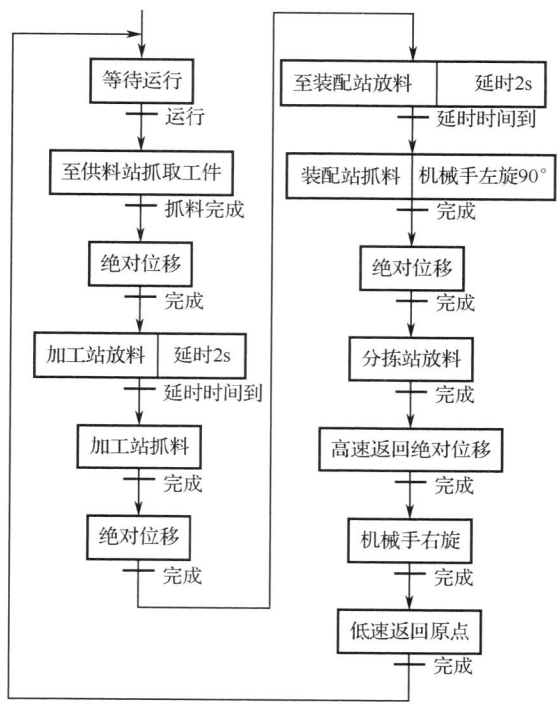

图 9-22 程序流程图

建议读者在充分理解工作站动作过程的基础上,根据输入和输出地址,联系本项目的相关知识及其他项目的相关知识,自己编写主程序、初态检查子程序、输送控制子程序、抓料子程序和放料子程序等。

步骤 9. 联机调试参考方法(参考项目 2 联机调试)

在断电情况下,全部接线,确保在接线正确的情况下送电。

根据输送站动作过程调试程序,若调试满足要求,则调试成功。若不能满足要求,则检查原因,修改程序,重新调试,直到满足要求为止。

9.5 巩固练习

1. 总结输送站机械气动连线、传感器接线、I/O 检测及故障排除方法。
2. 完成输送站伺服驱动器的参数设置。
3. 完成 MAP 指令库的安装,并使用相应指令库完成电动机启动/停止控制。
4. 使用相应指令库完成电动机正反转控制及自动往复控制。
5. 完成输送站的程序编写与调试,并调试成功。

项目 10　两台 S7-200 PLC 之间的 PPI 通信

10.1　项目要求

由两台 S7-200 PLC 组成的 PPI 主-从网络通信，主站地址为 1，从站地址为 2，要求如下。
1. 在主站按下点动按钮 SB，从站指示灯 HL 亮，松开点动按钮 SB，从站指示灯 HL 灭。
2. 在从站按下点动按钮 SB，主站指示灯 HL 亮，松开点动按钮 SB，主站指示灯 HL 灭。

10.2　学习目标

1. 了解通信基本知识。
2. 了解通信类型与连接方式。
3. 掌握 PROFIBUS 电缆与 DP 头的连接方法，掌握 PPI 通信协议。
4. 熟悉通信端口及 S7-200 系列 PLC 的 USB/PPI 编程电缆。
5. 掌握两台 PLC 的 PPI 通信的硬件与软件配置。
6. 掌握两台 PLC 的 PPI 通信的硬件连接。
7. 掌握两台 PLC 的 PPI 通信区设置。
8. 掌握两台 PLC 用指令向导进行 PPI 通信的参数设置。
9. 掌握两台 PLC 的 PPI 通信的编程及调试方法。

10.3　相关知识

10.3.1　通信基本知识

1. 并行通信与串行通信

并行通信是指同时传输数据的各位，特点是数据传输速度快，有多少个数据位就有多少条数据传输线，每位单独使用一条线，通常是 8 位、16 位和 32 位同时传输。图 10-1 所示为 8 位传输。因此，并行通信适用于近距离、高数据传输速率的通信，传输速率快；但并行通信成本高，维修不方便，且容易受到外界干扰。

串行通信是指一位一位地顺序传输数据，数据有多少位就传输多少次。在 PLC 与计算机之间、PLC 与 PLC 之间经常采用这种方式。串行通信的特点是通信线路简单、成本低；但串行通信的传输速率比并行通信的传输速率低，特别适合远距离传输。近年来，串行通信的传输速率提升很快，可达到 Mbps 数量级。在进行串行通信时，只需要一条或两条传输线，数据的不同位分时使用同一条传输线，串行通信如图 10-2 所示。

项目 10 两台 S7-200 PLC 之间的 PPI 通信

图 10-1　8 位传输

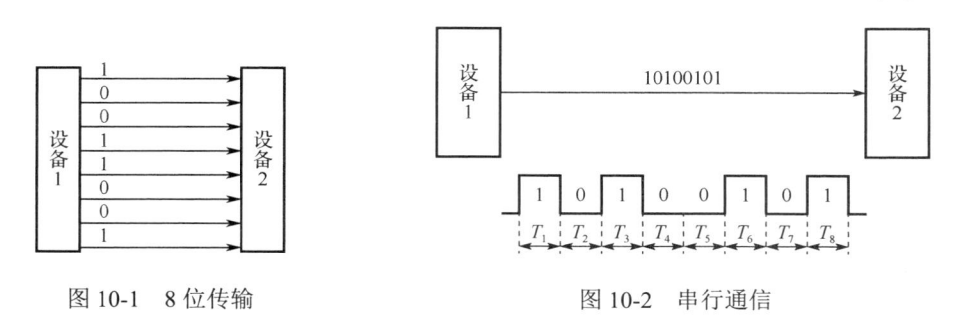

图 10-2　串行通信

2．异步传输与同步传输

串行通信按时钟可分为异步传输与同步传输。

（1）异步传输：在发送字符时，首先发送起始位，其次发送数据位，再次加入奇偶校验位，最后发送停止位。传输相邻两个字符之间的停顿时间的长短是不确定的，异步传输是靠在发送信息的同时发出字符的开始和结束标志信号来实现的，如图 10-3 所示。异步传输具有硬件简单、成本低等优点，主要用于中、低速通信。

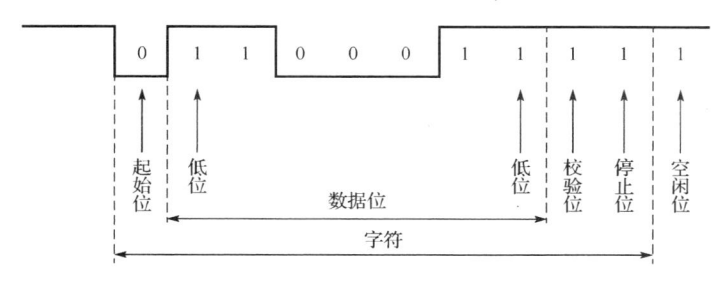

图 10-3　异步传输数据格式

（2）同步传输：以数据块为单位，字符与字符之间、字符内部的位与位之间都同步传输，每次传送 1～2 个同步字符、若干个数据字节和校验字符，同步字符起联络作用，用于通知接收方开始接收数据。在同步通信中，发送方与接收方要保持完全同步，即发送方和接收方应使用同一时钟频率。由于同步传输不需要在每个字符中加起始位、校验位和停止位，只需要在数据块之前加一两个同步字符，所以其传输效率高，但其对硬件的要求也提高了，主要用于高速通信。

3．单工通信、半双工通信及全双工通信

按照信号传输方向与时间的关系，可将通信方式分为单工通信（单向通信）、半双工通信（双向交替通信）和全双工通信（双向同时通信）。

（1）单工通信。

单工通信的信道是单向信道，信号只能向一个方向传输，不能进行数据交换，如图 10-4 所示，其发送端和接收端是固定的，如音箱和无线电广播。

（2）半双工通信。

在半双工通信的信道中，信号可以双向传输，但两个方向只能交替进行，不能同时进行，在同一时刻，一方只能发送数据或接收数据，如图 10-5 所示。半双工通信通常需要一对双绞线连接，与全双工通信相比，其通信线路成本低。例如，RS-485 只用一对双绞线时

进行半双工通信，对讲机也进行半双工通信。

（3）全双工通信。

全双工通信的信道可以同时进行双向数据传输，同一时刻既能发送数据又能接收数据，如图 10-6 所示。全双工通信通常需要两对双绞线连接，通信线路成本高。RS-422 采用的就是全双工通信方式。

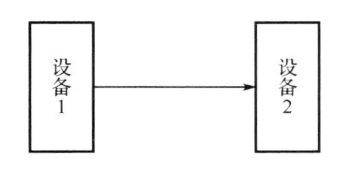

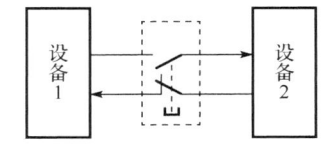

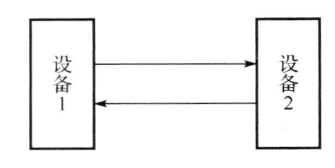

图 10-4　单工通信　　　　　图 10-5　半双工通信　　　　　图 10-6　全双工通信

4．数据传输介质

数据传输介质是指通信双方彼此传输信息的物理通道，通常分为无线传输介质和有线传输介质两大类。

无线传输介质指的是我们周围的自由空间。在自由空间利用电磁波发送和接收信号进行通信的方式就是无线传输方式，根据频谱，可将在自由空间传输的电磁波分为无线电波、微波、红外线、激光等，信息被加载在电磁波上进行传输。

有线传输介质采用物理导体提供从一个设备到另一个设备的通信通道。常用的有线传输介质为双绞线、同轴电缆和光缆等。

（1）双绞线。

双绞线是目前常用的一种传输介质，用金属导体来传输信号，每一对双绞线由绞合在一起的相互绝缘的两根铜线组成。两根绝缘的铜线按一定密度互相绞合在一起，可降低干扰。把一对或多对双绞线放在一个绝缘套管中就形成了双绞线电缆，如果加上屏蔽层，就是屏蔽双绞线，屏蔽双绞线的抗干扰能力更好。双绞线成本低、安装简单，RS-485 多用双绞线电缆实现通信。

（2）同轴电缆。

同轴电缆的结构分为 4 层，内导体是一根铜线，铜线外面包裹着泡沫绝缘层，再外面是由金属或金属箔制成的导体层，最外面由一个塑料外套将电缆包裹起来。其中，铜线用来传输电磁信号；网状金属屏蔽层一方面可以屏蔽噪声，另一方面可以作为信号地；绝缘层通常由陶制品或塑料制品组成，将铜线与网状金属屏蔽层隔开；塑料外套可使电缆免遭物理性破坏，通常由柔韧性较好的防火塑料制品制成。这样的电缆结构既可以防止其自身产生电磁干扰，又可以防止外部干扰。

同轴电缆的传输速率、传输距离、可支持的节点数、抗干扰性能都优于双绞线，其成本也高于双绞线，但低于光缆。

（3）光缆。

光导纤维是目前网络介质中技术最先进的，用于以极快的速度传输巨量信息的场合。它是一种传输光束的细微而柔性的介质，简称光纤；在它的中心部分包括一根或多根玻璃纤维，通过从激光器或发光二极管发出的光波穿过中心纤维来进行数据传输。

光导纤维电缆由多束光纤组成，简称光缆。它有几个特点：抗干扰性好；具有更宽的

项目 10 两台 S7-200 PLC 之间的 PPI 通信

带宽和更高的传输速率，且传输能力强；衰减少，无中继时传输距离远；光缆本身费用昂贵，对芯材纯度的要求高。

10.3.2 PROFIBUS 电缆、DP 头、终端和偏置电阻

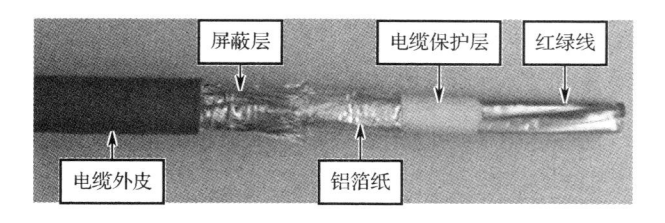

1．PROFIBUS 电缆

PROFIBUS 电缆由红绿二色芯线皮、铜线导体、铝箔纸、裸金属丝编织网屏蔽层、紫色电缆外皮等构成，是 RS-485 标准屏蔽双绞线电缆，如图 10-7 所示。MPI、PROFIBUS-DP、PPI 等通信均使用 PROFIBUS 电缆。

2．PROFIBUS 总线连接器（DP 头）

PROFIBUS 总线连接器，也称 DP 头，以带编程口的 35°电缆引出线的 DP 头为例，9 针 D 形连接器的引脚如图 10-8 所示。

图 10-7　PROFIBUS 电缆

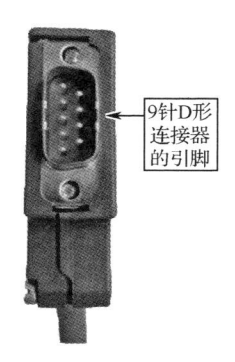

图 10-8　9 针 D 形连接器的引脚

3．PROFIBUS 电缆与 DP 头的连接过程

（1）量取长度为 20mm 左右的 PROFIBUS 电缆。

（2）通过电缆剥线工具剥去 20mm 左右的 PROFIBUS 电缆外皮，不要割破屏蔽层，电缆外皮如图 10-9 所示。

（3）保留屏蔽层，去掉电缆保护层、铝箔纸。剥皮后，露出铜线，A1、B1 为进线孔，A2、B2 为出线孔，按字的颜色将与红绿线颜色对应的铜线分别插入 A1、B1 进线孔里，准备接线，如图 10-10 所示。

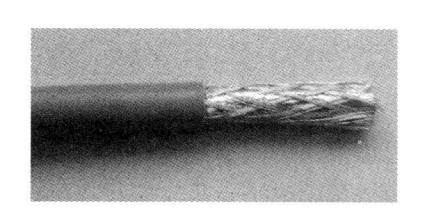

图 10-9　电缆外皮

图 10-10　准备接线

（4）用平口螺丝刀将螺钉旋紧，确保铜线被夹紧，并保证屏蔽层压紧屏蔽夹，如图 10-11 所示，屏蔽层不能接触铜线。

（5）盖上锁紧装置并用螺丝刀旋紧，制作完毕后的效果如图 10-12 所示。

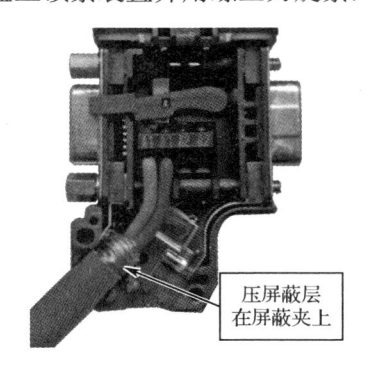

图 10-11　压屏蔽层在屏蔽夹上 　　　　图 10-12　制作完毕后的效果

4．终端和偏置电阻

在一个网络段的第一个节点和最后一个节点上都需要接通终端和偏置电阻，将 DP 头开关位置拨向 ON，在中间位置不接终端和偏置电阻，将 DP 头开关位置拨向 OFF，如图 10-13 所示。

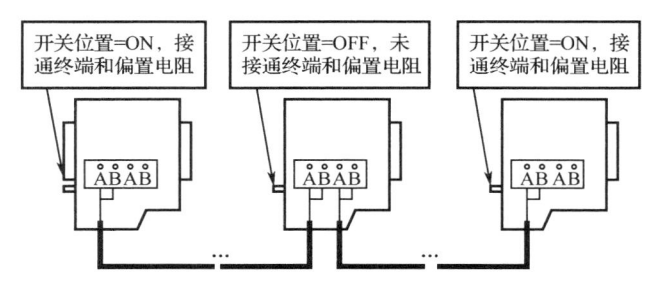

图 10-13　终端和偏置电阻

10.3.3　通信类型与连接方式

在 S7-200 系列 PLC 与上位机的通信网络中，可以把上位机作为主站，或者把人机界面 HMI 作为主站，或者把 PLC 作为主站。主站可以对网络中的其他设备发出初始化请求，从站只是响应来自主站的初始化请求，不能对网络中的其他设备发出请求。

主站与从站之间有两种连接方式。

单主站：只有一个主站，连接一个或多个从站。

多主站：有两个及两个以上主站，连接多个从站。

10.3.4　PPI 协议

为实现不同设备之间的数据交换，使用点对点接口（Point to Point Interface，PPI）协议，PPI 是点对点的串行通信，串行通信是指每次只传送 1 位二进制数，因此其传输速率较低，但其接线少，可以长距离传输数据。PPI 协议是西门子公司专门为 S7-200 PLC 开发的通信协议,是 S7-200 PLC 最基本的通信方式,通过 PLC 自身的端口(PORT0 或 PORT1)就可以实现 PPI 通信,硬件接口为 RS-485 通信接口。

PPI 协议是主从通信协议,可以实现 S7-200 PLC 与编程器及其他 S7-200 PLC 之间的通信,是在工程中比较常用的通信方式。在 PPI 网络中,指定某个 S7-200 PLC 为主站,主站与从站在一个令牌网中,主站发送要求到从站,从站响应,从站不发送信息,只是等待主站的要求并对要求做出响应。例如,主站向从站写信息,主站读取从站的信息。

西门子 S7-200 PLC 还支持 MPI 通信(从站)、Modbus 通信、USS 通信、自由口协议通信、PROFIBUS-DP 现场总线通信(从站)、AS-I 通信及以太网通信等。

10.3.5 通信端口

在 S7-200 PLC 中,CPU221、CPU222 和 CPU224 有 1 个 RS-485 串行通信端口,为 PORT0;CPU224 XP 和 CPU226 有 2 个 RS-485 串行通信端口,分别为 PORT0 和 PORT1。通信端口作为 PPI 接口,进行点对点通信。通信端口用于连接编程器、连接人机界面功能及 S7-200 PLC 之间的通信。

每个站的 PLC 都有一个站地址,通过系统块中的端口 0(PORT0)或端口 1(PORT1)设置 PLC 站地址,站地址必须是唯一的。

10.4 项目解决步骤

步骤 1. 通信的硬件与软件配置

硬件配置如下。
(1)S7-200 PLC 2 台。
(2)带有编程口的 DP 头 2 个。
(3)PROFIBUS 电缆 1 根。
(4)安装 STEP 7-Micro/WIN 软件的计算机 1 台(也称编程器)。
(5)S7-200 PLC 下载线(USB/PPI 编程电缆)1 根。

软件配置如下。
编程软件 STEP 7-Micro/WIN V4.0 SP6 及其以上版本。

步骤 2. 通信的硬件连接

在确保断电的情况下,将 PROFIBUS 电缆与带有编程口的 DP 头连接。将 DP 头插入两台 PLC 的 PORT0 口内,因为 DP 头在两个站的网络终端位置,所以将 DP 头的开关位置设置为 ON。主站 PORT0 上插有 DP 头,将下载线 RS-485 口插入主站 DP 头内,将另一端插入编程器的 USB 口内。PPI 通信的硬件连接如图 10-14 所示。

步骤 3. 通信区设置

通信区设置如图 10-15 所示。

讲解通信区设置

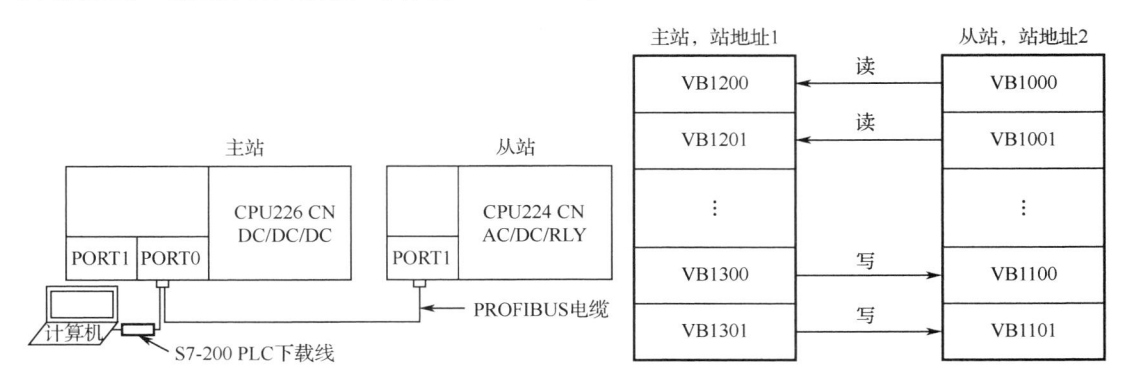

图 10-14　PPI 通信的硬件连接

图 10-15　通信区设置

步骤 4．用指令向导进行网络参数设置

主站设置如下。

（1）打开编程软件 STEP 7-Micro/WIN 后，单击"工具"按钮，在下拉菜单中单击"指令向导"选项，如图 10-16 所示。

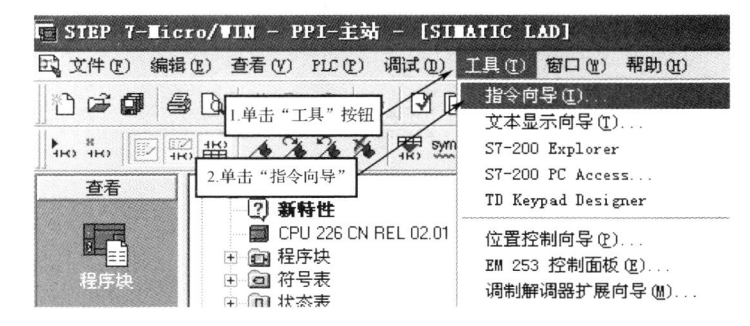

图 10-16　单击"指令向导"

（2）在"以下是向导支持的指令列表。您要配置哪一个指令功能？"下单击"NETR/NETW"选项，单击"下一步"按钮，如图 10-17 所示。

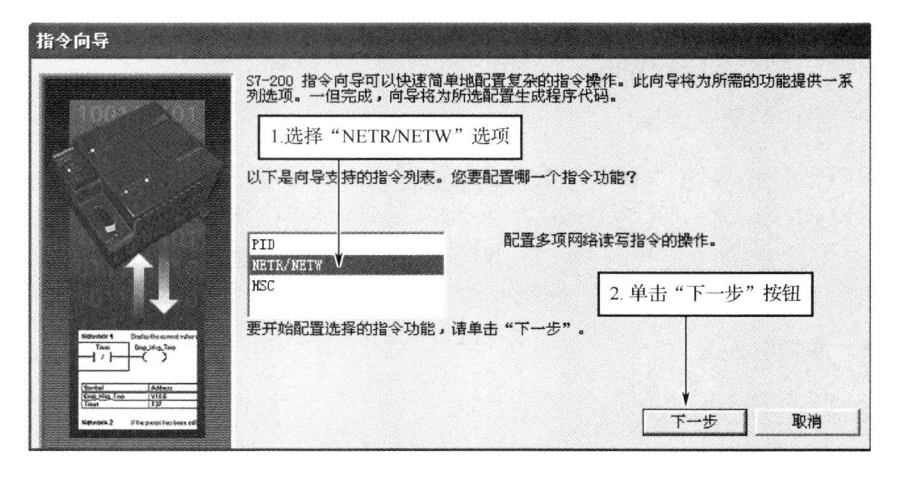

图 10-17　选择"NETR/NETW"选项

项目 10 两台 S7-200 PLC 之间的 PPI 通信

（3）在"您希望配置多少项网络读/写操作？"数值框中选择"2"，本项目配置本地 PLC 从远程 PLC 读操作和本地 PLC 向远程 PLC 写操作各一个，因此配置 2 项网络读/写操作，单击"下一步"按钮，如图 10-18 所示。

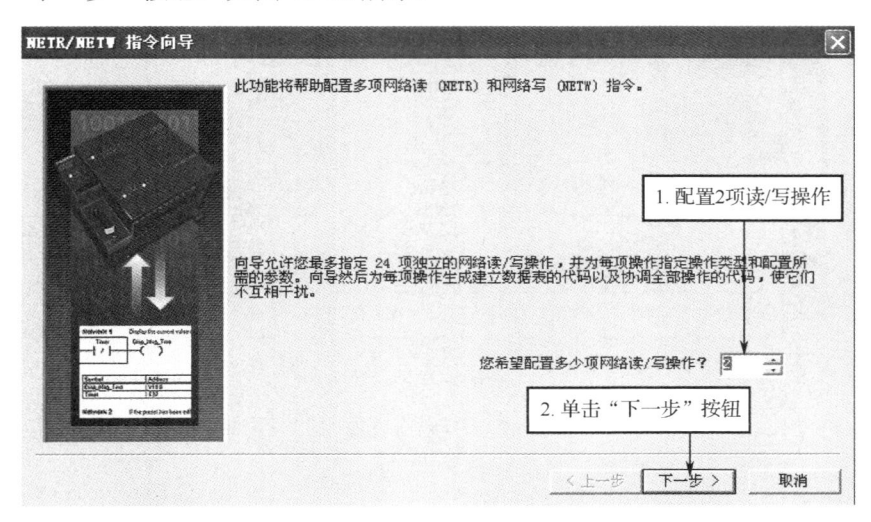

图 10-18　选择配置多少项网络读/写操作

（4）在"这些读/写操作通过哪一个 PLC 端口通信？"数值框中选择"0"，即 PORT0 端口。在"可执行子程序应如何命名？"文本框中输入"NET_EXE"，单击"下一步"按钮，如图 10-19 所示。

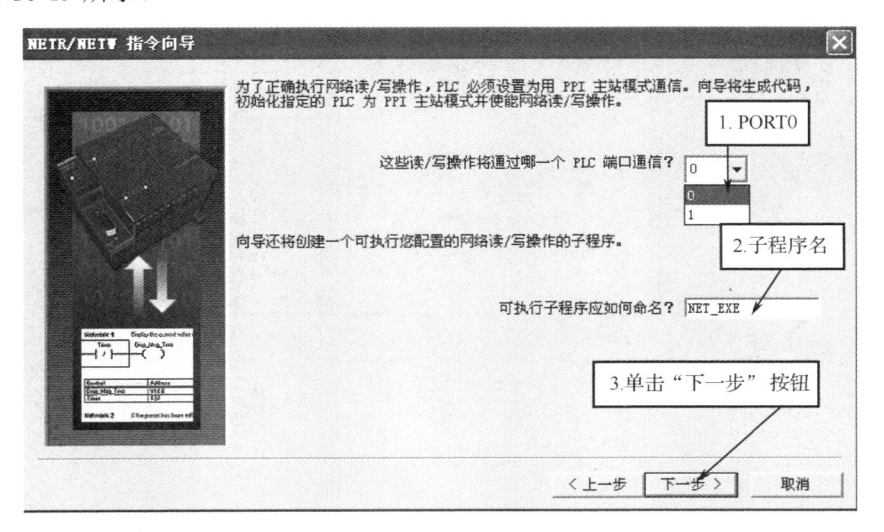

图 10-19　PLC 端口及子程序命名

（5）此项操作是 NETR，应从远程 PLC 读取 2 字节的数据。根据本项目解决步骤 3 的通信区设置问题，从远程从站 PLC 的 VB1000～VB1001 处读取数据，将数据存储在本地主站 PLC 的 VB1200～VB1201，单击"下一项操作"按钮，网络读操作如图 10-20 所示。

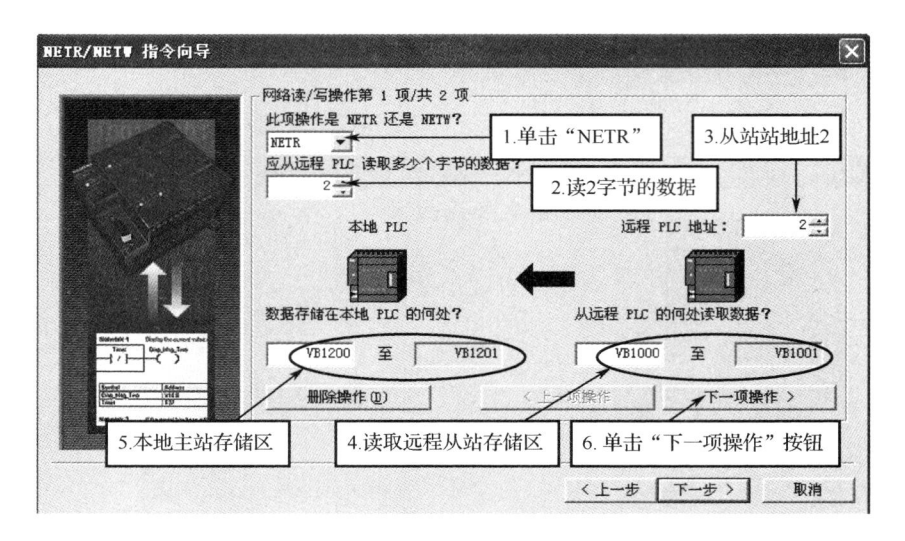

图 10-20 网络读操作

（6）此项操作是 NETW，应将 2 字节的数据写入远程 PLC，根据本项目解决步骤 3 的通信区设置问题，将本地主站 PLC 的数据 VB1300～VB1301 写入远程从站 PLC 的 VB1100～VB1101，网络写操作如图 10-21 所示，单击"下一步"按钮。

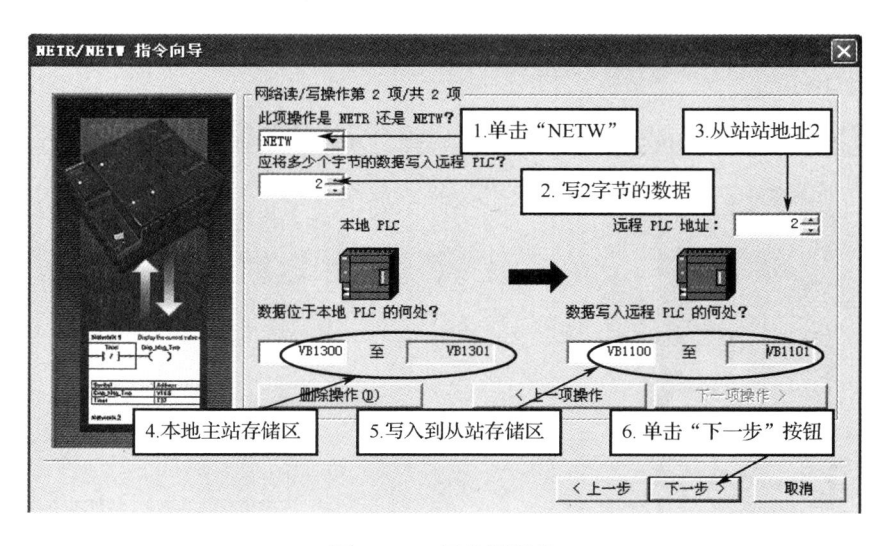

图 10-21 网络写操作

（7）生成的子程序要占用一定数量的、连续的存储区，可以选择默认地址 VB0～VB20，这里选择默认地址。单击"下一步"按钮，分配存储区，如图 10-22 所示，这个存储区就不能另作他用了。也可以单击"建议地址"按钮，另外设置存储区。

（8）单击"完成"按钮，生成项目组件，如图 10-23 所示。

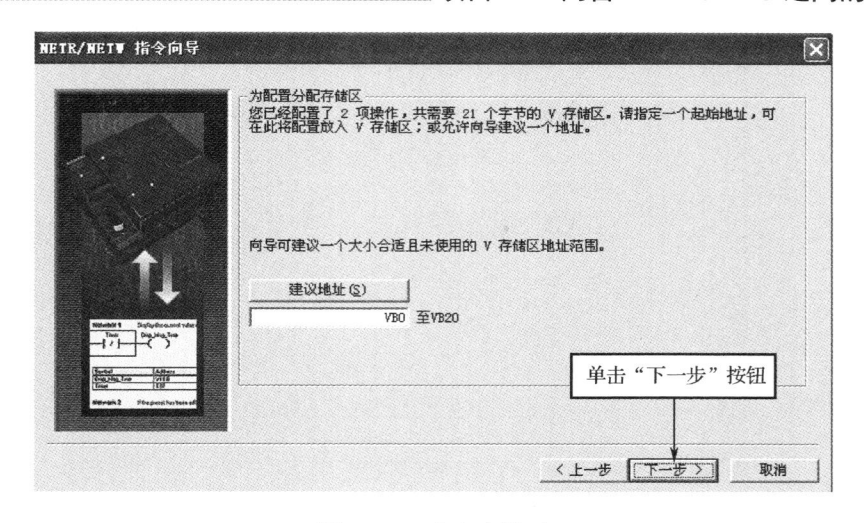

项目10 两台 S7-200 PLC 之间的 PPI 通信

图 10-22 分配存储区

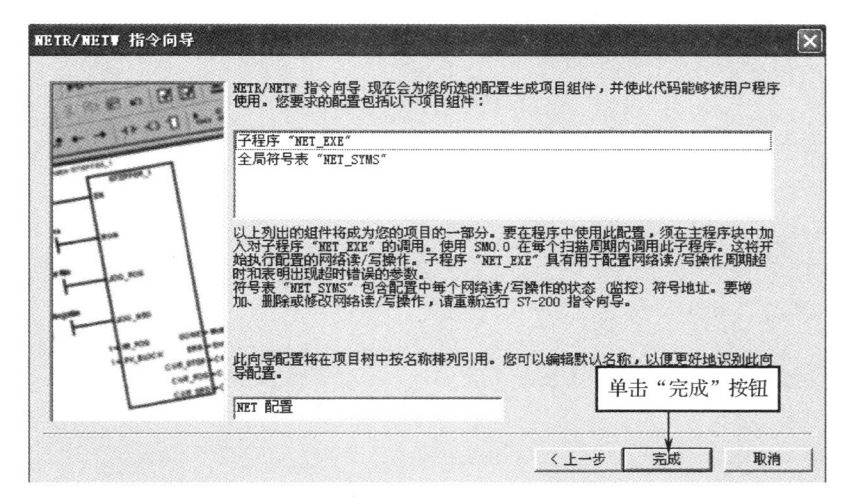

图 10-23 生成项目组件

(9) 在"完成向导配置吗？"下单击"是"按钮，完成向导配置，如图 10-24 所示。此时会自动生成一个子程序，名称为 NET_EXE。

图 10-24 完成向导配置

以上（1）～（9）步的向导配置只在主站设置，从站不用设置。

(10) 关于下载，在左侧浏览条中单击"设置 PG/PC 接口"，选择"PC/PPI cable（PPI）"，单击"属性"按钮，设置 PG/PC 接口，如图 10-25 所示。

·181·

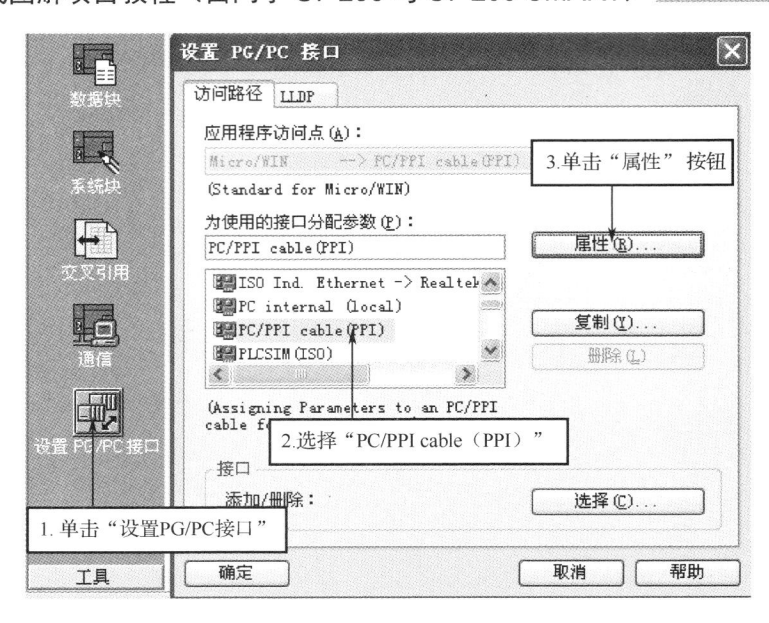

图 10-25 设置 PG/PC 接口

（11）属性设置如图 10-26 所示，单击"PPI"选项卡，站参数地址(A)是编程器地址，默认为 0。设置传输率(R)为 19.2kbps，其他为默认值。

（12）电脑侧下载线端口设置如图 10-27 所示。根据实际应用下载线的端口设置连接到的端口。单击"本地连接"选项卡，笔者使用的下载线是 USB/PPI 编程电缆，下载线选择"USB"，单击"确定"按钮。

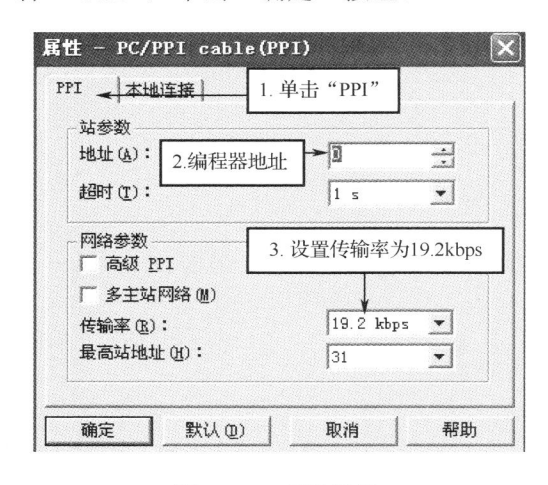

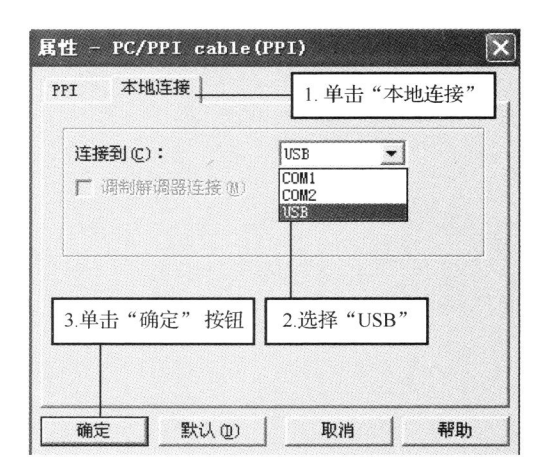

图 10-26 属性设置　　　　图 10-27 电脑侧下载线端口设置

下载线如果是 RS-232/PPI 电缆，那么可以连接计算机的 COM 口，在设置 PG/PC 接口时要设置 COM。

（13）设置 PLC 地址及参数，如图 10-28 所示。单击"系统块"，因为主站地址为 1，所以在端口 0 设置 PLC 地址为 1，波特率为 19.2 kbps，其他为默认值，单击"确认"按钮。注意：站地址及通信参数只有在下载后才能生效。

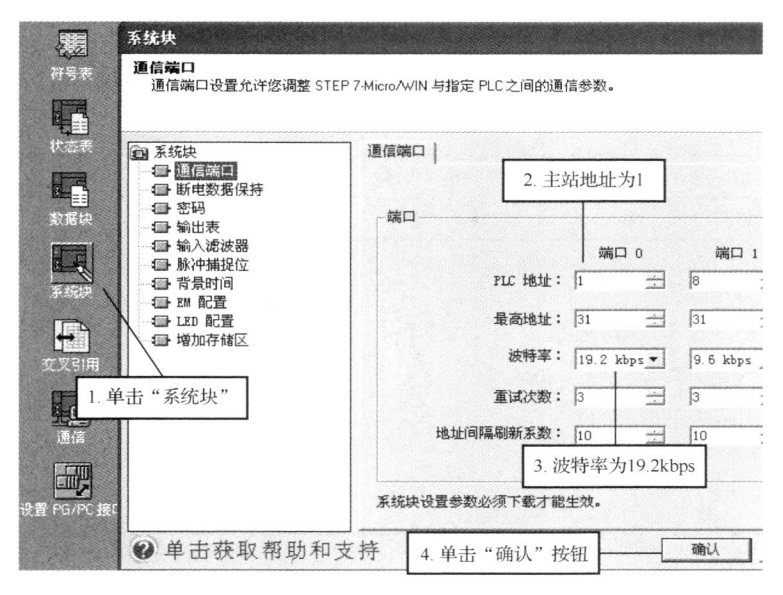

项目 10 两台 S7-200 PLC 之间的 PPI 通信

图 10-28 设置 PLC 地址及参数 1

（14）在程序编辑器界面中，单击"保存项目"按钮，在另存为界面中将文件名（N）命名为主站，单击"保存"按钮。

从站设置如下。

（1）单击"新建项目"按钮，单击"设置 PG/PC 接口"，选择"PC/PPI cable（PPI）"，单击"属性"按钮。

（2）在属性 PPI 界面中设置传输率（R）为 19.2 kbps，其他为默认值。

（3）因为笔者使用的下载线是 USB 口，所以在属性本地连接界面中选择"USB"。

（4）设置 PLC 站地址及参数。单击"系统块"，因为从站地址为 2，所以在端口 0 设置 PLC 地址为 2。波特率为 19.2 kbps，其他为默认值，单击"确定"按钮，如图 10-29 所示。

（5）单击"保存项目"按钮，在另存为界面中将文件名（N）命名为从站，单击"保存"按钮。

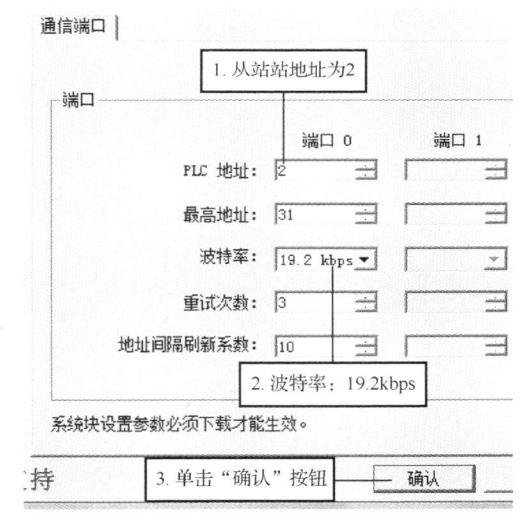

图 10-29 设置 PLC 地址及参数 2

步骤 5．输入/输出信号器件地址分配

主站输入/输出信号器件地址分配表如表 10-1 所示。

表 10-1 主站输入/输出信号器件地址分配表

序 号	输入信号器件名称	编程元件地址	序 号	输出信号器件名称	编程元件地址
1	点动按钮 SB（常开触点）	I0.0	1	指示灯 HL	Q0.0

· 183 ·

从站输入/输出信号器件地址分配表如表 10-2 所示。

表 10-2 从站输入/输出信号器件地址分配表

序 号	输入信号器件名称	编程元件地址	序 号	输出信号器件名称	编程元件地址
1	点动按钮 SB（常开触点）	I0.0	1	指示灯 HL	Q0.0

步骤 6．输入/输出接线图

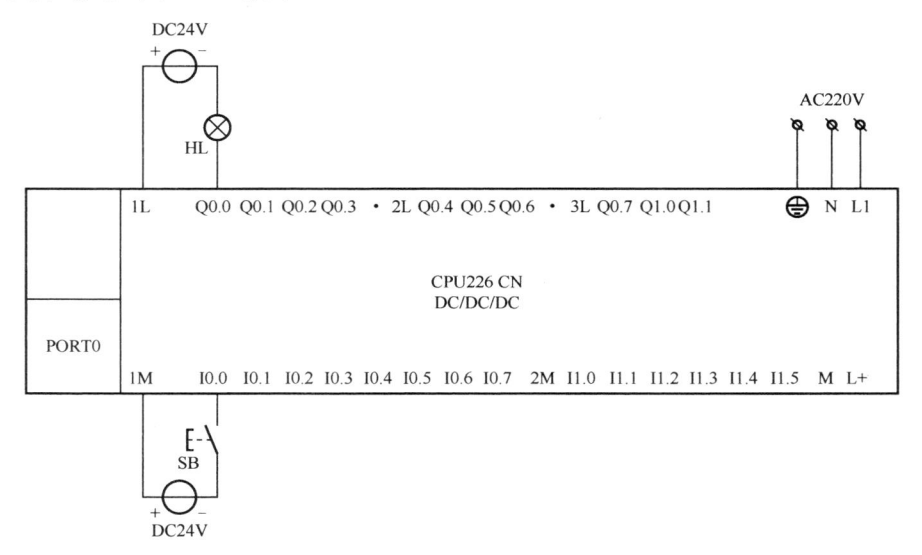

主站接线图如图 10-30 所示。

图 10-30 主站接线图

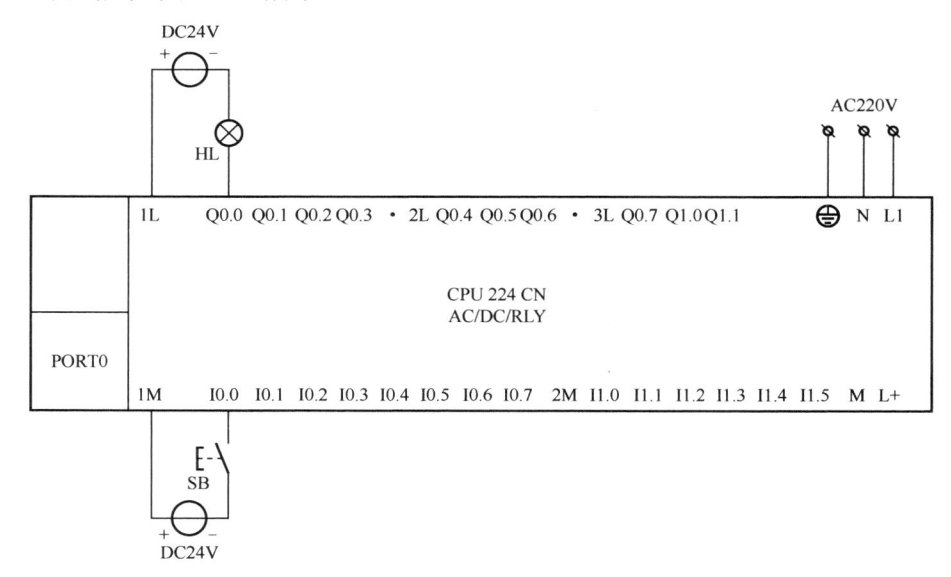

从站接线图如图 10-31 所示。

图 10-31 从站接线图

步骤 7. 建立符号表

主站符号表如图 10-32 所示。
从站符号表如图 10-33 所示。

		符号	地址
1		点动按钮SB	I0.0
2		指示灯HL	Q0.0

图 10-32 主站符号表

		符号	地址
1		点动按钮SB	I0.0
2		指示灯HL	Q0.0
3			

图 10-33 从站符号表

步骤 8. 编写控制程序

（1）主站程序。

在程序编辑器窗口左侧的"调用子程序"下面，双击"NET_EXE（SBR1）"子程序，子程序出现在程序编辑器中，如图 10-34 所示。

根据项目要求、地址分配及步骤 3 通信区设置编写主站程序，如图 10-35 所示。

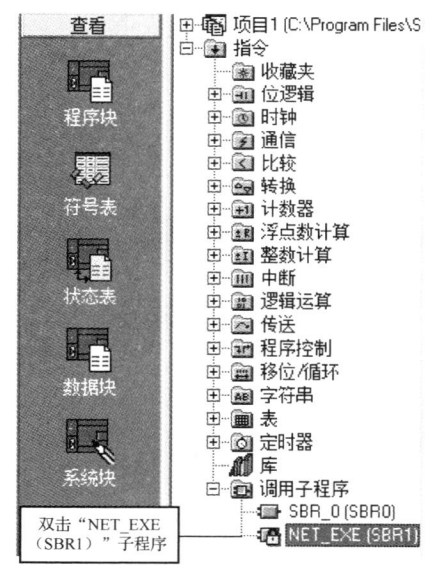

图 10-34 生成子程序

图 10-35 主站程序

要在程序中使用前面的向导配置，须在主程序块中加入对子程序"NET_EXE"的调用。要使子程序 NET_EXE 运行，就要不断读取与写入数据，必须在主程序中不停地调用它，用 SM0.0 在每个扫描周期内调用此子程序，将开始执行配置的网络读/写操作。NET_EXE 有 Timeout、Cycle、Error 等参数，它们的含义如下。

Timeout：设定的通信超时时限，以 s 为单位，范围为 1～32767s，若为 0，则不计时。
Cycle：输出开关量，每完成一次网络读/写操作，都会切换 Cycle 的 BOOL 变量状态。
Error：当通信时间超出设定时间或通信出错时，此信号为"1"。

本项目中将 Timeout 设定为 0，Cycle 输出到 M10.0。进行网络通信时，M10.0 闪烁。Error 输出到 M10.1，当发生错误时，M10.1 为"1"。

(2) 从站程序。

根据项目要求、地址分配及步骤 3 通信区设置编写从站程序,如图 10-36 所示。

```
网络 1    点动主站指示灯信号
点动按钮 SB:I0.0      V1000.0
    ┤ ├──────────( )

网络 2    接收主站点动从站指示灯信号
V1100.0            指示灯 HL:Q0.0
    ┤ ├──────────( )
```

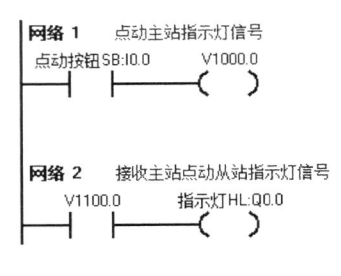

图 10-36 从站程序

注意:在从站程序编辑器中不用子程序"NET_EXE"。

步骤 9. 联机调试

在断电情况下连接点动按钮与指示灯。

在确保连线正确的情况下通电,通过 S7-200 PLC 软件 STEP 7-Micro/WIN,将主站和从站的组态和程序分别下载到各自对应的 PLC 中。

主站下载:打开主站项目,输入程序,单击"保存项目"按钮。单击"全部编译"按钮,保证总错误数为 0。在左侧浏览条上,单击"通信",单击"双击刷新"图标,单击要下载到的 CPU,单击"确认"按钮,进行通信设置,如图 10-37 所示。

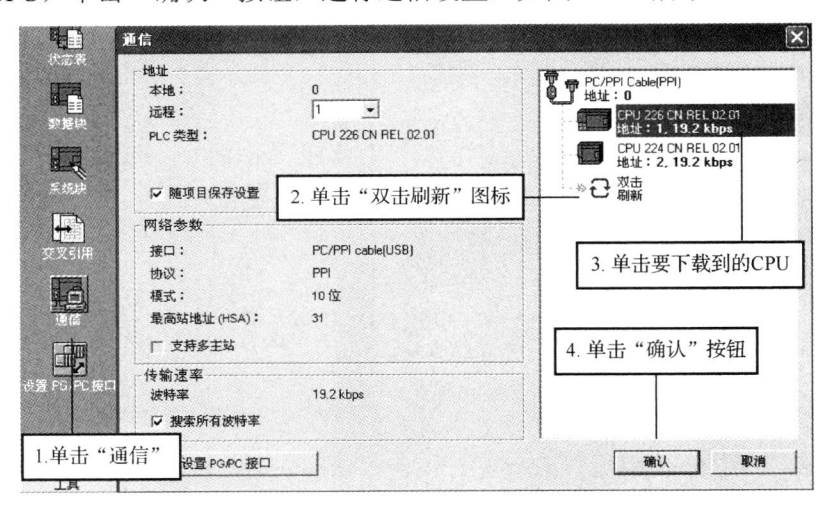

图 10-37 通信设置

本地地址是指安装有 STEP 7-Micro/WIN 软件的计算机的通信地址,默认为 0。远程地址是指 S7-200 PLC 端口的 PLC 地址。

从站下载:打开从站项目,输入程序,单击"保存项目"按钮。单击"全部编译"按钮,保证总错误数为 0。单击"通信",单击"双击刷新"图标,单击要下载到的 CPU,单击"确认"按钮。

在主站按下按钮 SB,看到从站指示灯 HL 亮,松开按钮 SB,看到从站指示灯 HL 灭。

在从站按下按钮 SB，看到主站指示灯 HL 亮，松开按钮 SB，看到主站指示灯 HL 灭。

如果满足上述情况，表明调试成功。若不满足上述情况，则检查原因，纠正问题，重新调试，直到满足上述情况为止。

10.5 知识拓展（两台 S7-200 SMART PLC 之间的以太网通信）

10.5.1 场景设计

对于由两台 S7-200 SMART PLC 组成的以太网通信，主站 IP 地址为 192.168.0.5，从站 IP 地址为 192.168.0.6，实现以下要求。

（1）在主站按下点动按钮 SB，从站指示灯 HL 亮；松开点动按钮 SB，从站指示灯 HL 灭。
（2）在从站按下点动按钮 SB，主站指示灯 HL 亮；松开点动按钮 SB，主站指示灯 HL 灭。

10.5.2 知识简介（工业以太网简介、通信介质、双绞线连接）

1. 工业以太网简介

所谓工业以太网，一般来讲就是指技术上与商用以太网兼容，但在进行产品设计时，在材质的选用、产品的强度、适用性，以及实时性、可互操作性、可靠性、抗干扰性和本质安全等方面满足工业现场需要的一种以太网。

随着以太网技术的发展，它的市场占有率越来越高，促使工控领域的各大厂家纷纷研发出适合自家工控产品且兼容性强的工业以太网。其中，应用广泛的工业以太网之一是德国西门子股份公司研发的工业以太网。它提供了开放的、适用于工业环境下各种控制级别的通信系统。

西门子工业以太网的基本类型：10Mbps 工业以太网和 100Mbps 快闪以太网。

2. 西门子工业以太网通信介质

西门子工业以太网可以采用双绞线、光纤及无线方式进行通信。
4 芯双绞线如图 10-38 所示。

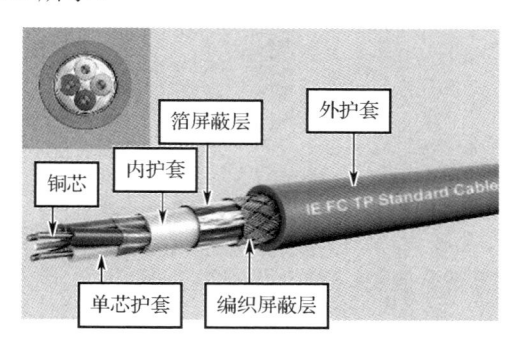

图 10-38 4 芯双绞线

3. 4 芯双绞线与 RJ45 接头的连接过程

（1）在 RJ45 接头上量取大约 20mm 的 4 芯双绞线的剥皮长度，如图 10-39 所示。

西门子工业以太网金属水晶接头（RJ45 接头）的结构如图 10-40 所示。

图 10-39　量取 4 芯双绞线的剥皮长度　　　图 10-40　西门子工业以太网金属水晶接头的结构

（2）4 芯双绞线的屏蔽层可以缠绕在 4 芯双绞线周围，将其余内护套、箔屏蔽层剪掉，制作完成的 4 芯双绞线如图 10-41 所示。

（3）将 4 芯双绞线的颜色与水晶接头孔上的颜色对应后，将 4 芯双绞线插入水晶头孔里，如图 10-42 所示。

图 10-41　制作完成的 4 芯双绞线　　　图 10-42　将 4 芯双绞线插入水晶头孔里

（4）按下带有颜色标识的塑料盖，内部刀口会切破 4 芯双绞线，与 4 芯双绞线金属连接，将屏蔽层压在正确的金属位置，如图 10-43 所示。

（5）盖上金属盖，旋紧金属端，如图 10-44 所示。

图 10-43　内部刀口切破 4 芯双绞线并将屏蔽层压在正确的金属位置　　图 10-44　盖上金属盖，旋紧金属端

10.5.3　实施步骤

步骤 1．通信的硬件与软件配置

硬件配置如下。

（1）S7-200 SMART CPU 2 台。

（2）用于组网的带金属水晶接头的 4 芯双绞线 2 根。

（3）用于下载的带金属水晶接头的 4 芯双绞线 1 根。

（4）安装 STEP 7-Micro/WIN SMART 软件的计算机 1 台（也称编程器）。

（5）以太网工业交换机 1 台。

软件配置如下。

编程软件 STEP 7-Micro/WIN SMART。

项目 10　两台 S7-200 PLC 之间的 PPI 通信

步骤 2. 通信的硬件连接

在断电情况下，将 2 根带金属水晶接头的 4 芯双绞线分别按照图 10-45 所示插到 PLC 网口和以太网交换机网口中，将用于下载的带金属水晶接头的 4 芯双绞线的一端插到计算机网口中，将另一端插到交换机网口中。

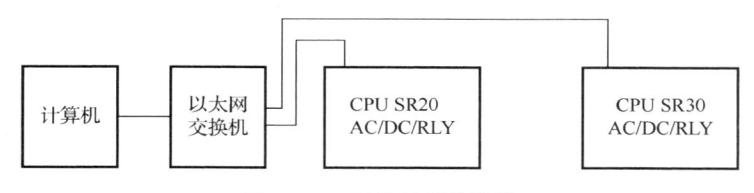

图 10-45　通信的硬件连接

步骤 3. 通信区设置

根据项目要求设置以太网通信区，如图 10-46 所示。

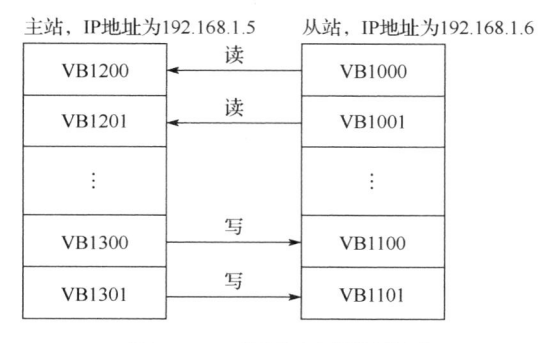

图 10-46　设置以太网通信区

步骤 4. 设置 IP 地址

（1）为计算机（编程器）设置 IP 地址（安装了 PLC 软件的计算机称为编程器）。

打开"Internet 协议版本 4（TCP/IPv4）属性"对话框，设置计算机的 IP 地址为 192.168.1.20，输入子网掩码 255.255.255.0，如图 10-47 所示，单击"确定"按钮。

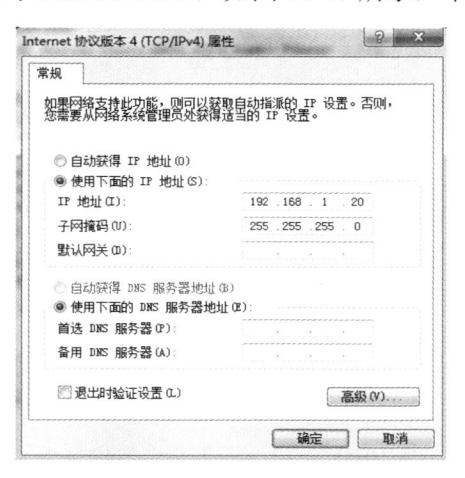

图 10-47　为计算机设置 IP 地址

（2）为主站 CPU1 设置 IP 地址。

打开编程软件 STEP 7-Micro/WIN SMART，新建项目，进行硬件组态，选择 CPU SR20(AC/DC/Relay)，设置主站 CPU1 的 IP 地址，勾选"以太网端口"下的复选框，IP 地址为 192.168.1.5，子网掩码为 255.255.255.0，默认网关为 0.0.0.0，如图 10-48 所示。单击"确定"按钮，在程序编辑界面单击"保存"按钮，将文件名命名为主站，单击"保存"按钮。

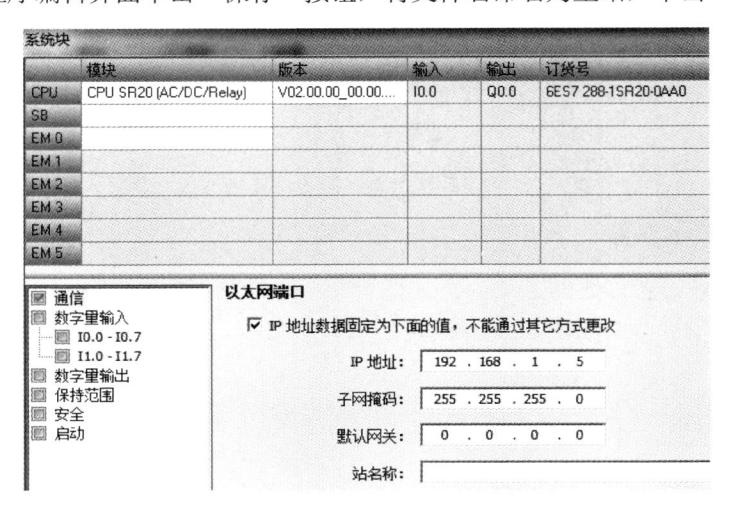

图 10-48 为主站 CPU1 设置 IP 地址

（3）为从站 CPU2 设置 IP 地址。

打开编程软件 STEP 7-Micro/WIN SMART，新建项目，进行硬件组态，选择 CPU SR30(AC/DC/Relay)，设置从站 CPU2 的 IP 地址，勾选"以太网端口"下的复选框，IP 地址为 192.168.1.6，子网掩码为 255.255.255.0，默认网关为 0.0.0.0，如图 10-49 所示。单击"确定"按钮，在程序编辑界面单击"保存"按钮，将文件名命名为"从站"，单击"保存"按钮。

图 10-49 为从站 CPU2 设置 IP 地址

项目 10　两台 S7-200 PLC 之间的 PPI 通信

步骤 5．用 GET/PUT 向导进行网络参数设置

主站用 GET/PUT 向导组态，配置复杂的网络读/写指令操作。

（1）在主站下打开网络向导。

在程序编辑界面，单击"向导"指令左边的"+"，双击"GET/PUT"指令，出现"Get/Put 向导"对话框，在主站下打开网络向导，如图 10-50 所示。

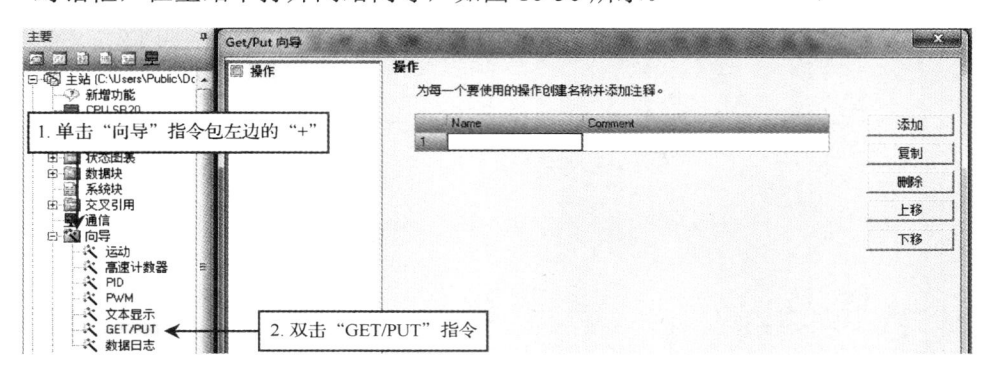

图 10-50　在主站下打开网络向导

（2）添加操作。

默认 1 项操作（Operation），根据通信区设置，需要两项操作，单击添加第 2 项操作，序号 1 可以为 PUT 操作，序号 2 可以为 GET 操作，如图 10-51 所示。最多允许添加 24 项独立的网络操作，单击"下一页"按钮。

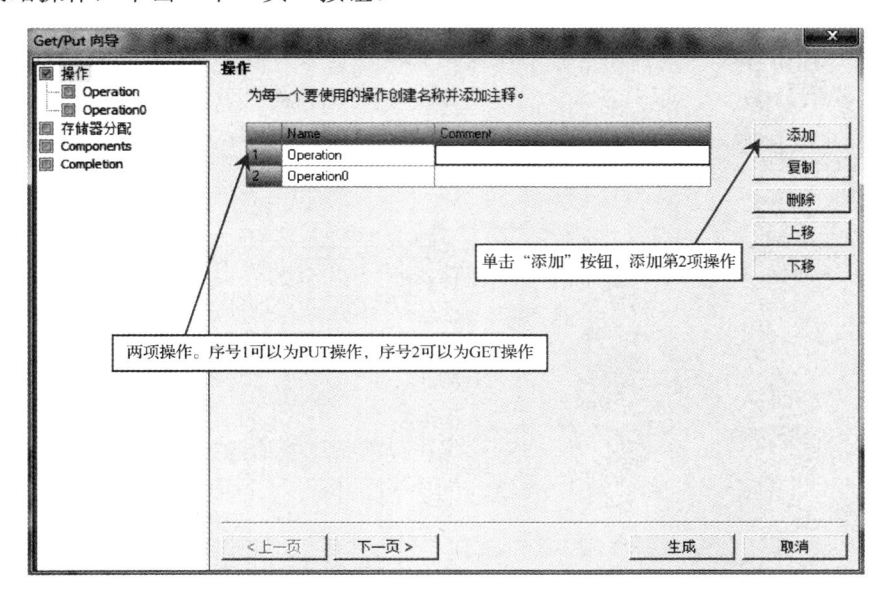

图 10-51　添加 PUT 操作和 GET 操作

（3）组态读操作。

根据通信区设置，组态读操作，即 GET 操作。传送（接收）大小为 2 字节，从站 IP 地址为 192.168.1.6，从远程从站存储区（远程地址）VB1000～VB1001 处读取数据，数据

· 191 ·

存储在本地主站存储区（本地地址）VB1200～VB1201中，单击"下一页"按钮，如图10-52所示。

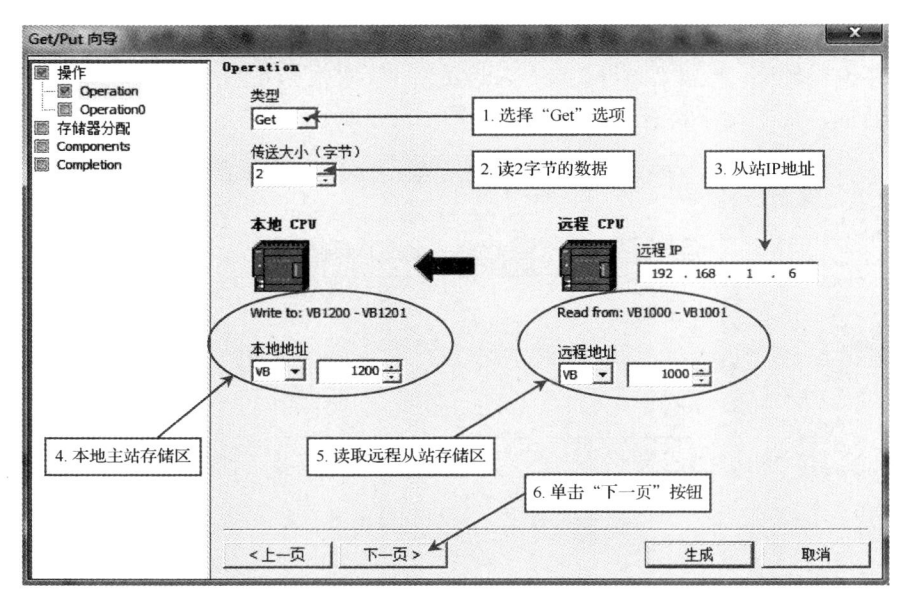

图10-52　设置GET操作

（4）组态写操作。

根据通信区设置，组态写操作，即PUT操作。传送（发送）大小为2字节，IP地址为192.168.1.6，本地主站存储区（本地地址）为VB1300～VB1301，写入远程从站存储区（远程地址）VB1100～VB1101，如图10-53所示，单击"下一页"按钮。

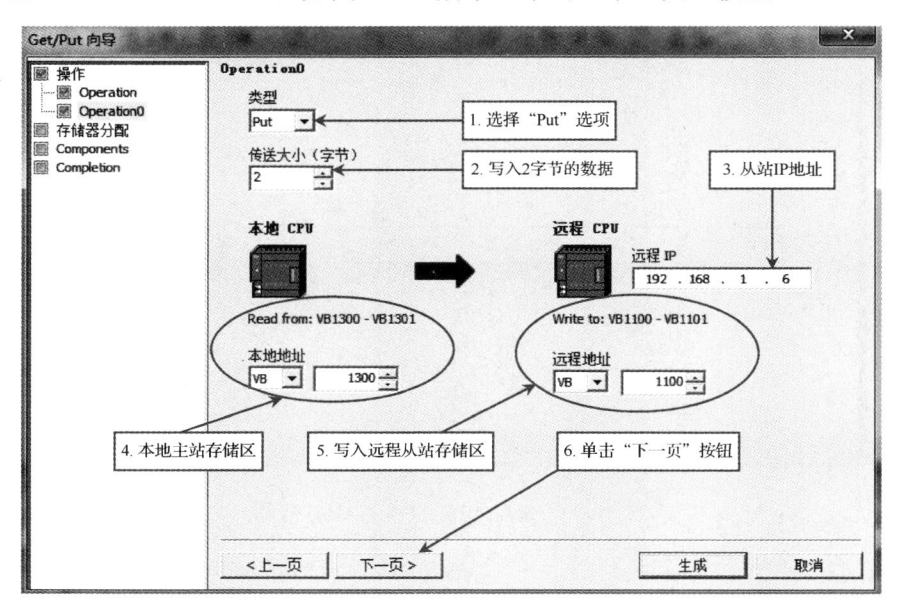

图10-53　设置PUT操作

项目 10　两台 S7-200 PLC 之间的 PPI 通信

（5）存储器分配。

在出现的"Get/Put 向导"对话框中设置存储区分配地址，存储器分配地址可以选择默认地址 VB0～VB42，这时，此地址就不能另作他用了，单击"下一页"按钮，如图 10-54 所示。

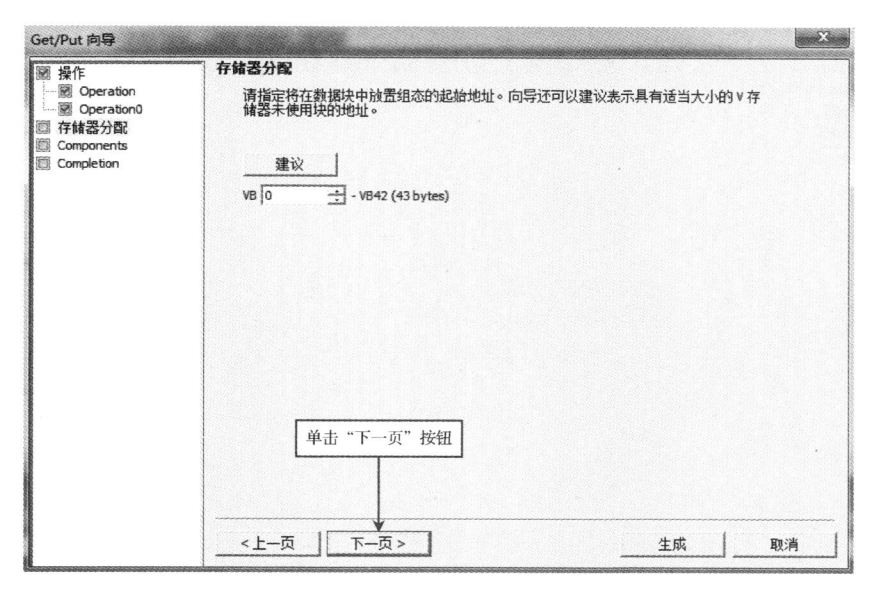

图 10-54　设置存储器分配地址

（6）组件。

此时可以看到实现要求的组态项目组件的默认名称，如图 10-55 所示，单击"下一页"按钮。

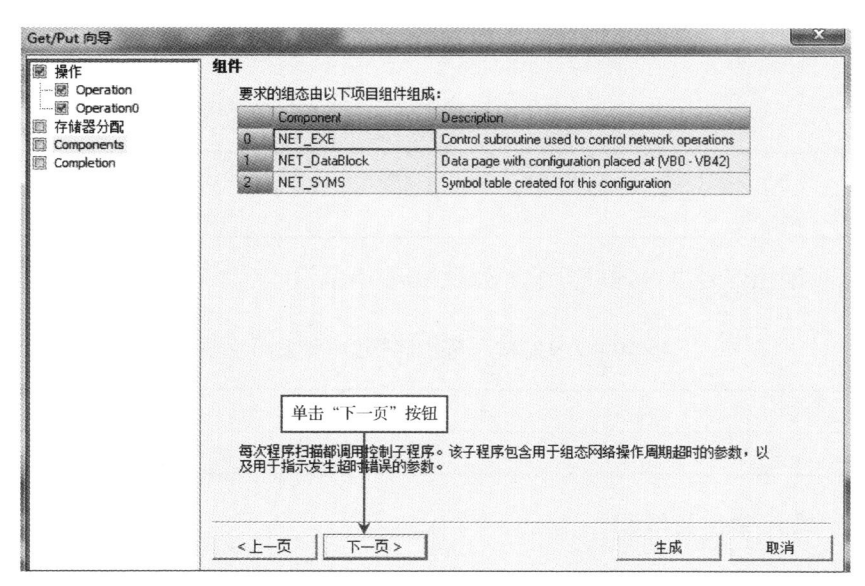

图 10-55　组件

(7) 生成代码。

接着出现生成代码的界面,如图10-56所示,单击"生成"按钮,会生成调用子程序 NET_EXE (SBR1)。

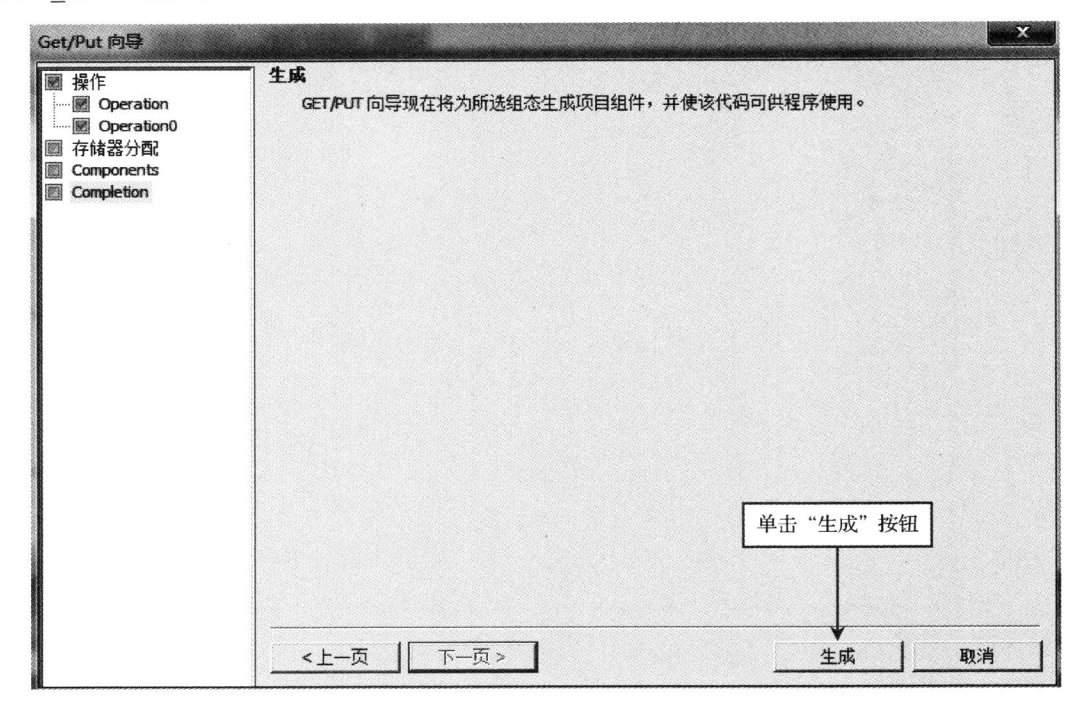

图 10-56　生成代码

步骤 6．输入/输出信号器件地址分配

主站输入/输出信号器件地址分配表如表10-3所示。

表 10-3　主站输入/输出信号器件地址分配表

序号	输入信号器件名称	编程元件地址	序号	输出信号器件名称	编程元件地址
1	点动按钮SB(常开触点)	I0.0	1	指示灯HL	Q0.0

从站输入/输出信号器件地址分配表如表10-4所示。

表 10-4　从站输入/输出信号器件地址分配表

序号	输入信号器件名称	编程元件地址	序号	输出信号器件名称	编程元件地址
1	点动按钮SB(常开触点)	I0.0	1	指示灯HL	Q0.0

步骤 7．输入/输出接线图

主站接线图如图10-57所示。

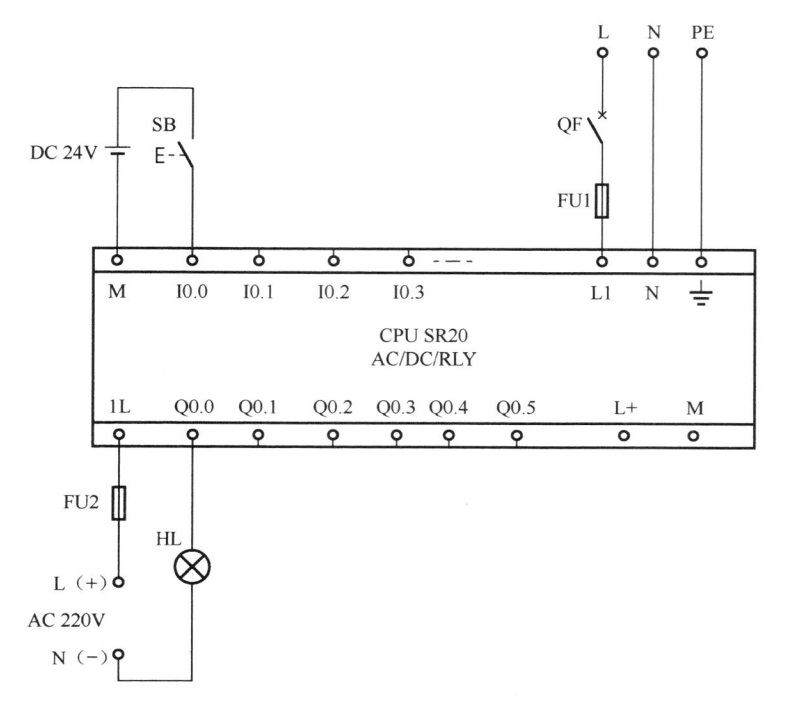

项目 10　两台 S7-200 PLC 之间的 PPI 通信

图 10-57　主站接线图

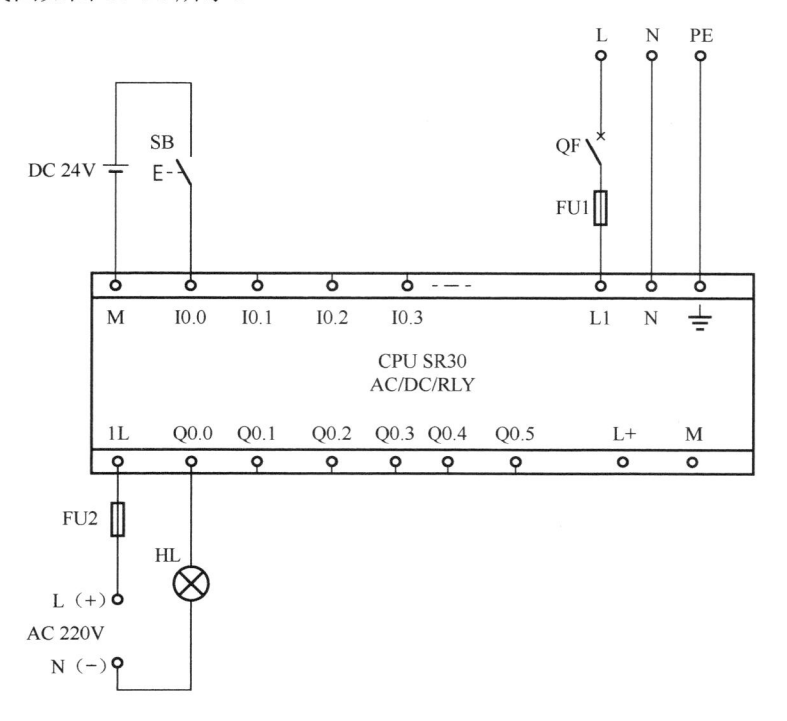

从站接线图如图 10-58 所示。

图 10-58　从站接线图

步骤 8. 建立符号表

主站符号表如图 10-59 所示。

从站符号表如图 10-60 所示。

图 10-59　主站符号表

图 10-60　从站符号表

步骤 9. 编写控制程序

（1）主站程序。

在主站程序编辑器窗口左侧的"调用子例程"下面双击"NET_EXE(SBR1)"子程序，如图 10-61 所示，子程序出现在主站程序编辑器中。

根据项目要求、地址分配及通信区设置，编写主站程序，如图 10-62 所示。

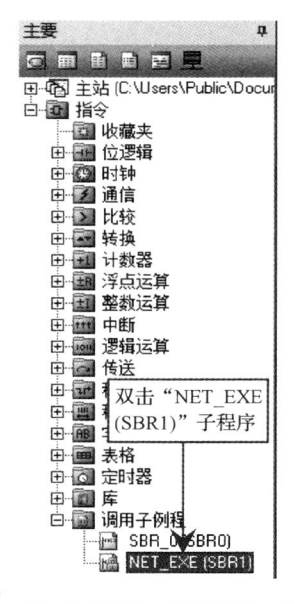

图 10-61　双击"NET_EXE(SBR1)"子程序

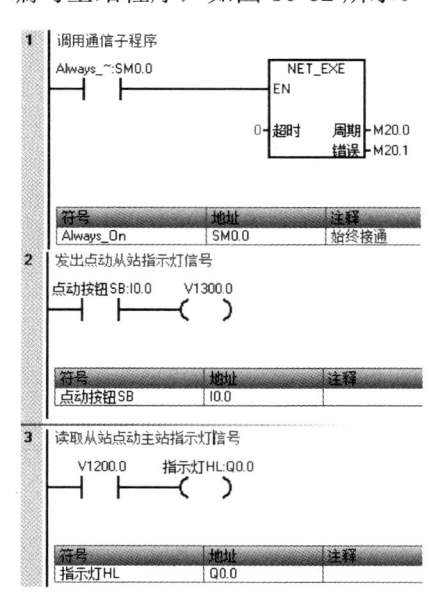

图 10-62　主站程序

要在程序中使用上面完成的向导配置，必须在主程序中加入对子程序 NET_EXE 的调用。要使子程序 NET_EXE 运行，不断地读取与写入数据，必须在主程序中不停地调用它，用 SM0.0 在每个扫描周期内调用此子程序，开始执行配置的网络读/写操作。NET_EXE 有超时、周期、错误等参数，它们的含义如下。

超时：设定的通信超时时限，以 s 为单位，取值为 1~32767s，若为 0，则不计时。

周期：输出开关量，每完成一次网络读/写操作，都会切换周期的 BOOL 变量状态。

错误：当通信时间超出设定时间或通信出错时，此信号为"1"。

在本项目中，将超时设定为 0s，将周期输出到 M20.0。进行网络通信时，M20.0 闪烁；将错误输出到 M20.1，发生错误时，M20.1 为"1"。

（2）从站程序。

根据项目要求、地址分配及通信区设置，编写从站程序，如图 10-63 所示。

注意：在从站程序编辑器中，不调用子程序 NET_EXE。

步骤 10．联机调试

在断电情况下连接点动按钮与指示灯。

确保在连线正确的情况下通电，通过 STEP 7-Micro/WIN SMART 软件，将主站 CPU1 和从站 CPU2 的组态与程序分别下载到各自对应的 PLC 中。

在主站按下按钮 SB，看到从站指示灯 HL 亮；松开按钮 SB，看到从站指示灯 HL 灭。在从站按下按钮 SB，看到主站指示灯 HL 亮；松开按钮 SB，看到主站指示灯 HL 灭。

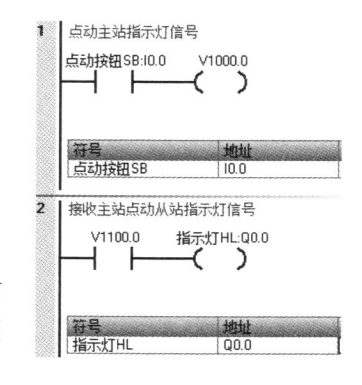

图 10-63　从站程序

若满足上述要求，则调试成功；若不满足上述要求，则检查原因，纠正问题，重新调试，直到满足上述要求为止。

10.6　巩固练习

1．在由两台 S7-200 PLC 组成的 PPI 主-从网络通信中，主站站地址为 1，从站站地址为 2。

（1）在主站按下启动按钮 SB0，启动从站电动机，按下停止按钮 SB1，停止从站电动机。

（2）在从站按下启动按钮 SB0，启动主站电动机，按下停止按钮 SB1，停止主站电动机。

2．在由两台 S7-200 PLC 组成的 PPI 主-从网络通信中，主站站地址为 2，从站站地址为 3。

（1）主站对从站电动机进行启动或停止控制，主站指示灯 HL 能监视从站电动机的工作状态。

（2）从站对主站电动机进行启动或停止控制，从站指示灯 HL 能监视主站电动机的工作状态。

3．完成两台 S7-200 PLC 之间的 PPI 通信，控制要求如下。

（1）1 号站（主站）站地址为 1，2 号站（从站）站地址为 2。

（2）在主站通过变量表写入一字节的数据，主站将其写入从站，在从站通过变量表可以看到该数据。

（3）在从站通过变量表写入一字节的数据，主站将其读取过来，在主站通过变量表可以看到该数据。

项目 11 多台 S7-200 PLC 之间的 PPI 通信

11.1 项目要求

在由 3 台 S7-200 PLC 组成的 PPI 主-从网络通信中,主站站地址为 1,从站 1 站地址为 2,从站 2 站地址为 3,具体要求如下。

在主站按下启动按钮 SB1,从站 1 指示灯 HL 亮,从站 2 指示灯 HL 亮。在主站按下停止按钮 SB2,从站 1 指示灯 HL 灭,从站 2 指示灯 HL 灭。

在从站 1 按下启动按钮 SB1,主站指示灯 HL1 亮,在从站 1 按下停止按钮 SB2,主站指示灯 HL1 灭。

在从站 2 按下启动按钮 SB1,主站指示灯 HL2 亮,在从站 2 按下停止按钮 SB2,主站指示灯 HL2 灭。

讲解项目 11 的项目要求

11.2 学习目标

1. 掌握多台 PLC 之间的 PPI 通信的硬件及软件配置。
2. 掌握多台 PLC 之间的 PPI 通信的硬件连接方法。
3. 掌握多台 PLC 之间的 PPI 通信区设置。
4. 掌握多台 PLC 之间用指令向导进行 PPI 通信的参数设置。
5. 掌握多台 PLC 之间的 PPI 通信的编程及调试方法。

11.3 项目解决步骤

步骤 1. 通信的硬件与软件配置

硬件配置如下:
(1) S7-200 PLC 3 台。
(2) 带有编程口的 DP 头 3 个。
(3) PROFIBUS 电缆 2 根。
(4) 安装 STEP 7-Micro/WIN 软件的计算机 1 台(也称编程器)。
(5) S7-200 PLC 下载线(USB/PPI 编程电缆)1 根。

软件配置如下:
编程软件 STEP 7-Micro/WIN V4.0 SP6 及其以上版本。

项目 11　多台 S7-200 PLC 之间的 PPI 通信

步骤 2．通信的硬件连接

在确保断电的情况下，将 PROFIBUS 电缆与 DP 头连接，将 DP 头插到 3 台 PLC 的 PORT0 口上，当 DP 头在网络终端位置时，将 DP 头的开关设置为 ON；当 DP 头在中间位置时，将 DP 头的开关设置为 OFF。主站 PORT0 上插有带编程口的 DP 头，将下载线的 RS-485 口插在主站 PORT0 口上面的 DP 头上，而将另一端插在编程器的 USB 口上。PPI 通信的硬件连接如图 11-1 所示。

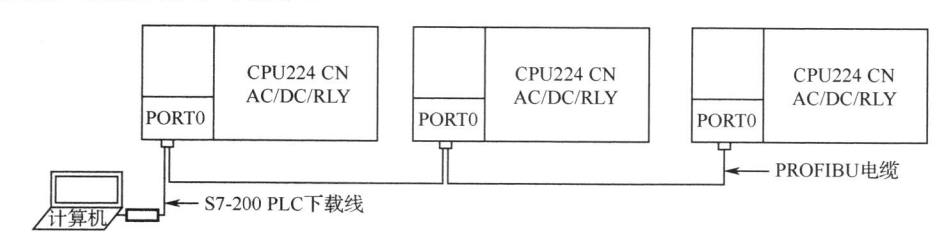

图 11-1　PPI 通信的硬件连接

步骤 3．通信区设置

主站、从站 1、从站 2 的通信区设置如图 11-2 所示。

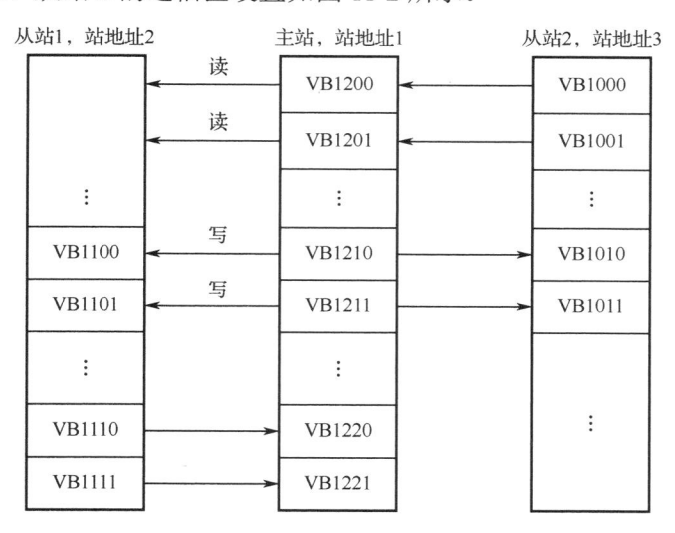

图 11-2　主站、从站 1、从站 2 的通信区设置

步骤 4．用指令向导进行网络参数设置

主站设置如下。

（1）打开编程软件 STEP 7-Micro/WIN 后，单击"工具"按钮，在下拉菜单中选择"指令向导"，如图 11-3 所示。

（2）在"指令向导"界面中选择"NETR/NETW"选项，如图 11-4 所示。

（3）根据本项目解决步骤 3 通信区设置的问题，可以配置网络读/写操作数，如图 11-5 所示。

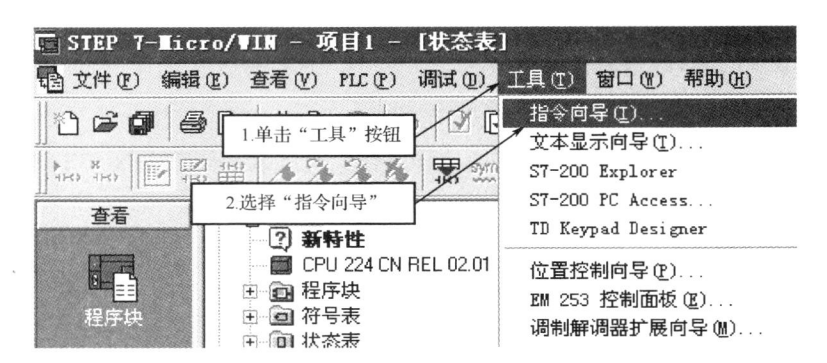

图 11-3 选择"指令向导"

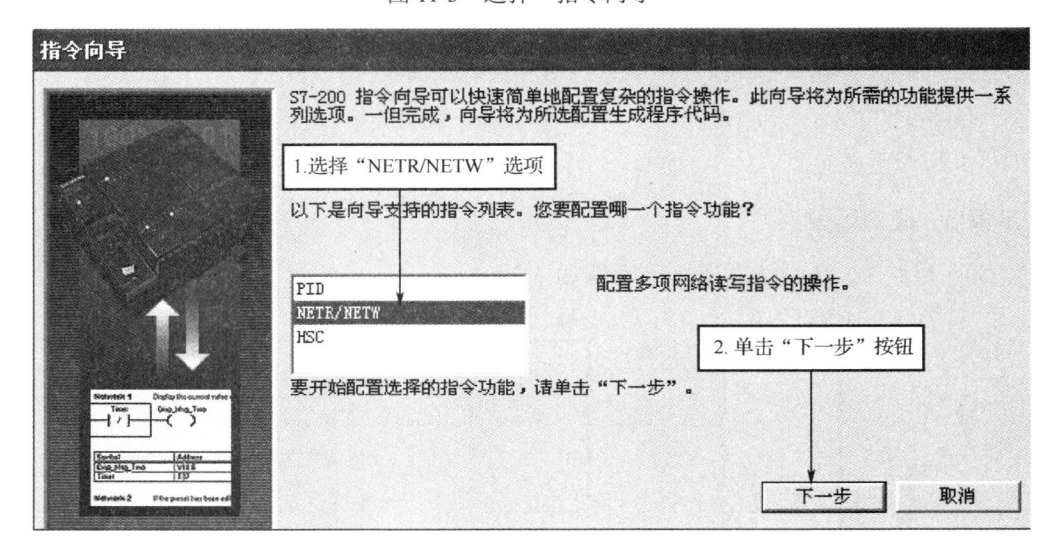

图 11-4 选择"NETR/NETW"

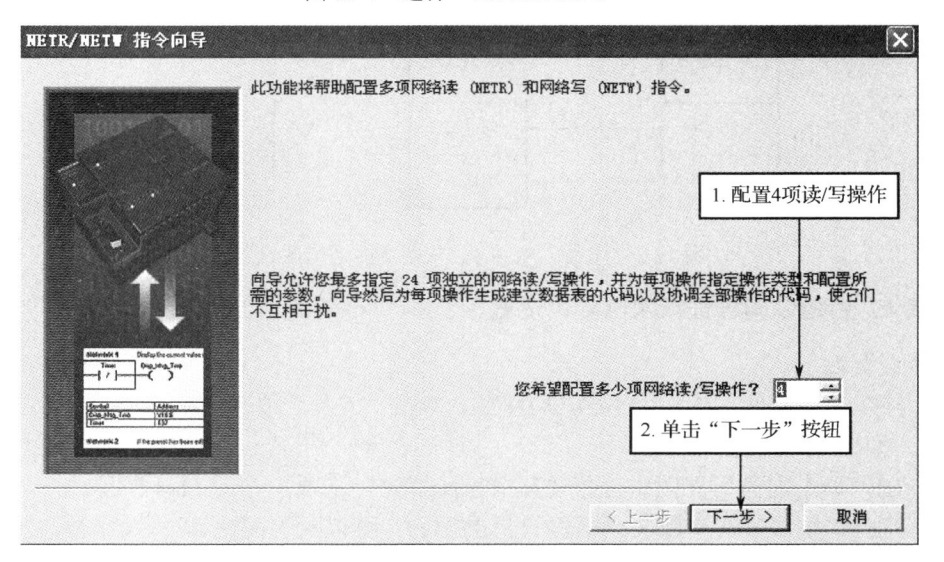

图 11-5 配置网络读/写操作数

项目 11 多台 S7-200 PLC 之间的 PPI 通信

（4）在"这些读/写操作将通过哪一个 PLC 端口通信？"后选择"0"，即 PORT0 端口。在"可执行子程序应如何命名？"后输入"NET_EXE"，PLC 端口及子程序命名如图 11-6 所示。

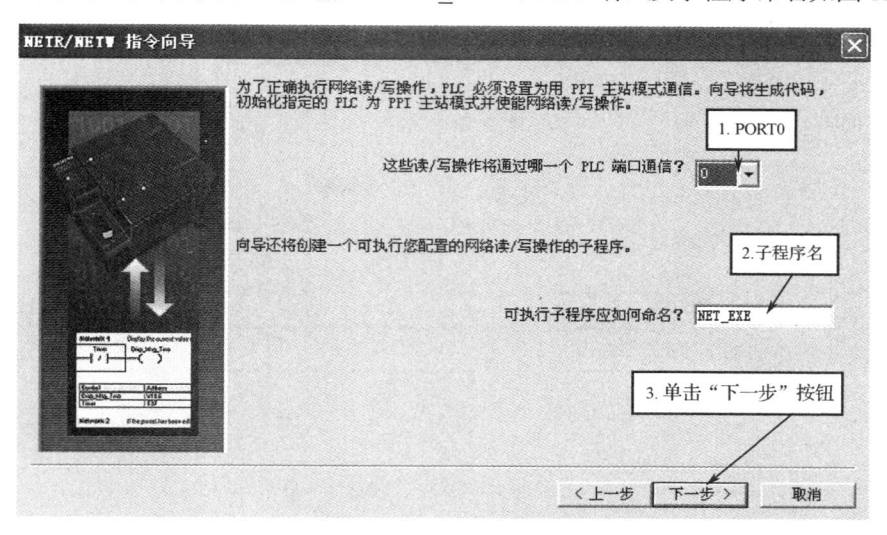

图 11-6 PLC 端口及子程序命名

（5）在"此项操作是 NETR 还是 NETW？"后选择"NETR"。在"应从远程 PLC 读取多少个字节的数据？"后选择"2"（2 字节）。主站从远程从站 1 存储区的 VB1110～VB1111 中读取数据到本地主站存储区的 VB1220～VB1221，如图 11-7 所示。

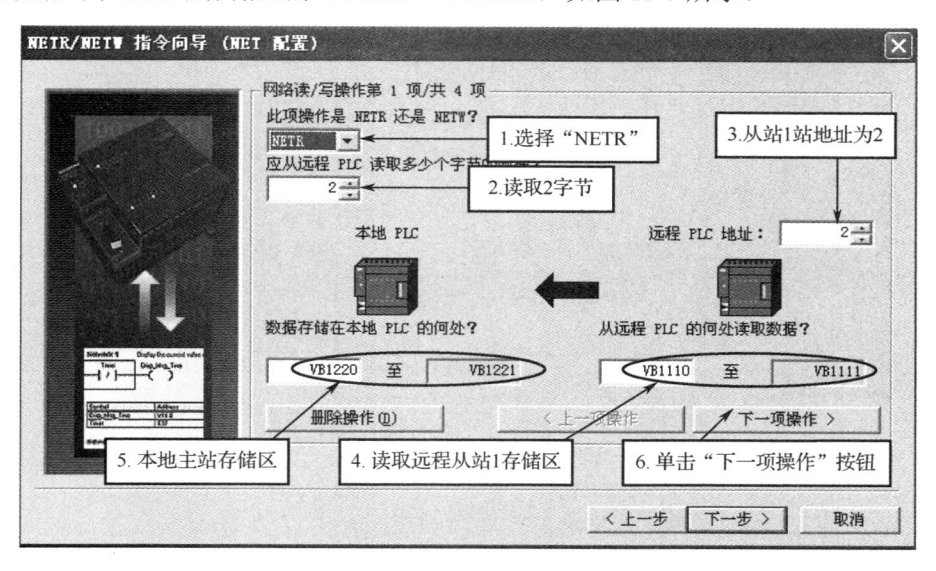

图 11-7 网络读操作 1

（6）在"此项操作是 NETR 还是 NETW？"后选择"NETW"。在"应将多少个字节的数据写入远程 PLC？"后选择"2"（2 字节）。将数据从本地主站存储区的 VB1210～VB1211 写入远程从站 1 存储区的 VB1100～VB1101。单击"下一项操作"按钮，网络写操作如图 11-8 所示。

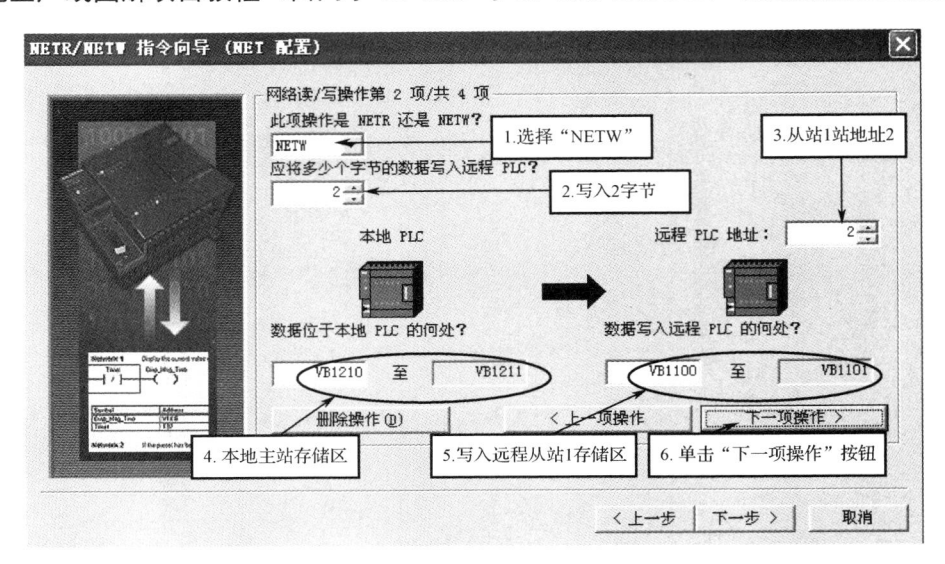

图 11-8 网络写操作 1

(7) 在"此项操作是 NETR 还是 NETW？"后选择"NETR"。在"应从远程 PLC 读取多少个字节的数据？"后选择"2"（2 字节）。将数据从远程从站 2 存储区的 VB1000～VB1001 读取到本地主站存储区的 VB1200～VB1201，网络读操作如图 11-9 所示。

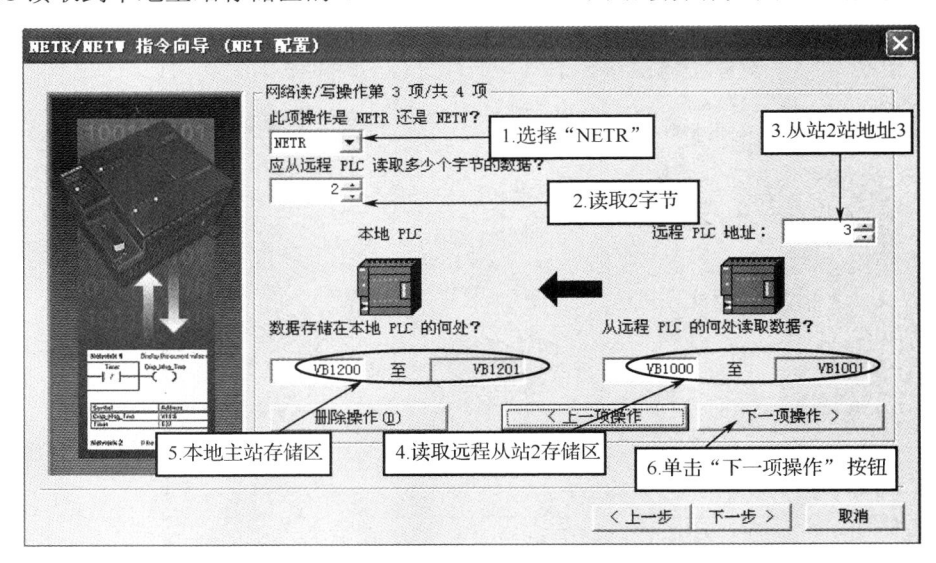

图 11-9 网络读操作 2

(8) 在"此项操作是 NETR 还是 NETW？"后选择"NETW"。在"应将多少个字节的数据写入远程 PLC？"后选择"2"。将数据从本地主站存储区的 VB1210～VB1211 写入远程从站 2 存储区的 VB1010～VB1011，网络写操作如图 11-10 所示。

(9) 为配置分配存储区，可以选择"建议地址"，也可以选择默认地址，这里选择默认地址"VB0 至 VB38"，如图 11-11 所示。

(10) 单击"完成"按钮，生成项目组件，如图 11-12 所示。

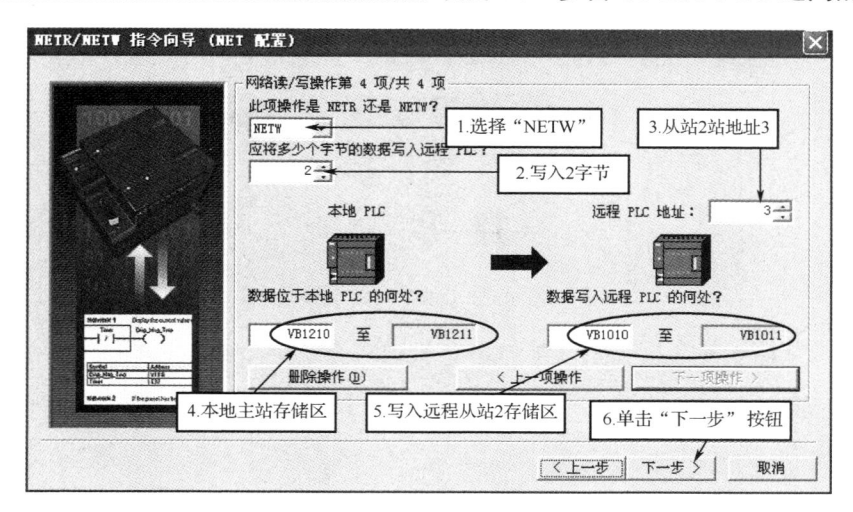

项目 11 多台 S7-200 PLC 之间的 PPI 通信

图 11-10 网络写操作 2

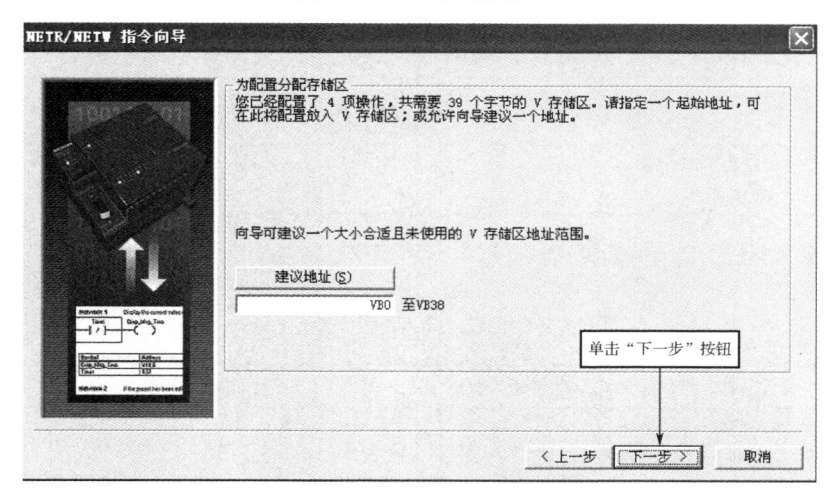

图 11-11 分配存储区

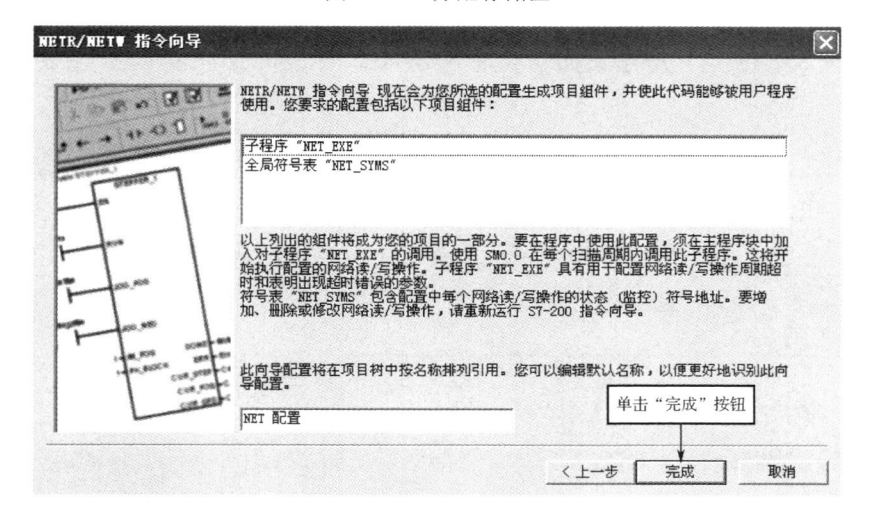

图 11-12 生成项目组件

(11) 在"完成向导配置吗?"下单击"是"按钮,完成向导配置,如图 11-13 所示。

图 11-13　完成向导配置

在主站、从站 1 及从站 2 中设置 PG/PC 接口和系统块,可参考项目 10 中的设置。

步骤 5. 输入/输出地址分配

主站输入/输出地址分配表如表 11-1 所示。

表 11-1　主站输入/输出地址分配表

序号	输入信号器件名称	编程元件地址	序号	输出信号器件名称	编程元件地址
1	主站启动按钮 SB1（常开触点）	I0.0	1	主站指示灯 HL1	Q0.0
2	主站停止按钮 SB2（常开触点）	I0.1	2	主站指示灯 HL2	Q0.1

从站 1 输入/输出地址分配表如表 11-2 所示。

表 11-2　从站 1 输入/输出地址分配表

序号	输入信号器件名称	编程元件地址	序号	输出信号器件名称	编程元件地址
1	从站 1 启动按钮 SB1（常开触点）	I0.0	1	从站 1 指示灯 HL	Q0.0
2	从站 1 停止按钮 SB2（常开触点）	I0.1	2		

从站 2 输入/输出地址分配表如表 11-3 所示。

表 11-3　从站 2 输入/输出地址分配表

序号	输入信号器件名称	编程元件地址	序号	输出信号器件名称	编程元件地址
1	从站 2 启动按钮 SB1（常开触点）	I0.0	1	从站 2 指示灯 HL	Q0.0
2	从站 2 停止按钮 SB2（常开触点）	I0.1			

步骤 6. 输入/输出接线图

主站接线图如图 11-14 所示。

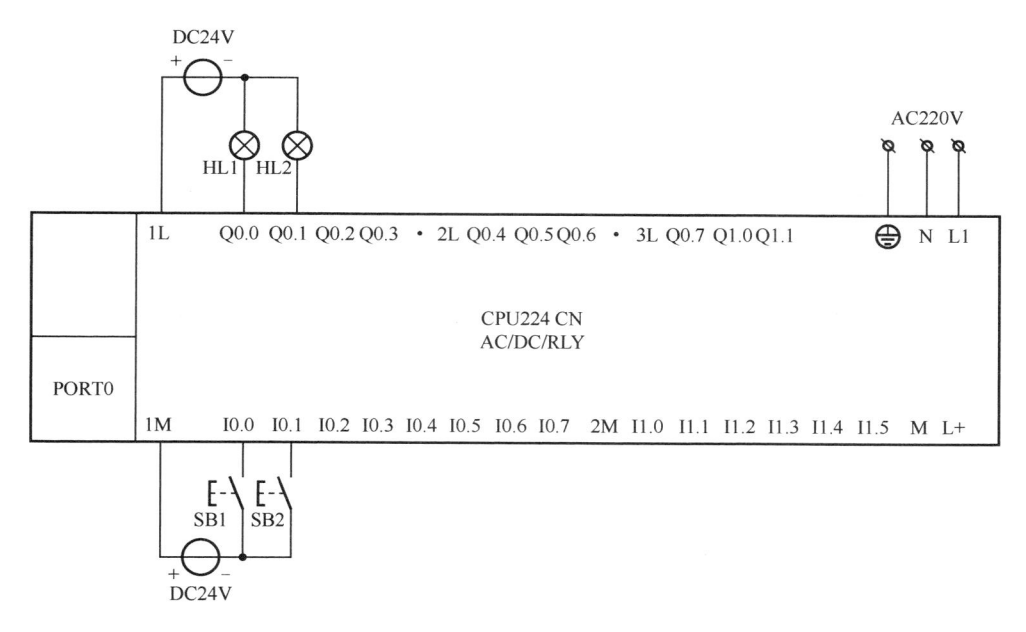

项目 11 多台 S7-200 PLC 之间的 PPI 通信

图 11-14 主站接线图

从站 1 接线图如图 11-15 所示。

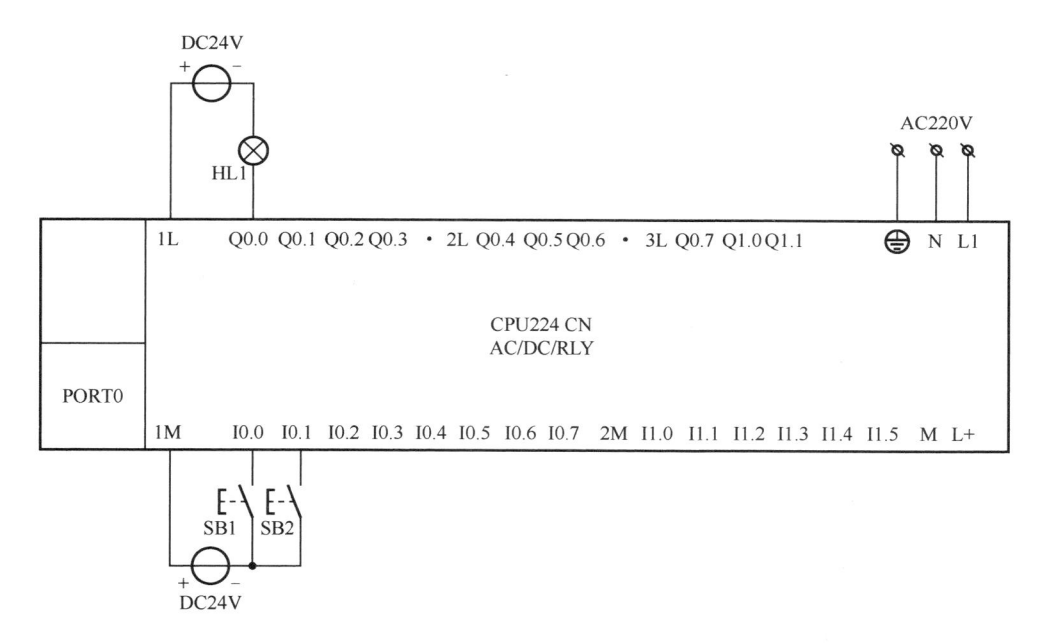

图 11-15 从站 1 接线图

从站 2 接线图如图 11-16 所示。

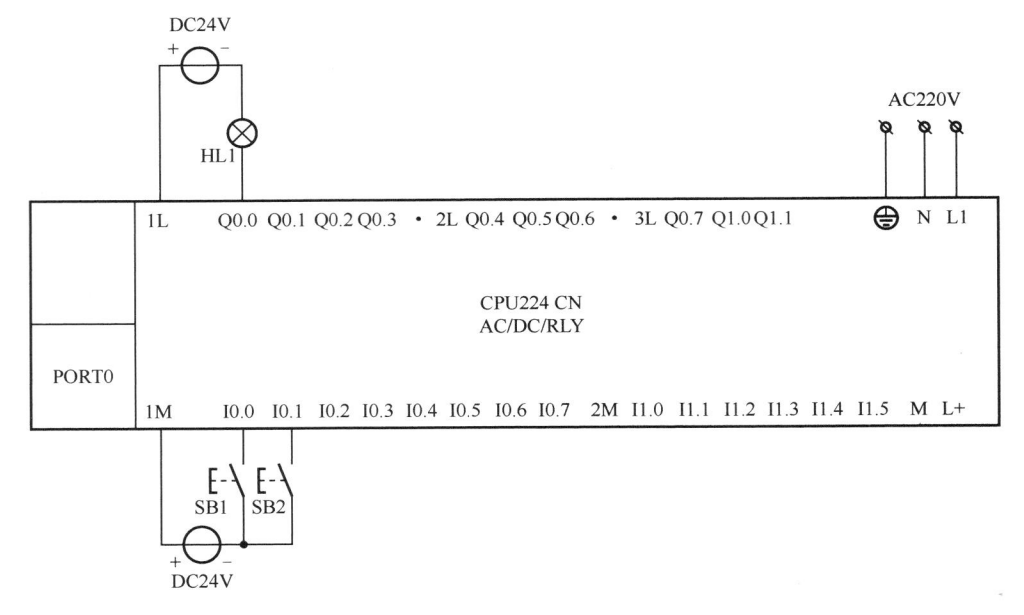

图 11-16 从站 2 接线图

步骤 7．建立符号表

主站符号表如图 11-17 所示。

			符号	地址
1			启动按钮SB1	I0.0
2			停止按钮SB2	I0.1
3			指示灯HL1	Q0.0
4			指示灯HL2	Q0.1

图 11-17 主站符号表

从站 1 符号表如图 11-18 所示。

			符号	地址
1			启动按钮SB1	I0.0
2			停止按钮SB2	I0.1
3			指示灯HL	Q0.0

图 11-18 从站 1 符号表

从站 2 符号表如图 11-19 所示。

			符号	地址
1			启动按钮SB1	I0.0
2			停止按钮SB2	I0.1
3			指示灯HL	Q0.0

图 11-19 从站 2 符号表

步骤 8．编写控制程序

1．主站程序

根据项目要求、地址分配及步骤 3 通信区设置编写主站程序，如图 11-20 所示。

讲解项目 11 程序

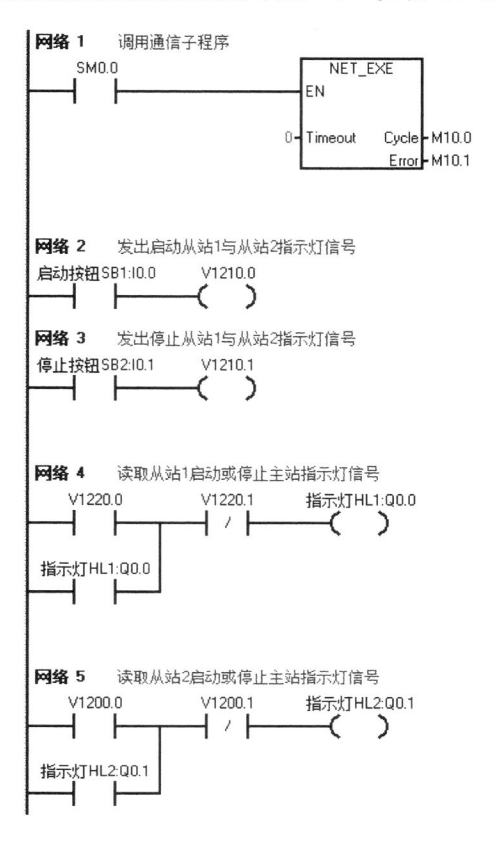

项目 11 多台 S7-200 PLC 之间的 PPI 通信

```
网络 1    调用通信子程序
    SM0.0              NET_EXE
    ─┤├──────────────┤EN
                   0 ─┤Timeout   Cycle├─ M10.0
                                 Error├─ M10.1

网络 2    发出启动从站1与从站2指示灯信号
    启动按钮SB1:I0.0      V1210.0
    ─┤├──────────────────( )

网络 3    发出停止从站1与从站2指示灯信号
    停止按钮SB2:I0.1      V1210.1
    ─┤├──────────────────( )

网络 4    读取从站1启动或停止主站指示灯信号
    V1220.0     V1220.1      指示灯HL1:Q0.0
    ─┤├────┬────┤/├──────────( )
           │
    指示灯HL1:Q0.0
    ─┤├────┘

网络 5    读取从站2启动或停止主站指示灯信号
    V1200.0     V1200.1      指示灯HL2:Q0.1
    ─┤├────┬────┤/├──────────( )
           │
    指示灯HL2:Q0.1
    ─┤├────┘
```

图 11-20   主站程序

2. 从站 1 程序

根据项目要求、地址分配及步骤 3 通信区设置编写从站 1 程序，如图 11-21 所示。

3. 从站 2 程序

根据项目要求、地址分配及步骤 3 通信区设置编写从站 2 程序，如图 11-22 所示。

```
网络 1    接收主站启动或停止指示灯信号
    V1100.0     V1100.1      指示灯HL:Q0.0
    ─┤├────┬────┤/├──────────( )
           │
    指示灯HL:Q0.0
    ─┤├────┘

网络 2    启动主站指示灯信号
    启动按钮SB1:I0.0      V1110.0
    ─┤├──────────────────( )

网络 3    停止主站指示灯信号
    停止按钮SB2:I0.1      V1110.1
    ─┤├──────────────────( )
```

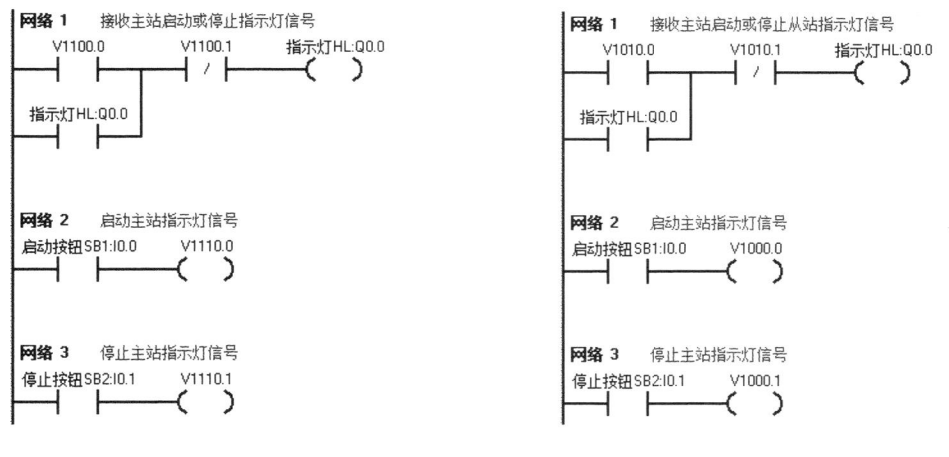

图 11-21   从站 1 程序

```
网络 1    接收主站启动或停止从站指示灯信号
    V1010.0     V1010.1      指示灯HL:Q0.0
    ─┤├────┬────┤/├──────────( )
           │
    指示灯HL:Q0.0
    ─┤├────┘

网络 2    启动主站指示灯信号
    启动按钮SB1:I0.0      V1000.0
    ─┤├──────────────────( )

网络 3    停止主站指示灯信号
    停止按钮SB2:I0.1      V1000.1
    ─┤├──────────────────( )
```

图 11-22   从站 2 程序

步骤 9. 联机调试

在断电情况下，将按钮与指示灯连线。在确保连线正确的情况下通电，通过 S7-200 PLC 软件 STEP 7-Micro/WIN，将主站、从站 1 和从站 2 的组态和程序分别下载到各自对应的 PLC 中。参见项目 2 的 2.6 节相关知识 4。

在主站按下启动按钮 SB1，从站 1 指示灯 HL 亮，从站 2 指示灯 HL 亮。在主站按下停止按钮 SB2，从站 1 指示灯 HL 灭，从站 2 指示灯 HL 灭。

在从站 1 按下启动按钮 SB1，主站指示灯 HL1 亮，在从站 1 按下停止按钮 SB2，主站指示灯 HL1 灭。

在从站 2 按下启动按钮 SB1，主站指示灯 HL2 亮，在从站 2 按下停止按钮 SB2，主站指示灯 HL2 灭。

若满足上述情况，则调试成功。若不满足上述情况，则检查原因，纠正问题，重新调试，直到满足上述情况为止。

11.4 巩固练习

1. 在由 3 台 S7-200 PLC 组成的 PPI 主-从网络通信中，主站站地址为 3，从站 1 站地址为 4，从站 2 站地址为 5。

（1）在主站按下启动按钮 SB1，启动从站 1 电动机和从站 2 电动机，按下停止按钮 SB2，停止从站 1 电动机和从站 2 电动机。

（2）在从站 1 按下启动按钮 SB1，启动主站水泵，按下停止按钮 SB2，停止主站水泵。

（3）在从站 2 按下启动按钮 SB1，启动主站风机，按下停止按钮 SB2，停止主站风机。

2. 在由 3 台 S7-200 PLC 组成的 PPI 主-从网络通信中，主站站地址为 1，从站 1 站地址为 2，从站 2 站地址为 3。

（1）主站对从站 1 电动机进行启动或停止控制，主站指示灯 HL1 能监视从站 1 电动机的工作状态。

（2）主站对从站 2 电动机进行启动或停止控制，主站指示灯 HL2 能监视从站 2 电动机的工作状态。

（3）从站 1 对主站电动机进行启动或停止控制，从站 1 指示灯 HL 能监视主站电动机的工作状态。

（4）从站 2 对主站电动机进行启动或停止控制，从站 2 指示灯 HL 能监视主站电动机的工作状态。

3. 在由 4 台 S7-200 PLC 组成的 PPI 主-从网络通信中，控制要求如下。

（1）1 号站（主站）站地址为 1，2 号站（从站 1）站地址为 2，3 号站（从站 2）站地址为 3，4 号站（从站 3）站地址为 4。

（2）通过变量表写入 2 字节的数据到主站，主站将此数据写入其他从站，在各个从站中通过变量表显示该数据。

（3）通过变量表写入 2 字节的数据到各个从站，主站到各个从站读取这些数据，在主站中通过变量表显示这些数据。

项目 12　自动化生产线的整体联机控制

生产线的整体控制方式为每个工作站由一台 S7-200 PLC 承担其控制任务，各 PLC 之间通过 PPI 通信实现网络组建，因此在学习本项目之前，应先学习项目 10 和项目 11 中的 PPI 通信。

12.1　项目要求

YL-335B 型自动化生产线实训考核装备由输送站、供料站、加工站、装配站、分拣站组成。各个站以 PPI 通信的方式实现互联，PPI 通信如图 12-1 所示。

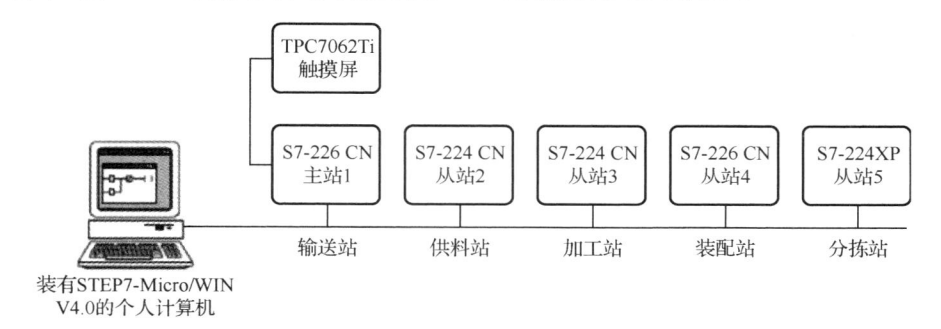

图 12-1　PPI 通信

在 PPI 通信中，输送站 PLC 作为主站，主令信号由人机界面发出，人机界面能够显示各工作站的状态。分拣站采用变频器的分段频率控制。总体要求如下，按下人机界面的启动按钮，将供料站料仓内的工件（金属工件、白色工件、黑色工件）推送到物料台，输送站机械手抓取供料站物料台上的工件，送往加工站的物料台，加工完成后，此工件为待装配工件，将其送往装配站进行装配，把装配站料仓内的白色或黑色小圆柱工件嵌入待装配工件，将装配完的工件送往分拣站进行分拣。将小圆柱工件嵌入待装配工件后，我们称其为套件。分拣的原则：如图 12-2 所示，外壳为金属的套件称为金属套件，外壳为白色塑料的套件称为白色套件，外壳为黑色塑料的套件称为黑色套件，金属套件进入 1 号槽，白色套件进入 2 号槽，黑色套件进入 3 号槽。

图 12-2　白色套件、黑色套件及金属套件

在 TPC7062Ti 人机界面上组态画面,用户窗口包括主界面和欢迎界面两个窗口,其中,欢迎界面是启动界面,触摸屏上电后运行,屏幕上方的标题文字向右循环移动,循环周期不超过 15s。

单击触摸屏欢迎界面上的任意部位,都将切换到主界面窗口。主界面窗口组态应具有下列功能。

(1) 提供系统工作方式(单站或全线)选择信号,以及系统复位、启动或停止信号。

(2) 在人机界面上设定变频器的输入运行频率。

(3) 在人机界面上动态显示输送站抓取机械手装置的当前位置(以原点位置为参考点,度量单位为 mm)。

(4) 指示网络的运行状态(正常、故障)。

(5) 指示各工作站的运行、故障状态,其中,故障状态如下:供料站的供料不足和缺料状态;装配站的供料不足和缺料状态;输送站抓取机械手装置越程故障(左/右极限开关动作);工作站运行过程中的紧急停止状态。当发生上述故障时,有关的报警指示灯以闪烁方式报警。

(6) 指示全线运行时系统的紧急停止状态。

欢迎画面和主画面分别如图 12-3 和图 12-4 所示。

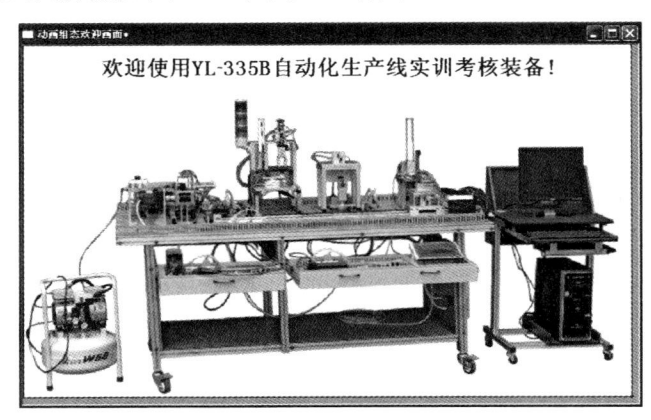

图 12-3 欢迎画面

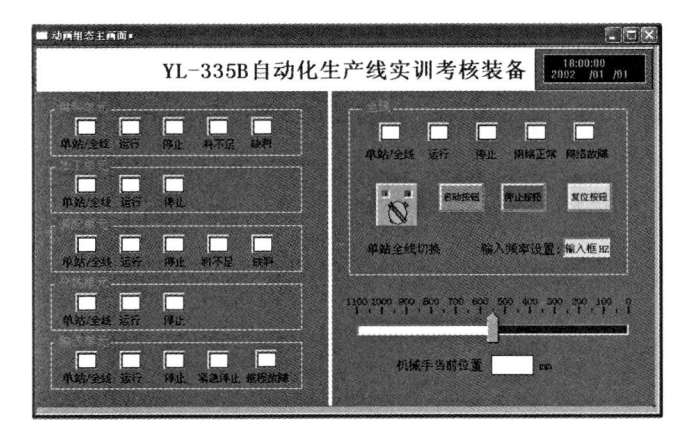

图 12-4 主画面

项目 12 自动化生产线的整体联机控制

系统的工作模式分为单站运行模式和全线运行模式,从单站运行模式切换到全线运行模式的条件是各工作站均处于停止状态,将各站的按钮和指示灯模块上的工作方式选择开关置于全线运行模式。此时若将人机界面中的选择开关切换到全线运行模式,则系统处于全线运行状态。要从全线运行模式切换到单站运行模式,仅限当前工作周期完成后,在人机界面中将选择开关切换到单站运行模式才有效。

在全线运行模式下,各工作站仅通过网络接收来自人机界面的主令信号,除主站急停按钮外,所有本站的主令信号无效。

1) 单站运行模式

在单站运行模式下,各站工作的主令信号和工作状态显示信号来自其 PLC 旁边的按钮和指示灯模块,并且按钮和指示灯模块上的工作方式选择开关 SA 应置于单站运行模式的位置。各工作站的具体动作基本为本书中的 5 个站动作过程。

2) 全线运行模式

当所有单站运行模式为停止状态且选择全线运行模式时,系统才能进入全线运行模式。

(1) 系统全线运行模式的步骤如下。

系统上电,网络开始正常工作。触摸人机界面上的复位按钮,执行复位操作,复位过程包括使输送站抓取机械手装置回到原点位置和检查各个工作站是否处于初始状态。

各个工作站的初始状态如下。

① 各个工作站的气动执行元件均处于初始位置。
② 供料站料仓内有足够的待加工工件。
③ 装配站料仓内有足够的小圆柱工件。
④ 抓取机械手装置已返回参考点静止。

若上述条件中有任意条件未得到满足,则安装在装配站上的绿色警示灯以 2Hz 的频率闪烁。红色警示灯和黄色警示灯均熄灭,这时系统不能启动。

若各个工作站均处于初始状态,则绿色警示灯常亮。这时若按下触摸屏人机界面上的启动按钮,则系统启动。绿色警示灯和黄色警示灯均常亮,并且供料站、加工站和分拣站的指示灯 HL3 常亮,表示系统在全线运行模式下运行。

(2) 供料站的工作流程。

若供料站出料台上没有工件,则把工件推到出料台上。

(3) 加工站的工作流程。

启动后,当加工台上有工件且被检测到后,执行工件夹紧操作,将工件送往加工区域进行冲压后返回待料位置。

(4) 装配站的工作流程。

启动后,如果回转台上的左料盘内没有工件,就执行下料操作,如果左料盘内有工件,而右料盘内没有工件,那么回转台执行回转操作。

如果回转台上的右料盘内有工件且装配台上有待装配工件,就执行装配过程。装配机械手抓取工件放入待装配工件中,即将小圆柱工件放到待装配工件中。装配动作完成后向系统发出装配完成信号。

完成装配任务后，装配机械手应返回初始位置，等待下一次装配任务。

（5）输送站的工艺流程。

输送站接收到人机界面发出的启动指令后，即进入运行状态，并把启动指令发往各个从站。

当接收到供料站的出料台上有工件的信号后，输送站中的抓取机械手装置抓取供料站内的工件。

操作完成后，伺服电机驱动输送站抓取机械手装置以不低于 300mm/s 的速度移动到加工站的加工台正前方，把工件放到加工台上，输送站抓取机械手接收到加工完成信号后，抓取机械手装置抓取加工完成的工件，输送站抓取机械手伺服电机以 300mm/s 的速度移动到装配站装配台的正前方，把工件放到装配台上。接收到装配完成信号后，抓取机械手装置抓取装配的工件，机械手臂逆时针旋转 90°，将工件移动到分拣站进料口，在传送带进料口上方，抓取机械手装置完成放下工件的操作并缩回到位后，伺服电机驱动抓取机械手装置以大约 400mm/s 的速度返回原点，机械手臂顺时针旋转 90°。

（6）分拣站的工作流程。

分拣站接收到系统发来的启动信号时，进入运行状态，当输送站机械手装置放下工件缩回到位后，分拣站的变频器启动，驱动传送带电动机以人机界面设定的变频器运行频率把工件带入分拣区进行分拣。分拣工件的原则如下：当金属套件到达 1 号槽中间时，传送带停止，推料气缸 1 动作，把金属套件推出；当白色套件到达 2 号槽中间时，传送带停止，推料气缸 2 动作，把白色套件推出；当黑色套件到达 3 号槽中间时，传送带停止，推料气缸 3 动作，把黑色套件推出；当分拣气缸活塞杆推出工件并返回后，向系统发出分拣完成信号。

（7）系统停止。

当按下人机界面中的系统停止按钮后，各工作站完成当前工作任务后停止。当按下急停按钮后，设备立即停止。

（8）急停与复位。

若在系统工作过程中按下输送站的急停按钮，则输送站立即停止。在急停复位后，应从急停的断点处开始继续运行。

12.2 学习目标

1．掌握机械安装、气路连接及调整、电气接线及系统整体安装方法。
2．掌握变频器、伺服驱动器有关参数的设定，掌握现场测试旋转编码器的脉冲当量。
3．掌握各站 PPI 通信的硬件连接。
4．理解通信区的含义，能独立绘制出 5 个站的 PPI 通信区。
5．用指令向导设置 5 个站的 PPI 通信区。
6．理解 MCGS 组态软件在 YL-335B 自动化生产线中的应用。
7．理解自动化生产线程序的编写方法。
8．理解自动化生产线的联机调试方法。

项目 12　自动化生产线的整体联机控制

12.3　项目解决步骤

步骤 1．机械安装、气路连接及调整、电气接线及系统整体安装

对于自动化生产线各工作站的机械安装、气路连接及调整、电气接线等，其工作步骤和注意事项在前面的各项目中已经叙述过，这里不再重述。

进行系统整体安装时，必须确定各工作站的安装定位，为此要确定安装的基准点，这里以铝合金桌面右侧边缘为基准点，基准点到原点的距离（X轴方向）为310mm，如图9-18所示，根据以下条件即可确定各工作站在X轴方向的位置。

（1）原点位置与供料站出料台中心沿X轴方向重合。

（2）供料站出料台中心至加工站加工台中心的距离为430mm。

（3）加工站加工台中心至装配站装配台中心的距离为350mm。

（4）装配站装配台中心至分拣站进料口中心的距离为570mm。

由于工作台的安装特点，原点位置一旦确定后，输送站的安装位置就能确定。

在空的工作台上进行系统安装的步骤如下。

（1）完成输送站装置侧的安装。

（2）对于供料、加工和装配等工作站，在完成其装置侧的装配后，在工作台上对其进行定位安装。

（3）在完成分拣站装置侧的装配后，在工作台上定位安装。

需要指出的是，在完成安装工作后，必须进行必要的检查，并进行局部试验工作，确保及时发现问题。在投入全线运行前，应清理工作台上残留的线头、管线、工具等，养成良好的职业素养。

步骤 2．参数设置

电气接线完成后，应进行变频器、伺服驱动器等有关参数的设定，并现场测试旋转编码器的脉冲当量（参考项目8）。

（1）变频器的参数设置。

根据项目要求和所使用的电动机，变频器参数设置（参考项目6）如表12-1所示。

表12-1　变频器参数设置

一、基础设置			
P0010=30 P0970=1	复位和恢复出厂设置		
P004=0	不过滤任何参数		
P0003=3	专家级		
P0010=1	快速调试		
二、电动机参数设置（以实际使用的电动机的铭牌为准）			
P0100=0	设置使用地区，0=欧洲，功率以 kW 表示，频率为50Hz		

续表

二、电动机参数设置（以实际使用的电动机的铭牌为准）			
P304=380V	电动机的额定电压（以电动机的铭牌为准）	P305=0.13A	电动机的额定电流（以电动机的铭牌为准）
P307=0.025kW	电动机的额定功率（以电动机的铭牌为准）	P311=1300r/min	电动机的额定转速（以电动机的铭牌为准）
P310=50Hz	电动机的额定频率		
P0010=0	结束快速调试		
三、固定频率			
P003=3	专家级		
P0004=0	不过滤任何参数		
P0700=2	端子排输入		
P0701=17	二进制编码选择+ON 命令（P0701～P0703=17）		
P0702=17			
P0703=17			
P1000=3	固定频率		
P1001=15Hz			

（2）伺服驱动器的参数设置。

伺服驱动器的参数设置参考项目 9。

步骤 5．各站 PPI 通信的硬件连接（参考项目 10 和项目 11）

首先学习项目 10 和项目 11，然后通过带有 DP 头的 PROFIBUS 电缆把 DP 头插入 PLC 的 PORT0 口，输送站使用带有编程口的 DP 头，将此 DP 头插入 S7-200 PLC 下载线，这种网络型下载线可以供 5 个站进行 PLC 下载。将第 1 个 DP 头和第 5 个 DP 头的开关拨到 ON，将其余 DP 头的开关拨到 OFF。

步骤 6．设置通信区（参考项目 10 和项目 11）

设置 5 个站的通信区，如图 12-5 所示。

对每一位制作详细的规定，如哪一位发送结束加工信号，哪一位发送结束装配信号等，将其一一列出来，用于编写网络通信程序。

步骤 7．用指令向导设置 PPI 通信区（参考项目 10 和项目 11）

根据图 12-5，参考项目 10 和项目 11，用指令向导设置 PPI 通信区，这里不再赘述。

步骤 9．编写程序参考方法（参考项目 11）

首先进行测试状态编程。

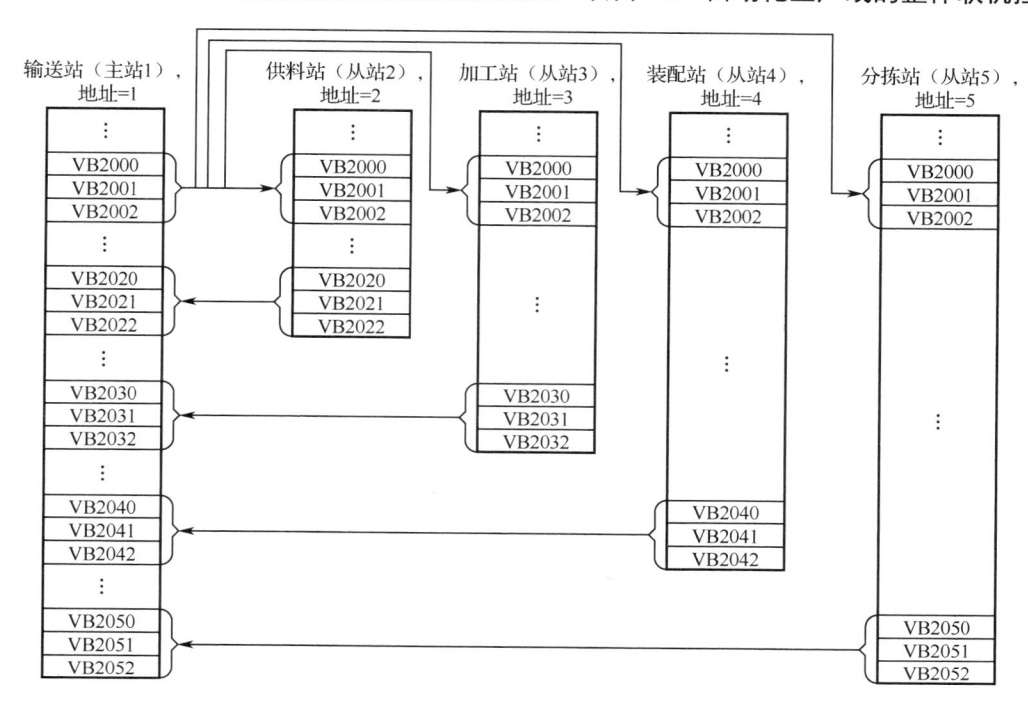

项目 12　自动化生产线的整体联机控制

图 12-5　设置通信区

1）单站运行模式

在单站运行模式下，各站工作的主令信号和工作状态显示信号来自其 PLC 旁边的按钮和指示灯模块。并且按钮和指示灯模块上的工作方式选择开关 SA 应置于"单站"位置。各站程序参见之前的项目。

2）系统正常的全线运行模式测试

在全线运行模式下，各工作站部件的工作顺序及对输送站抓取机械手装置运行速度的要求，与单站运行模式一致。全线运行模式的步骤如下。

（1）系统在上电、PPI 网络正常后开始工作。触摸人机界面上的复位按钮，执行复位操作，在复位过程中，绿色警示灯以 2Hz 的频率闪烁。红色警示灯和黄色警示灯均熄灭。

复位过程包括：使输送站机械手装置回到原点位置和检查各工作站是否处于初始状态。

（2）供料站的运行。

系统启动后，若供料站的出料台上没有工件，则应把工件推到出料台上，并向系统发出出料台上有工件的信号。若供料站的料仓内没有工件或工件不足，则向系统发出报警或预警信号。当出料台上的工件被输送站抓取机械手装置取出后，若系统仍然需要推出工件进行加工，则进行下一次推出工件操作。

（3）输送站运行 1。

当工件被推到供料站出料台后，输送站抓取机械手装置应执行抓取供料站内的工件的操作。动作完成后，伺服电机驱动抓取机械手装置移动到加工站加工台的正前方，把工件放到加工台上。

（4）加工站运行。

加工台上的工件被检测到后，执行加工过程。当加工好的工件被重新送回待料位置时，向系统发出冲压加工完成信号。

（5）输送站运行2。

系统接收到加工完成信号后，输送站抓取机械手装置应执行抓取已加工工件的操作。抓取动作完成后，伺服电机驱动抓取机械手装置移动到装配站物料台的正前方，把工件放到装配站物料台上。

（6）装配站运行。

装配站物料台的传感器检测到工件到来后，开始执行装配操作。装配操作完成后，向系统发出装配完成信号。

如果装配站的料仓或料槽内没有小圆柱工件或工件不足，应向系统发出报警或预警信号。

（7）输送站运行3。

系统接收到装配完成信号后，输送站抓取机械手装置应抓取已装配的工件，从装配站向分拣站运送工件，到达分拣站传送带上方进料口后把工件放下，执行返回原点的操作。

（8）分拣站运行。

输送站抓取机械手装置放下工件、缩回到位后，分拣站的变频器启动，驱动传送带电动机以80%最高运行频率（由人机界面指定）的速度，把工件带入分拣区进行分拣，其分拣原则与单站运行模式相同。当分拣气缸活塞杆推出工件并返回后，应向系统发出分拣完成信号。

（9）仅当分拣站完成分拣工作，并且输送站抓取机械手装置回到原点时，系统的一个工作周期才结束。

如果在工作周期内没有触摸过停止按钮，那么系统在延时 1s 后开始下一个周期的工作。如果在工作周期内曾经触摸过停止按钮，那么系统工作结束后，黄色警示灯熄灭，绿色警示灯仍保持常亮。在系统工作结束后，若再次按下启动按钮，则系统重新工作。

3）异常工作状态测试

（1）工件供给状态的信号警示。

如果产生来自供料站或装配站的"工件不足"的预警信号或"工件没有"的报警信号，那么工件供给状态的信号警示灯亮。

（2）急停与复位。

在系统工作过程中按下输送站的急停按钮，输送站立即停车。在急停复位后，应从急停前的断点处开始继续运行。若按下急停按钮时，抓取机械手装置正在向某一目标点移动，则急停复位后抓取机械手装置应先返回原点位置，再向原目标点运动。

自动化生产线是分布式控制的，在设计它的整体控制程序时，应先从它的系统性着手，通过组建网络、规划通信数据，将系统组织起来，再根据各工作站的工艺任务，分别编制各工作站的控制程序。

4）从站控制程序的编制

对于自动化生产线各工作站在单站运行模式下的编程思路，在前面各项目中均进行了

项目 12　自动化生产线的整体联机控制

介绍。在联机运行情况下，由工作任务书规定的各从站工艺过程是基本固定的，原单站程序中的工艺控制程序基本上变动不大。在单站程序的基础上修改、编制联机运行程序，在实现上并不太困难。下面以供料站的联机编程为例说明编程思路。

联机运行情况下的主要变动：一是在运行条件上有所不同，主令信号来自系统通过网络下达的信号；二是各工作站之间通过网络不断交换信号，由此确定各站的程序流向和运行条件。

对于前者，首先须明确工作站当前的工作方式，以此确定当前有效的主令信号。工作任务书明确规定了工作方式切换条件，目的是避免误操作发生，确保系统可靠运行。工作方式切换条件的逻辑判断应在主程序开始时进行。图 12-6 所示为对工作站当前的工作方式的判断。

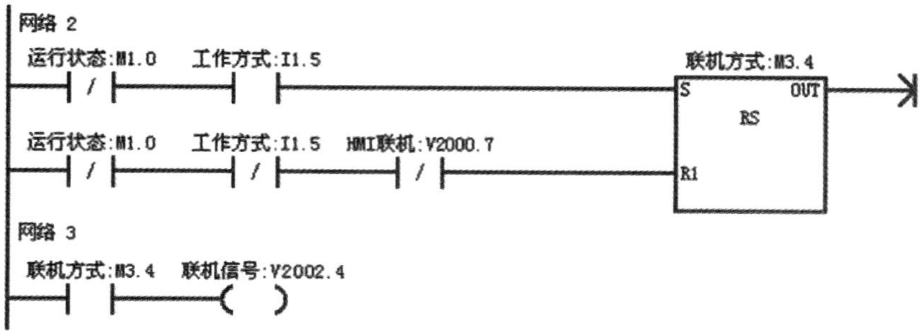

图 12-6　对工作站当前的工作方式的判断

根据当前工作方式确定当前有效的主令信号（如启动、停止等），如图 12-7 所示。

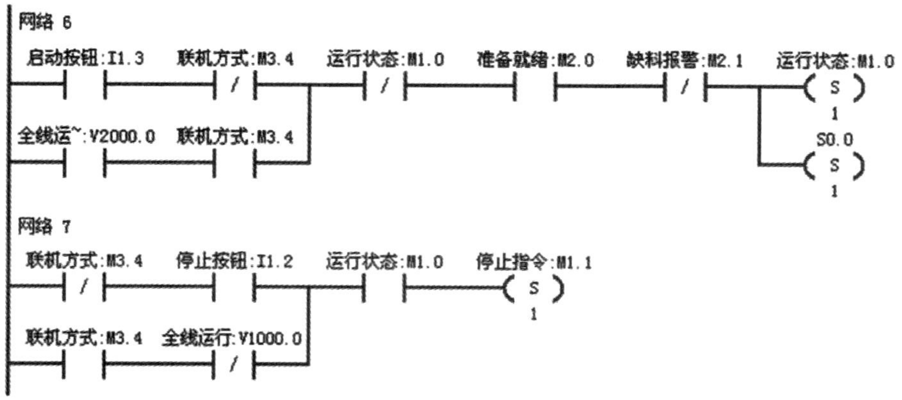

图 12-7　联机或单站方式下的启动和停止

在程序中处理各工作站之间通过网络交换信息的方法有两种，一种是直接使用网络传来的信号，同时在需要上传信息时立即在程序的响应位置插入上传信息，如直接使用系统发来的全线运行指令（V2000.0）作为联机运行的主令信号。而在需要上传信息时，如在供料控制子程序的最后工步，当一次推料完成，顶料气缸缩回到位时，即向系统发出持续 1s 的推料完成信号，返回初始步。系统在接收到推料完成信号后，通知输送站抓取机械手装置来抓取工件，从而实现网络信息交换。供料站控制子程序最后工步的梯形图如图 12-8 所示。

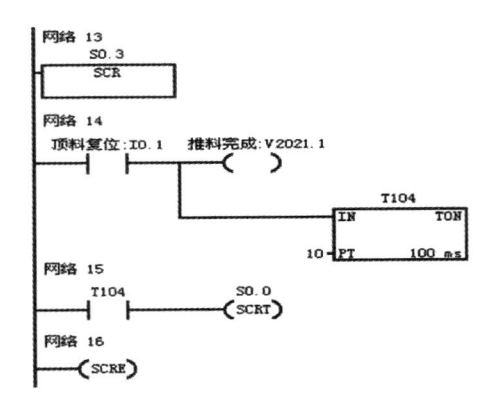

```
网络 13
   S0.3
   ─┤SCR├─

网络 14
顶料复位:I0.1   推料完成:V2021.1
─────┤├──────┬──────( )──────
             │                T104
             │              ┌──────────┐
             └──────────────┤IN     TON│
                          10┤PT  100 ms│
                            └──────────┘

网络 15
  T104           S0.0
─────┤├─────────(SCRT)

网络 16
────────────────(SCRE)
```

图 12-8　供料站控制子程序最后工步的梯形图

对于网络信息交换量不大的系统，上述方法是可行的。若网络信息交换量很大，则可采用另一种方法，即专门编写一个通信子程序，使主程序在每个扫描周期调用它。这种方法可以使程序更清晰、更具有可移植性。

其他从站的编程方法与供料站基本类似，此处不再详述。

5）主站控制程序的编制

输送站是自动化生产线系统中最为重要也是承担任务最为繁重的工作站。主要体现在：① 输送站 PLC 与触摸屏相连接，接收来自触摸屏的主令信号，同时把系统状态信息回馈给触摸屏；② 作为网络的主站，要进行大量的网络信息处理工作；③ 本站联机方式下的工艺生产任务与单站运行时略有差异。因此，要把输送站的单站控制程序修改为联机控制程序，工作量很大。下面着重讨论编程中应注意的问题和有关编程思路。

（1）内存的配置。

在人机界面组态中，也规划了人机界面与 PLC 的连接变量的设备通道，只有在配置了所提及的存储器后，才能考虑编程中需要用到的其他中间变量。避免非法访问内部存储器是在编程中必须注意的问题。

（2）主程序结构。

由于输送站承担的任务较多，所以在联机运行时，主程序有较大的变动。

① 在每个扫描周期，都要调用控制子程序，还须调用网络读写子程序和通信子程序。

② 完成系统工作模式的逻辑判断，除了输送站本身要处于联机方式下，所有从站也要处于联机方式下。

③ 在联机方式下，系统复位的主令信号由 HMI 发出。在初始状态检查中，系统准备就绪的条件，除输送站本身要就绪外，所有从站也应准备就绪。因此，在初始状态检查复位子程序中，除了完成输送站本站初始状态检查和复位操作，还要通过网络读取各从站准备就绪的信息。

④ 总体而言，整体运行过程仍是按初始状态检查→准备就绪→等待启动→投入运行等阶段逐步进行的，但是各阶段的开始或结束条件发生了变化。

以上是主程序编程思路。

项目 12 自动化生产线的整体联机控制

（3）"运行控制"子程序的结构。

输送站的联机过程与单站过程略有不同，需要修改之处并不多，主要有如下几点。

① 在工作任务中，传送功能测试子程序在初始步就执行抓取机械手装置从供料站出料台抓取工件的操作。而在联机运行方式下，初始步的操作应为：通过网络向供料站请求供料，收到供料站供料完成信号后，若没有停止指令，则转移到下一步，即输送站执行抓取工件的操作。

② 在单站运行方式下，抓取机械手装置在加工站加工台放下工件，等待 2s 后取回工件。而在联机运行方式下，取回工件的条件是收到来自网络的加工完成信号。装配站的情况与此相同。

③ 在单站运行方式下，测试过程结束即退出运行状态。在联机运行方式下，一个工作周期完成后，返回初始步，如果没有停止指令，就开始下一个工作周期。

④ "通信"子程序。

"通信"子程序的功能包括从站报警信号处理、转发（从站间、HMI），以及向 HMI 提供输送站抓取机械手装置当前的位置信息。主程序在每个扫描周期都要调用这一子程序。

a. 报警信号处理、转发包括：将供料站"工件不足"和"工件没有"的报警信号转发到装配站，处理供料站"工件没有"或装配站"工件没有"的报警信号；向 HMI 提供网络正常/故障信息。

b. 向 HMI 提供输送站抓取机械手装置当前的位置信息。将脉冲数表示的当前位置信息转换为长度信息（mm）。

步骤 10. 触摸屏组态设计（参考项目 5 和项目 6）

根据项目要求，触摸屏设计如下。

1）工程框架

工程框架有 2 个用户窗口，即欢迎画面和主画面，其中，欢迎画面是启动界面，只有 1 个循环策略。

2）数据对象

数据对象包括各工作站及全线运行模式下的工作状态指示灯、单站/全线切换旋钮、启动/停止/复位按钮、变频器输入频率设置、机械手当前位置等。

3）图形制作

欢迎画面需要设置以下内容。
（1）图片：通过位图装载实现。
（2）文字：通过标签实现。
（3）按钮：由对象元件库引入。
主画面需要设置以下内容。
（1）文字：通过标签构件实现。
（2）各工作站及全线运行模式下的工作状态指示灯：由对象元件库引入。
（3）单站/全线切换旋钮、启动/停止/复位按钮：由对象元件库引入。

(4)变频器输入频率设置：通过输入框构件实现。

(5)机械手当前位置：通过标签构件和滑动输入器实现。

4）流程控制

通过循环策略中的脚本程序策略块实现。

进行上述规划后，就可以创建工程，进行组态了。在"用户窗口"中单击"新建窗口"按钮，建立"窗口0""窗口1"，分别设置这两个窗口的属性。

5）建立欢迎画面

选中"窗口0"，单击"窗口属性"，进行用户窗口属性设置，包括以下几点。

(1)将窗口名称改为"欢迎画面"。

(2)将窗口标题改为"欢迎画面"。

(3)在"用户窗口"中选中"欢迎"，右击，在弹出的快捷菜单中选择"设置为启动窗口"选项，将该窗口设置为运行时自动加载的窗口。

6）编辑欢迎画面

选中"欢迎画面"窗口图标，单击"动画组态"，进入动画组态窗口编辑画面。

(1)装载位图。

选择"工具箱"内的"位图"按钮 ![icon]，光标呈"十字"形，在窗口左上角位置拖曳鼠标，拉出一个矩形，使其填充整个窗口。

在位图上右击，在弹出的快捷菜单中选择"装载位图"，找到要装载的位图，单击该位图，单击"打开"按钮，即可将图片装载到窗口，如图12-9所示。

图12-9 装载位图

(2)制作按钮。

单击绘图工具箱中的 ![icon] 图标，在窗口中拖出一个大小合适的按钮，双击按钮，出现如图12-10所示的"标准按钮构件属性设置"对话框。在"可见度属性"中选择"按钮不可见"。在"操作属性"中单击"按下功能"，勾选"打开用户窗口"复选框，选择"主画面"，并将"HMI就绪"的值"置1"，设置按下功能，如图12-11所示。

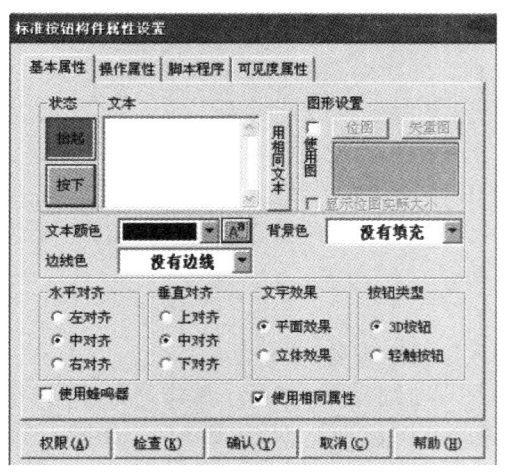

图 12-10 "标准按钮构件属性设置"对话框　　　图 12-11 设置按下功能

（3）制作循环移动的文字框图。

① 选择"工具箱"内的标签按钮 **A**，将其拖曳到窗口上方的中心位置，根据需要拉出一个大小适合的矩形框。在鼠标光标闪烁位置输入文字"欢迎使用 YL-335B 自动化生产线实训考核装备！"，按回车键或在窗口任意位置单击一下，完成文字输入。

② 静态属性设置如下。文字框的背景颜色：没有填充。文字框的边线颜色：没有边线。字符颜色：艳粉色。文字字体：华文细黑。字型：粗体，字体大小为二号。

③ 为了使文字循环移动，在"位置动画连接"中选择"水平移动"选项，这时在对话框上端会增添"水平移动"属性页。"水平移动"属性页的设置如图 12-12 所示。

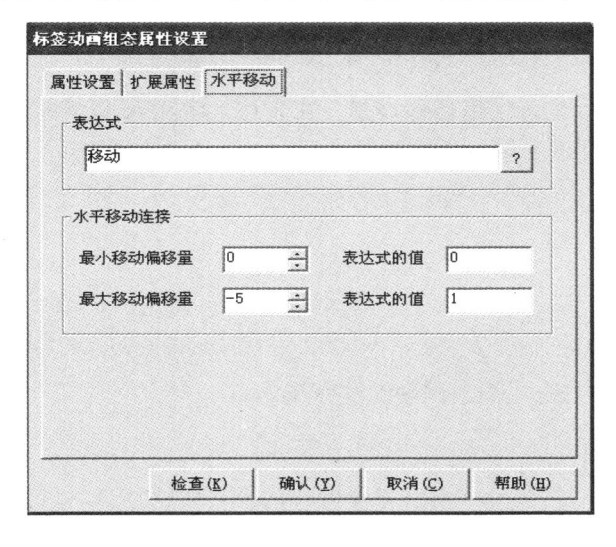

图 12-12 "水平移动"属性页的设置

设置说明如下。

为了实现"水平移动"动画连接，首先要确定对应连接对象的表达式，然后定义表达式的值所对应的位置偏移量。定义一个内部数据对象"移动"作为表达式，它是一个与文字对象的位置偏移量成比例的增量值，当表达式"移动"的值为 0 时，文字对象的位置向右移动 0 点（不动），当表达式"移动"的值为 1 时，文字对象的位置向左移动 5 点（-5），也就是说，"移动"变量与文字对象的位置之间呈斜率为-5 的线性关系。

触摸屏图形对象所在的水平位置定义：以左上角为坐标原点，单位为像素，向左为负方向，向右为正方向。文字串"欢迎使用 YL-335B 自动化生产线实训考核装备！"向左全部移动的偏移量约为-700 像素，因此表达式"移动"的值为+140。文字循环移动的策略：若文字串向左全部移出，则返回初始位置重新移动。

（4）组态"循环策略"的具体操作如下。

① 在"运行策略"中双击"循环策略"，进入策略组态窗口。

② 双击 图标进入"策略属性设置"，将循环时间设为 100ms，单击"确认"按钮。

③ 在策略组态窗口中单击工具条中的新增策略行图标 ，新增策略行，如图 12-13 所示。

图 12-13　新增策略行

④ 单击"策略工具箱"中的"脚本程序"，将鼠标指针移到策略块图标 上，单击，添加脚本程序，如图 12-14 所示。

图 12-14　添加脚本程序

⑤ 双击 图标进入策略条件设置，在表达式中输入 1，即始终满足条件。

⑥ 双击 图标进入脚本程序编辑环境，输入下面的程序：

```
if 移动<=140 then
    移动=移动+1
else
    移动=-140
endif
```

⑦ 单击"确认"按钮，脚本程序编写完毕。

7）建立主画面

（1）选中"窗口 1"，单击"窗口属性"，进入用户窗口属性设置。

（2）将主画面窗口标题改为：主画面；在"窗口背景"中选择需要的颜色。

8）定义数据对象和连接设备

（1）定义数据对象。

各工作站及全线运行模式下的工作状态指示灯、单站/全线切换旋钮、启动/停止/复位按钮、变频器输入频率设置、机械手当前位置等,都是需要与 PLC 连接进行信息交换的数据对象。

根据表 12-2 定义数据对象,操作步骤如下。

第一步:单击工作台中的"实时数据库"窗口标签,进入实时数据库窗口页面。

第二步:单击"新增对象"按钮,在窗口的数据对象列表中增加新的数据对象。

第三步:选中对象,按"对象属性"按钮,或双击选中对象,打开"数据对象属性设置"窗口,编辑属性,加以确定。表 12-2 列出了所有与 PLC 连接的数据对象。

表 12-2 数据对象

序 号	对象名称	类 型	序 号	对象名称	类 型
1	HMI 就绪	开 关 型	15	单站/全线_供料	开 关 型
2	越程故障_输送	开 关 型	16	运行_供料	开 关 型
3	运行_输送	开 关 型	17	料不足_供料	开 关 型
4	单站/全线_输送	开 关 型	18	缺料_供料	开 关 型
5	单站/全线_全线	开 关 型	19	单站/全线_加工	开 关 型
6	复位按钮_全线	开 关 型	20	运行_加工	开 关 型
7	停止按钮_全线	开 关 型	21	单站/全线_装配	开 关 型
8	启动按钮_全线	开 关 型	22	运行_装配	开 关 型
9	单站/全线切换_全线	开 关 型	23	料不足_装配	开 关 型
10	网络正常_全线	开 关 型	24	缺料_装配	开 关 型
11	网络故障_全线	开 关 型	25	单站/全线_分拣	开 关 型
12	运行_全线	开 关 型	26	运行_分拣	开 关 型
13	急停_输送	开 关 型	27	机械手当前位置_输送	数 值 型
14	变频器频率_分拣	数 值 型			

(2)连接设备。

把定义好的数据对象和 PLC 内部变量连接,步骤如下。

① 打开"设备工具箱",在可选设备列表中双击"通用串口父设备",双击"西门子_S7200PPI",会出现"通用串口父设备"和"西门子_S7200PPI"。

② 设置通用串口父设备的基本属性(主要是设定串行通信的基本参数,如端口号、通信波特率、数据位及停止位位数、数据校验方式等)。

③ 双击"西门子_S7200PPI",进入设备编辑窗口,按表 12-1 中的内容来增加设备通道。

(3)主画面制作和组态。

按如下步骤制作和组态主画面。

① 制作主画面的标题文字、插入时钟,在工具箱中选择直线构件,把标题文字下方的区域划分为两部分。区域左面用于制作各工作站状态指示画面,区域右面用于制作主令信号操作画面。

② 制作各从站画面并组态。以供料站组态为例，设置方法如图12-15所示，图12-15中还指出了各构件的名称。这些构件的制作和属性设置在前面已详细介绍过，对"料不足"和"缺料"两个状态指示灯有报警时闪烁的功能要求，下面通过制作供料站缺料报警指示灯着重介绍这一属性的设置方法。

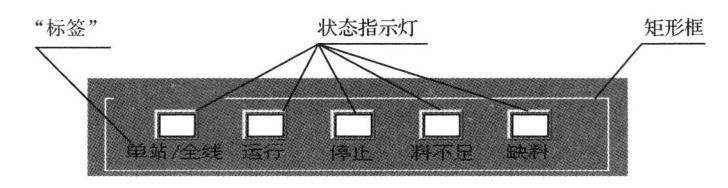

图 12-15　设置方法

组态闪烁功能的步骤：在属性设置页的特殊动画连接框中勾选"闪烁效果"复选框，如图12-16所示，在"填充颜色"旁边就会出现"闪烁效果"属性页。

打开"闪烁效果"属性页，"表达式"选择"料不足_供料"；在"闪烁实现方式"选区中单击"用图元属性的变化实现闪烁"单选按钮；"填充颜色"选择黄色，如图12-17所示。

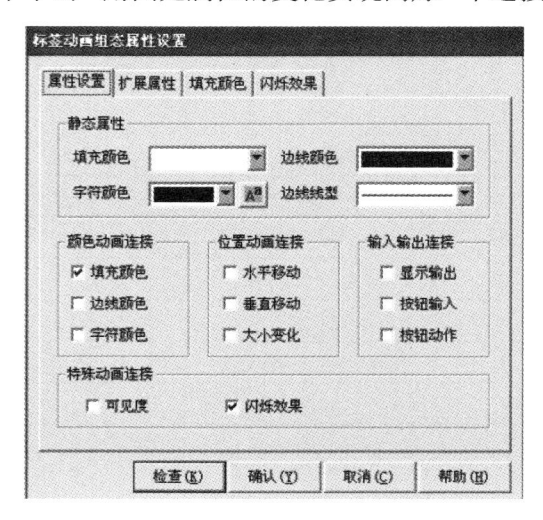

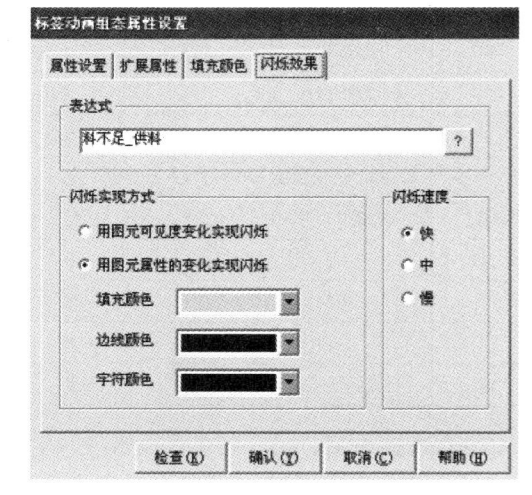

图 12-16　属性设置　　　　　图 12-17　"闪烁效果"属性页

③ 制作主站输送站画面，这里只着重说明滑动输入器的制作方法，具体步骤如下。

a. 选中"工具箱"中的滑动输入器图标，当鼠标呈"十字"后，拖动鼠标到适当位置，调整滑动块到适当的位置。

b. 双击滑动输入器构件，进入如图12-18所示的"滑动输入器构件属性设置"对话框。

c. 按照下面的值设置各个参数。

在"基本属性"中，滑块指向：指向左（上）。

在"刻度与标注属性"中，"主划线数目"：11；"次划线数目"：2；小数位数：0。

在"操作属性"中，对应数据对象名称：机械手当前位置_输送；滑块在最左（下）边时对应的值：1100；滑块在最右（上）边时对应的值：0。

其他为默认值。

d. 单击"权限"按钮,进入"用户权限设置"对话框,选择管理员组,单击"确认"按钮完成制作。图 12-19 所示为制作完成的效果图。

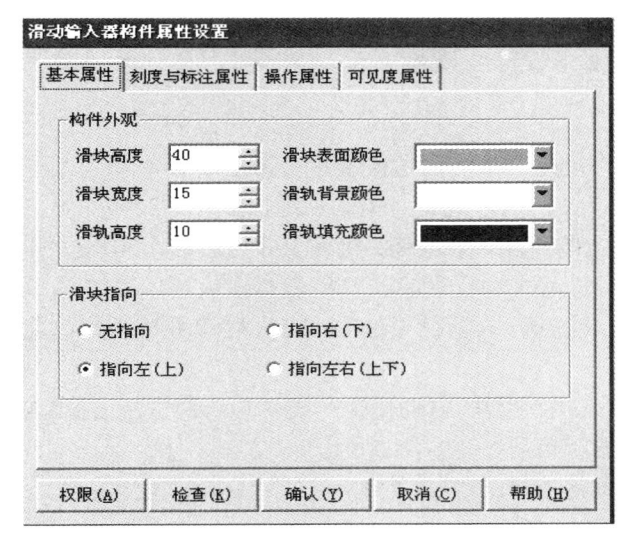

图 12-18 "滑动输入器构件属性设置"对话框   图 12-19 制作完成的效果图

步骤 11. 联机调试参考方法（参考项目 2 联机调试）

在断电情况下,连接电源线,输入信号器件接线,输出信号器件接线,确保在接线正确的情况下进行送电、程序下载等操作。PLC 程序下载参考 2.6 节相关知识 4。触摸屏下载参考 5.3.3 节 MCGS 触摸屏下载。

若满足整体控制要求,则说明联机调试成功。若不能满足要求,则检查原因,纠正错误,重新调试,直到满足要求为止。

12.4 巩固练习

自动化生产线的工作目标：将供料站料仓内的工件（金属工件和塑料工件）送往加工站的物料台,加工完成后,把加工好的工件送往装配站的装配台,把装配站料仓内的白色和黑色两种不同颜色的小圆柱工件嵌入装配台上的工件内,将完成装配后的成品送往分拣站分拣输出。成品为外壳金属套的小圆柱和外壳塑料套的小圆柱,称为套件。套件的外壳分为金属和白色塑料两种,白色塑料套件进入滑槽一,金属套件进入滑槽二。

参 考 文 献

[1] 亚龙科技集团. 亚龙 YL-335B 型自动生产线实训考核装备实训指导书.

[2] 吕景泉. 自动化生产线安装与调试[M]. 2 版. 北京：中国铁道出版社，2009.

[3] 雷声勇. 自动化生产线装调综合实训教程[M]. 北京：机械工业出版社，2014.

[4] 钟苏丽，刘敏. 自动化生产线安装与调试[M]. 北京：高等教育出版社，2017.

[5] 李志梅，张同苏. 自动化生产线安装与调试（西门子 S7-200 SMART 系列）[M]. 北京：机械工业出版社，2019.

[6] 中国·亚龙科技集团 组编. 张同苏，徐月华. 自动化生产线安装与调试（三菱 FX 系列）[M]. 北京：中国铁道出版社，2010.

[7] 郝红娟，解晓飞. 自动化生产线安装、调试与维护[M]. 北京：化学工业出版社，2015.

[8] 张伟林，李永际. 自动化生产线控制技术实训[M]. 北京：中国电力出版社，2013.

[9] 王荣华. 自动化生产线安装与调试[M]. 武汉：华中科技大学出版社，2019.

[10] 杨磊. 基于 PLC 的柔性自动化生产线系统研究与设计[D]. 曲阜：曲阜师范大学硕士学位论文，2010.

[11] 王丽. 基于自动化生产线控制系统的研究与应用[D]. 合肥：合肥工业大学硕士学位论文，2010.

[12] 姚昕. 自动化设备与生产线[M]. 北京：北京邮电大学出版社，2019.

[13] 吕景泉. 耿洁. 自动化生产线安装与调试（第四版）. 北京：中国铁道出版社有限公司，2022.

[14] 严惠、张同苏，自动化生产线安装与调试（三菱 FX 系列）（第三版）. 北京：中国铁道出版社有限公司，2022.

[15] 杜丽萍. 自动化生产线安装与调试第 2 版. 北京：机械工业出版社，2022.

[16] 乡碧云. 自动化生产线组建与调试第 3 版——YL-335B 数字孪生虚实调试技术. 北京：机械工业出版社，2022.